SHUIDIANCHANG
YUNXING ZHIBAN GANGWEI NENGLI
PEIXUN JIAOCAI

水电厂运行值班岗位能力

培训教材

国网新源水电有限公司新安江水力发电厂　组编

中国电力出版社
CHINA ELECTRIC POWER PRESS

内 容 提 要

　　本书按照国网新源水电有限公司新安江水力发电厂（以下简称"新安江电厂"）运行值班岗位关键任务要求，介绍了运行值班岗位人员需要掌握的专业知识和业务技能，并配套了相关典型案例。本书整体内容覆盖水轮发电机组、机组电气一次设备、发电机保护装置、水轮发电机组自动化设备、励磁系统、调速系统和水轮发电机组主要辅助设备 7 个专业。

　　本书可作为常规水电厂运行值班岗位从业人员培训课程体系教材，支撑其培训教学和自学，也可供其他类型电厂相关运行人员参考使用。

图书在版编目（CIP）数据

水电厂运行值班岗位能力培训教材/国网新源水电有限公司新安江水力发电厂组编 . —北京：中国电力出版社，2021.6

ISBN 978-7-5198-5457-7

Ⅰ.①水…　Ⅱ.①国…　Ⅲ.①水力发电站—运行—岗位培训—教材　Ⅳ.①TV737

中国版本图书馆 CIP 数据核字（2021）第 043301 号

出版发行：中国电力出版社

地　　址：北京市东城区北京站西街 19 号（邮政编码 100005）

网　　址：http：//www.cepp.sgcc.com.cn

责任编辑：孙建英（010—63412369）　　马雪倩

责任校对：黄　蓓　李　楠

装帧设计：郝晓燕

责任印制：吴　迪

印　　刷：三河市万龙印装有限公司

版　　次：2021 年 6 月第一版

印　　次：2021 年 6 月北京第一次印刷

开　　本：787 毫米×1092 毫米　16 开本

印　　张：26.75　插页 3 张

字　　数：530 千字

印　　数：0001—1500 册

定　　价：128.00 元

前　言

党中央把电力安全上升到保障国家安全的高度，纳入总体国家安全观。国家电网有限公司明确了建设具有中国特色国际领先的能源互联网企业的战略目标，强调安全生产是最根本、最基本、最重要的工作，是公司的本质要求和神圣职责，对安全生产提出了更高要求。新安江电厂承担着保障电网安全的重要职责，始终将安全生产放在首位，不断提高本质安全水平。运行值班人员处于水电厂开展生产任务的最前线，直接负责全厂所有设备的状态监测、设备操作与试验、事故应急处理等重要任务，其技能水平对全厂安全生产具有重要影响。

本书以提升运行值班人员岗位胜任能力为目标，主要围绕水轮发电机组、机组电气一次设备、发电机保护装置、水轮发电机组自动化设备、励磁系统、调速系统和水轮发电机组主要辅助设备 7 个方面进行阐述，重点解读相关设备构造、工作原理、操作流程、运行要求和注意事项，对典型案例进行解析，集理论与实践一体，具有一定的专业性与实用性。

本书的编辑和出版，得到了电厂领导和专业技术人员的大力支持，编写组成员密切配合，努力工作，高质量完成了各项任务，在此一并致以诚挚谢意。成书过程中，进行了多次的讨论、修改和完善，但鉴于水平有限，书中难免有疏漏、不妥或错误之处，恳请广大读者批评指正。

编者

2021 年 3 月

目 录

第三篇　发电机保护装置

第四篇　水轮发电机组自动化设备

第五篇　励　磁　系　统

第六篇　调 速 系 统

第七篇　水轮发电机组主要辅助设备

绪　　论

新安江电厂坐落在浙江省建德市境内铜官峡谷，是我国第一座自行设计、自制设备、自行施工建造的大型水电厂。1957年4月新安江电厂主体工程开工，1959年9月截流蓄水，1960年4月第一台机组并网发电，1959年后经对工程质量进行了多次的设计校核和施工复查，并进行了大规模的补强加固和填平补齐完善工程，于1965年工程竣工。新安江电厂全貌如图0-0-1所示。

图 0-0-1　新安江电厂全貌

新安江电厂主体建筑采用混凝土宽缝重力坝、坝后式厂房和厂房顶溢流式水力枢纽布置。水库设计正常高水位108m（汛期防洪限制水位106.5m），相应库容178.4亿m³，为钱塘江流域容量最大、具有多年调节性能的大型水库。

大坝自右至左共分26个坝段，坝轴线呈折线，两岸折向上游。右岸0～6号坝段为挡水坝段，河床7～16号坝段为溢流坝段，左岸17～2号坝段为挡水坝段。坝段宽度除个别坝段外，一般为20m，宽缝约占坝段的40%，0～3号以及24～25号坝段为实体重力坝，4～23号坝段只有一侧有宽缝。大坝全长466.5m，最大坝高105m，坝顶高程115m（防浪墙顶高程116.2m）。厂房顶溢流坝段长173m，分9孔，每孔净宽13m，闸墩厚7m，堰顶高程99.00m，用定轮半板闸门控制。坝面顶部用3次抛物线下接1：0.75的直线段，再经椭圆反弧曲线与厂房顶和挑流鼻坎衔接。溢洪道9孔闸门全部开启，全力泄洪时，设计洪水位111m，对应最大设计泄量10 400m³/s；校核洪水位114m，对应最大设计泄量14 200m³/s。

新安江电厂装有9台水轮发电机组，设计总装机容量为662.5MW，1999年至2005年对全部9台水轮发电机组进行增容改造，改造后总装机容量850MW，设计年均发电量 18.6 亿 kWh。按"三台机组共用一台变压器"的扩大单元接线方式，以六条 220kV 线路接入华东电网的主网架，是华东电网的第一调频电厂和调峰、调压、事故备用电厂，同时也是华东电网重要的黑启动电源点。

新安江电厂主要由水库、大坝、引水钢管、主副厂房和开关站等部分组成，装有 9 台水轮发电机组、3 台主变压器、6 回 220kV 线路、13.8kV 和 220kV 母线，以及其他辅助设备组成。

其中，水轮发电机组工作原理为：

上游水库的水经引水钢管进入水轮机蜗壳，初步形成环流，再经固定导叶分流后均匀地进入活动导叶后冲击水轮机旋转，把水能（动能、势能）转换成水轮机的机械能，流出水轮机的水流通过尾水管排至下游。

水轮机通过主轴与发电机转子连轴，主轴把水轮机的转动力矩传给发电机转子，带动发电机转子转动。发电机转子绕组中通以直流电后产生旋转磁场。发电机定子绕组因切割转子的旋转磁场，在发电机三相定子绕组中产生高压电，再经过变压器升压后通过输电线路将电力输出到电网中。

新安江电厂以发电为主，兼有防洪、灌溉、渔业、航运、旅游、抗咸顶潮等综合功能。截至 2020 年 8 月，已累计发电超 1000 亿 kWh。近年来，新安江电厂在流域生态保护、城市供水、帮困扶贫、爱国主义教育等方面承担的社会责任日益增强，为地方经济社会发展做出了巨大的贡献。

多年来，新安江电厂抓改革，谋发展，不断继承和发扬"三自"精神，各项工作成绩斐然。新安江电厂荣获全国文明单位、浙江省模范集体、浙江省五一劳动奖状、浙江省爱国主义教育基地、全国模范职工之家等荣誉称号。

第一篇

水轮发电机组

本篇主要介绍水轮发电机组的结构原理、巡回检查、设备操作、设备试验、应急处置等内容，包括五个章节。第一章主要介绍水轮发电机组的结构原理；第二章主要介绍水轮发电机组的巡回检查；第三章主要介绍水轮发电机组的设备操作；第四章主要介绍水轮发电机组的设备试验；第五章主要介绍水轮发电机组的应急处置。

第一章 结构原理

本章主要介绍水轮机、发电机的结构原理等内容，包括 2 个培训小节。

第一节 水轮机结构原理

本节分为水轮机的工作原理、工作参数与分类、水轮机的结构、水轮机型号、新安江电厂水轮机参数、运行工况五个部分。通过本节学习，能够让运行值班人员了解水轮机的工作原理；能够认知混流式水轮机与轴流式水轮机的主要区别，了解混流式水轮机的结构及其作用；能够详细了解并熟知新安江电厂水轮机设备的主要参数，能够简述发电、调相工况，并熟练掌握其相应的运行方式。

一、水轮机工作原理、工作参数与分类

（一）水轮机工作原理

水轮机是把水流的能量转换为旋转机械能的动力机械，能量的转换是借助转轮叶片与水流的相互作用来实现的，是利用水流做功的水力机械，水轮机受水流作用而旋转的部件称为转轮。

（二）水轮机的工作参数

水流流经水轮机时，水流能量发生改变的过程，就是水轮机的工作过程。反映水轮机工作过程特性值的一些参数，称为水轮机的基本参数，水轮机的基本工作参数有：工作水头 H、流量 Q、出力 P、效率 η、转速 n 和转轮直径 D_1。

1. 工作水头 H

水轮机工作水头就是指水轮机进、出口处单位重量水流的能量差值，单位为 m。

2. 流量 Q

流量是单位时间内通过水轮机的水流体积称为水轮机的流量，通常以 Q 表示，其单位为 m^3/s。

3. 转速 n

水轮机转轮单位时间内旋转的次数称为水轮机的转速，用符号 n 表示，其单位为 r/min。

4. 输出功率 P 和效率 η

水轮机输出功率是指水轮机轴端输出的功率，用符号 P 表示。常用单位为 kW。水轮机的输入输出功率之比称为水轮机的效率，用符号 η 表示。水轮机的输出功率 P 为：

$$P = 9.81 \times QH\eta \tag{1-1-1}$$

式中　P——水轮机的输出功率，kW；

　　　Q——水轮机的流量，m^3/s；

　　　H——水轮机的工作水头，m；

　　　η——水轮机的效率（目前大型水轮机的效率可达 $90\% \sim 95\%$）。

（三）水轮机的分类

水轮机按工作原理可分为冲击式水轮机和反击式水轮机两大类。冲击式水轮机的转轮受到水流的冲击而旋转，工作过程中水流的压力不变，主要是动能的转换；反击式水轮机的转轮在水中受到水流的反作用力而旋转，工作过程中水流的压力能和动能均有改变，但主要是压力能的转换。水轮机根据转换水流能量方式分类，如图 1-1-1 所示。

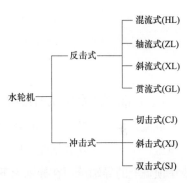

图 1-1-1　水轮机根据转换
水流能量方式分类

二、水轮机的结构

同一类型的水轮机由于使用水头和流量不同，转轮形状也不相同。混流式水轮机结构紧凑、运行可靠，效率高，能适应很宽的水头范围，在其轴面投影中，水流径向流入，轴向流出；轴流式水轮机过电流能力强、效率变化较大，适用于功率不大、水头变化不大的电站，但由于转桨式导叶与叶片可以相互配合，实现双重调节，故能适应水头、出力变化较大的电站，在其轴面投影中，水流轴向流入，轴向流出。混流式水轮机如图 1-1-2 所示，轴流式水轮机如图 1-1-3 所示。

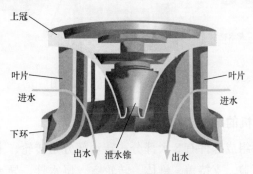

图 1-1-2　混流式水轮机

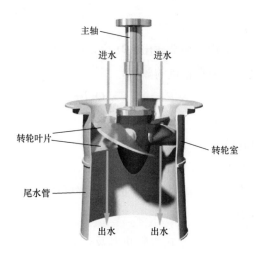

图 1-1-3 轴流式水轮机

（一）混流式水轮机的结构

混流式水轮机的主要部件都是围绕座环展开的。座环下方有底环与尾水管，座环上方有顶盖，座环外侧安装蜗壳，座环内侧安装多个导叶，在中间安装转轮，转轮的轴承是安装在顶盖上的导轴承。在导轴承下方有轴密封装置防止水沿轴漏入顶盖上方。转轮的上冠与顶盖间缝隙很小，在转轮的下环与底环间缝隙也很小，在其间有止漏环，在保证转轮自由旋转的同时还要防止漏水影响水轮机效率。混流式水轮机结构图如图 1-1-4 所示。

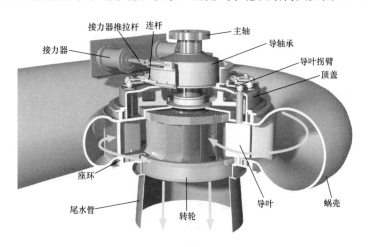

图 1-1-4 混流式水轮机结构图

（二）轴流式水轮机的结构

轴流式水轮机主要组成部件有 3 大部分：转动部分是转轮、主轴；固定部分主要有蜗壳、座环、底环、顶盖、支持盖、锥体、转轮室、尾水管；导水部分有活动导叶、导叶臂、导叶连杆、控制环、接力器；其他还有导轴承、轴密封等。轴流式水轮机结构图如图 1-1-5 所示。

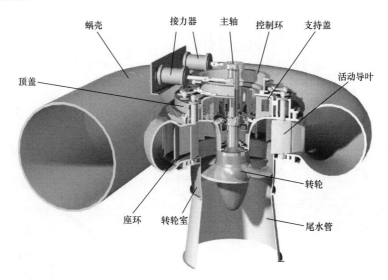

图 1-1-5　轴流式水轮机结构图

（三）新安江电厂水轮机的结构

新安江电厂水轮机剖面图如图 1-1-6 所示。

由图 1-1-6 可以看出，新安江电厂水轮机为典型的混流式水轮机。

（四）混流式水轮机各部分作用

1. 引水机构（压力钢管、无压引水流道）

在河流中上游或坡度较陡的山区河流上，常利用修建坡度平缓的引水道（渠道、隧洞或管道），把开发河段的坡降集中起来，形成水电厂的水头，流道按引水的水流状态分为有压流道与无压流道。以最小的水力损失把水流引入导水机构，使水流能均匀而轴对称地进入导水机构，同时让水流具有一定的速度环量。引水机构分为有压和无压两种，有压的称为压力钢管，无压的称为无压引水流道。压力钢管平面示意图、无压引水流道平面示意图、压力钢管剖面示意图、无压引水流道剖面示意图如图 1-1-7～图 1-1-10所示。

2. 座环

座环的作用是承受发电机组的轴向载荷，并把载荷传递给混凝土基础。

3. 导水机构（蜗壳、固定导叶、活动导叶）

导水机构的作用是形成与改变进入转轮水流的速度环量，引导水流按一定方向进入转轮，并通过改变导叶位置引起导叶出流速度方向和大小的改变，使水轮机流量变化来调整出力。

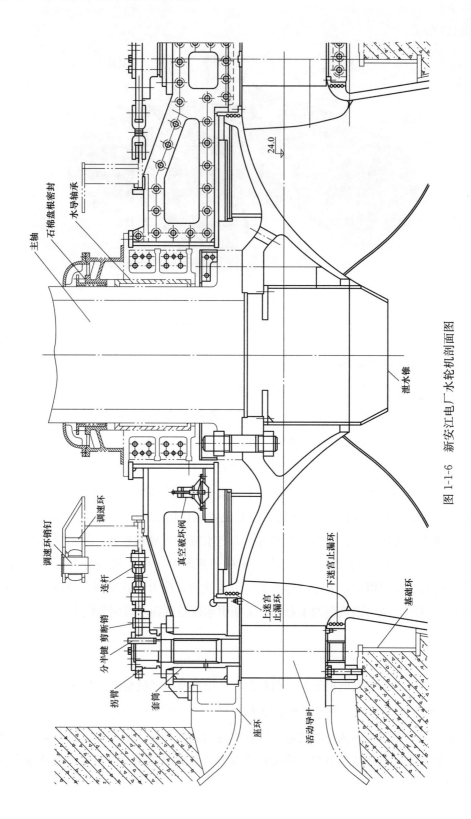

图 1-1-6 新安江电厂水轮机剖面图

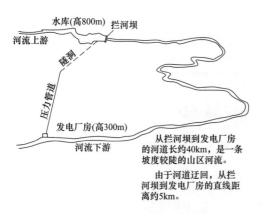

图 1-1-7　压力钢管平面示意图

从拦河坝到发电厂房的河道长约40km，是一条坡度较陡的山区河流。

由于河道迂回，从拦河坝到发电厂房的直线距离约5km。

图 1-1-8　无压引水流道平面示意图

从拦河坝到发电厂房的河道长约50km，是一条坡度极陡的山区河流。

由于河道迂回，从拦河坝到发电厂房的直线距离约8km。

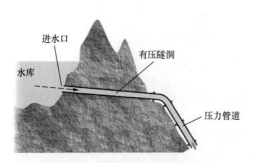

图 1-1-9　压力钢管剖面示意图

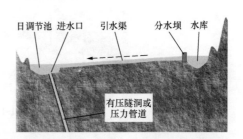

图 1-1-10　无压引水流道剖面示意图

蜗壳是用于将压力钢管水引导到水轮机转轮前的导水室的部件，蜗壳的示意图与半剖图如图 1-1-11 和图 1-1-12 所示。

图 1-1-11　蜗壳示意图

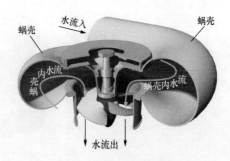

图 1-1-12　蜗壳半剖图

固定导叶是用于将蜗壳内形成一定速度环量的水按固定方向引导到水轮机转轮前的导水室的部件，如图 1-1-13 所示。

活动导叶是通过导叶的开合，来控制从固定导叶流入的水流大小，以此控制转轮过水流量，达到控制转轮转速的目的，如图 1-1-14 所示。

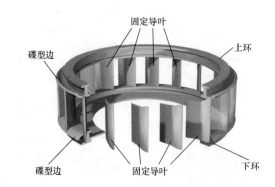

图 1-1-13　固定导叶

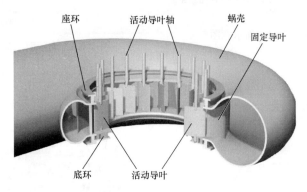

图 1-1-14　活动导叶

4. 转轮

转轮是把水流的能量转换为旋转机械能的主要部件，水流通过冲击转轮叶片带动转轮转动，实现能量的转换，如图 1-1-15 所示。

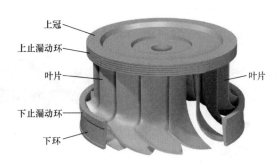

图 1-1-15　转轮

5. 尾水管

尾水管的功能是使转轮出口处水流压力下降，形成一定的真空，回收转轮出口水流中的部分动能和转轮高出下游水面的那一段势能，同时将转轮出口水流引向下游。弯肘型尾水管如图 1-1-16 所示。

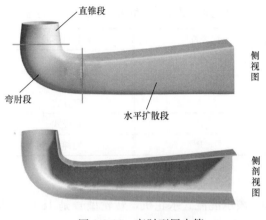

图 1-1-16　弯肘型尾水管

6. 主轴

主轴的功能是将水轮机转轮的机械能传递给发电机。

7. 轴承

轴承的功能是承受水轮机轴上的荷载（径向力和轴向力）并传给混凝土基础。

三、水轮机型号

我国水轮机牌号由三部分组成，每部分间以"—"分开，其第一部分代表水轮机类型和转轮型号；第二部分由两个汉字拼音组成，前者表示水轮机的主轴布置形式，后者表示引水室特征；第三部分用阿拉伯数字表示水轮机的标称直径，单位为 cm。

水轮机的标称直径 D_1 是表征水轮机尺寸大小的参数，水轮机标称直径尺寸系列（cm）规定如下：25、30、35、42、（40）、50、60、71、84、（80）、100、120、140、160、180、200、225、250、275、300、380、410、450、500、600（以后按每隔 50cm 进级）、…、1000。上述带括号的直径仅适用于轴流式水轮机。

水轮机形式的代表符号、水轮机主轴布置形式及引水室特征的代表符号分别见表 1-1-1 和表 1-1-2。

表 1-1-1　　　　　　　　　水轮机形式的代表符号

水轮机形式	代表符号	水轮机形式	代表符号
混流式	HL	贯流转桨式	GZ
斜流式	XL	水斗式	CJ
轴流定桨式	ZD	斜击式	XJ
轴流转桨式	ZZ	双击式	SJ
贯流定桨式	GD		

表 1-1-2   水轮机主轴布置形式及引水室特征的代表符号

水轮机形式	代表符号	水轮机形式	代表符号
立轴	L	明槽	M
卧轴	W	罐式	G
金属蜗壳	J	竖井式	S
混凝土蜗壳	H	虹吸式	X
灯泡式	P	轴伸式	Z

示例：

（1）HL180-LJ-550：表示混流式水轮机，转轮型号是 180，立轴，金属蜗壳，转轮标称直径是 550cm。

（2）ZZ560-LH-1130：表示轴流转桨式水轮机，转轮型号 560，立轴，混凝土蜗壳，转轮标称直径是 1130cm。

（3）GZ440-WP-750：表示贯流转桨式水轮机，转轮型号 440，卧轴，灯泡式机组，转轮标称直径为 750cm。

（4）XLN200-LJ-300：表示斜流可逆式水泵水轮机，转轮型号 200，立轴，金属蜗壳，转轮标称直径是 300cm。

四、新安江电厂水轮机参数

新安江电厂水轮机设备参数见表 1-1-3。

表 1-1-3   新安江电厂水轮机设备参数

项目	1号机	2号机	3号机	4号机	5号机	6号机	7号机	8号机	9号机
转轮型号	HLS 66.46-LJ-410	HLA 788-LJ-410	HLS 66.46-LJ-410	HLS 66.46-LJ-410	HLA 788-LJ-410	HLS 66.46-LJ-410	HLS 66.46-LJ-410	HLS 66.46-LJ-410	HLS 66.46-LJ-410
设计水头(m)	73	73	73	73	73	73	73	73	73
最大水头(m)	84.3	84.3	84.3	84.3	84.3	84.3	84.3	84.3	84.3
最小水头(m)	59.96	57.8	59.96	59.96	57.8	59.96	59.96	59.96	59.96
设计输出功率(kW)	92 300	92 300	92 300	92 300	92 300	92 300	92 300	92 300	92 300
最高输出功率(kW)	108 000	102 000	108 000	108 000	102 000	108 000	108 000	108 000	108 000
转轮直径(mm)	4100	4100	4100	4100	4100	4100	4100	4100	4100
转轮高度(mm)	2254	2235	2235	1822	1822	1820	1820	2254	2259
转轮叶片(个数)	13	13	13	13	13	13	13	13	13

项目	1号机	2号机	3号机	4号机	5号机	6号机	7号机	8号机	9号机
吸出高度(m)	+1.5	+1.5	+1.5	+1.5	+1.5	+1.5	+1.5	+1.5	+1.5
迷宫环间隙 (mm)	2～2.5	2～2.5	2～2.5	2～2.5	2～2.5	2～2.5	2～2.5	2～2.5	2～2.5
额定流量 (m³/s)	135	138.8	135	135	138.8	135	135	135	135
蜗壳最高压力 (MPa)	1.079	1.079	1.079	1.079	1.079	1.079	1.079	1.079	1.079
转轮安装高程 (mm)	24	24	24	24	24	24	24	24	24
大轴直径 (mm)	1100	1100	1100	1100	1100	1100	1100	1100	1100
额定转速 (r/min)	150	150	150	150	150	150	150	150	150
飞逸转速 (r/min)	306	306	306	306	306	306	306	306	306

五、运行工况

机组一般应在自动方式下运行，导叶开度限制应置于相应最大功率的开度位置。只有在调速器电气控制部分故障而机械控制部分正常时，机组才可改为手动运行。

水轮机运行时，机组的继电保护装置、信号装置及自动控制装置应正常投入，机组的继电保护装置、信号装置及自动控制装置的整定值，只能由专业人员按规定的程序调整。

1. 发电工况

发电工况是开启水轮机导水叶，以水流作为原动力，推动机组转动，使机组转速逐渐达到额定值，再将机组并入电网的运行工况。

2. 调相工况

调相工况是将并网运行的机组水轮机导叶开度关至零，通过压缩空气将转轮室内水面压至转轮以下，使转轮在空气中运转，以减小阻力，此时发电机不发出有功功率，只用来向电网输送感性无功功率的运行状态。调相工况起到调节系统无功、维持系统电压水平的作用。

机组在压水条件下调相运行时，机组如需停机，应将机组先由调相运行转为发电运行，把转轮室内压缩空气排除后方可停机。

 **思考与练习**

（1）请简述水轮发电机的工作原理（主要描述能量转换）。

（2）请描述下列水轮机型号含义：

1）HLA788-LJ-410。

2）HLS66.46-LJ-410。

（3）请简述水轮机导水机构都有哪些，其作用是什么？

（4）请简述新安江电厂水轮机设计出力、最大水头、叶片个数、额定流量、安装高程、大轴直径以及额定转速。

（5）请简述水轮机调相工况的含义。

第二节　发电机结构原理

本节分为发电机工作原理、发电机的结构、发电机型号、新安江电厂发电机参数、运行方式、无功进相注意事项六部分，简单介绍了发电机的工作原理、分类，介绍了新安江电厂发电机设备的主要参数、运行方式以及无功进相注意事项。通过本节学习，能够简述发电机的工作原理；能够认知发电机的分类、主要结构及其作用；详细了解并熟知新安江电厂发电机设备的主要参数，熟练掌握发电机运行方式、无功进相注意事项。

一、发电机工作原理、工作参数与分类

水电厂是借助水工建筑物和机电设备将水能转换为电能的企业，水轮发电机组是其主要发电设备，其中水轮机是原动机，它将水能转换成旋转的机械能，并带动发电机发电。

（一）发电机工作原理

发电机是把机械能转变为电能的机械，多由绕有线圈的转子和定子组成，用动力机械带动转子转动就产生电能。按发出电流的性质，分直流发电机和交流发电机；按所用原动机不同，分汽轮发电机、水轮发电机、柴油发电机等。

（二）发电机工作参数

水轮发电机将水轮机产生的机械能通过水轮机发电机联轴转化为电能。反映发电机工作过程特性值的一些参数，称为发电机的基本参数，发电机的基本工作参数有：额定电压 U_N、额定电流 I_N、额定功率因数角 $\cos\phi_N$、额定转速 n_N、额定频率 f_N、额定功率 P_N、空载励磁电流 I_k、转子电流 I_z、转子电阻 R_z 和磁极对数 p 等。

1. 额定电压 U_N

在额定运行时，规定加在定子绕组上的线电压称为额定电压，单位为 kV，其值应根据发电机的额定容量和各项技术经济指标来选定，并符合国标规定。GB/T 156—2007《标准电压》对发电机额定电压的规定为：0.115、0.23、0.4、0.69、3.15、6.3、10.5、13.8、15.75、18、20kV 等多个等级。对于中、小容量的机组，一般选用 6.3kV 和 10.5kV 两个等级。

2. 额定电流 I_N

在额定运行时，通入定子绕组中的线电流称为额定电流，单位为 A。

3. 额定功率因数 $\cos\phi_N$

发电机的额定功率因数是发电机的额定有功功率与额定容量的比值。

4. 额定转速 n_N

额定转速是指在额定功率时的转子转速，单位为 r/min。

5. 额定频率 f_N

额定频率特指电源或电网的频率，单位为 Hz。

6. 额定功率 P_N

在额定运行时，发电机的输出功率称为额定功率，单位为 kW。它可以用式（1-1-2）进行计算，即

$$P_N = \sqrt{3}U_N I_N \cos\phi_N \eta_N \tag{1-1-2}$$

式中　P_N——发电机的额定功率，kW；

$\quad\quad U_N$——发电机的额定电压，kV；

$\quad\quad I_N$——发电机的额定电流，A；

$\cos\phi_N$——发电机的额定功率因数角（水轮发电机的功率因数一般为 0.8~0.95）；

$\quad\quad \eta_N$——水轮机的效率（一般为 95%，大型发电机甚至可以达到 98%）。

7. 空载励磁电流 I_k

空载励磁电流是发电机在空载状态下（额定转速、额定电压、不带负荷）的励磁电流。

8. 转子电流 I_z

转子电流是指通过发电机转子的电流，单位为 A。

9. 转子电阻 R_z

转子电阻是指发电机转子的电流，单位为 Ω。

10. 磁极对数 p

发电机转子磁极的对数，是转子磁极个数的 1/2，此外发电机的转速、频率与磁极

对数间有相应的关系，即

$$n = 60f/p \tag{1-1-3}$$

式中 p——发电机的磁极对数，对；

n——发电机的转速，r/min；

f——电源或电网的频率，Hz。

（三）水轮发电机组的分类

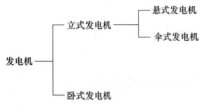

图 1-1-17 发电机的分类

水轮发电机组的发电机按布置方式不同，分为立式发电机与卧式发电机，如图 1-1-17 所示。对于较小型水轮机，转速较高，特别是冲击式水轮机，多采用卧式发电机。大型水轮机的转速都比较低，为了能发出 50Hz 的交流电，水轮发电机采用多对磁极结构，由于磁极很多，体积庞大，故采用立轴结构，即为立式发电机。

立式发电机按推力轴承安装位置不同，分为悬式与伞式。推力轴承位于发电机转子上方的水轮发电机称为悬式发电机，推力轴承位于发电机转子下方的发电机称为伞式发电机。

二、发电机结构

发电机主要由定子、转子、上机架、推力轴承、导轴承、空气冷却器等结构组成。发电机由水轮机转轮通过水发联轴带动转动，由外通电流形成旋转的磁场，做切割磁感线运动在定子线圈上形成电流。

（一）发电机结构图

发电机结构图如图 1-1-18 所示。

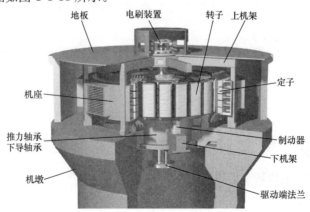

图 1-1-18 发电机结构图

（二）转子

转子由大轴、支架、铁芯组成，转子铁芯由磁轭与磁极组成，在磁轭外圆周开有 T 形槽，磁极通过 T 形榫头固定在磁轭上。磁轭叠片分为几层，层间有缝隙，称为通风隙，用来通风冷却。发电机转子结构图、发电机转子铁芯结构图分别如图 1-1-19 和图 1-1-20 所示。

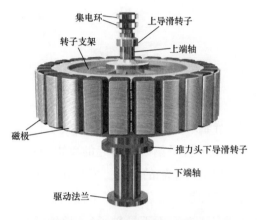

图 1-1-19　发电机转子结构图

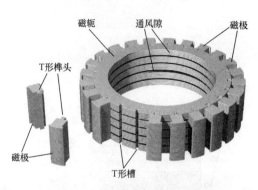

图 1-1-20　发电机转子铁芯结构图

（三）定子

定子主要由定子铁芯与定子线棒组成。发电机定子铁芯由导磁良好的硅钢片叠成，在铁芯内圆均匀分布着许多槽，用来嵌放定子线圈，铁芯分层叠装，层间有通风隙，以便散热。定子线圈嵌放在定子槽内，组成三相绕组，每相绕组由多个线圈组成，按一定规律排列嵌装。发电机定子结构图如图 1-1-21 所示。

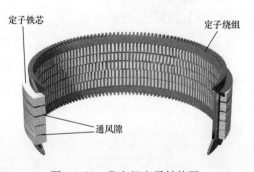

图 1-1-21　发电机定子结构图

（四）发电机各部件作用

（1）推力轴承：推力轴承瓦是扇形板状结构，多个轴瓦排列在推力头下方，直接与镜板接触滑动，轴瓦采用弹性金属塑料瓦。推力轴瓦靠轴承座支撑，模型采用刚性支撑，用支柱螺钉直接顶住轴瓦与轴承座。它将水轮发电机组转动部分的重量传递给机组机架，再传导到混凝土基础上（新安江电厂 6、8 号机采用弹簧簇式推力轴承）。推力轴承分布示意图、刚性推力轴承结构、弹簧簇式推力轴承弹簧分布示意图分别见图 1-1-22～图 1-1-24。

17

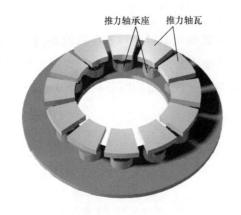

图 1-1-22 推力轴承分布示意图

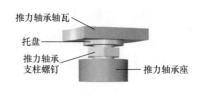

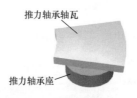

图 1-1-23 刚性推力轴承结构

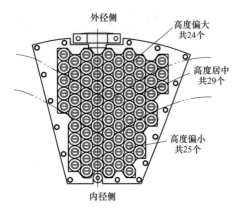

图 1-1-24 弹簧簇式推力
轴承弹簧分布示意图

（2）导轴承：导轴承主要承受转子机械不平衡力和由于转子偏心所引起的单边磁拉力，其主要作用是防止轴的摆动。安装在转子上侧的称为上导轴承，安装在转子下侧的称为下导轴承（新安江电厂无下导轴承）。导轴承分布示意图、导轴承结构分别如图 1-1-25、图 1-1-26 所示。

（3）空气冷却器：空气冷却器就是热交换器，内部排满冷水管，热空气通过时，热量被冷水带走，空气被冷却。空气冷却器工作原理示意图如图 1-1-27 所示。

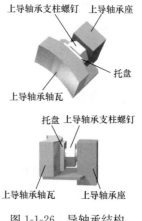

图 1-1-26 导轴承结构

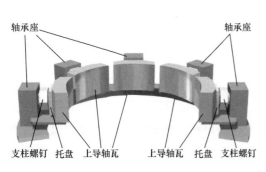

图 1-1-25 导轴承分布示意图

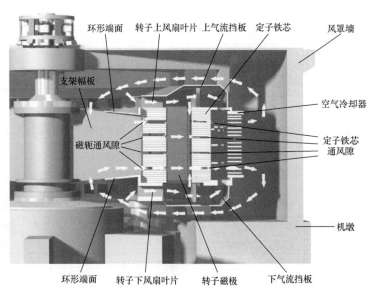

图 1-1-27　空气冷却器工作原理示意图

三、发电机型号

我国生产的大型水轮发电机为 TS 系列，T 表示同步，S 表示水轮。举例来说：TS854/156-40 表示同步水轮发电机，定子外径为 8540mm，铁芯长为 1560mm，磁极数为 40 只；SF90-40/8540 表示水轮发电机，额定输出功率为 90MW，定子外径为 8540mm，磁极数为 40 只。

四、新安江电厂发电机参数

新安江电厂发电机设备参数见表 1-1-4。

表 1-1-4　　　　　　　　　　　　新安江电厂发电机设备参数

项目	1号机	2号机	3号机	4号机	5号机	6号机	7号机	8号机	9号机
型号	TS854/ 156-40	TS854/ 156-40	TS854/ 156-40	TS854/ 156-40	TS854/ 156-40	TS854/ 156-40	TS854/ 156-40	TS854/ 156-40	SF90- 40/8540
容量（kVA）	100 000	100 000	100 000	100 000	100 000	100 000	100 000	100 000	100 000
额定功率（kW）	95 000	95 000	95 000	90 000	95 000	95 000	95 000	95 000	95 000
电压（kV）	13.8	13.8	13.8	13.8	13.8	13.8	13.8	13.8	13.8
电流（A）	4183.8	4183.8	4183.8	4183.8	4183.8	4183.8	4183.8	4183.8	4183.8
功率因数（%）	90	90	90	90	90	90	90	90	90

项目	1号机	2号机	3号机	4号机	5号机	6号机	7号机	8号机	9号机
空载励磁电流（A）	670	673	676	676	676	676	624	624	666
转子电流（A）	1200	1200	1200	1200	1200	1200	1200	1200	1200
转子电阻（Ω，175℃）	0.213	0.220	0.223	0.221	0.221	0.238	0.220	0.220	0.220
接线方式	双Y	双Y	双Y	双Y	双Y	双Y	双Y	双Y	双Y
接地方式	经消弧线圈	经消弧线圈	经消弧线圈	经消弧线圈	经消弧线圈	经消弧线圈	经消弧线圈	经消弧线圈	经消弧线圈
冷却方式	空气冷却	空气冷却	空气冷却	空气冷却	空气冷却	空气冷却	空气冷却	空气冷却	空气冷却
投产时间	1966年12月	1965年10月	1960年5月	1960年4月	1961年3月	1964年2月	1975年12月	1977年10月	1968年10月
增容改造后投产时间	2002年10月	2003年6月	2003年1月	1998年1月	2002年1月	2004年1月	2000年12月	2001年6月	2000年4月

注 4号机经2020年9月开始增容改造至95MW，预计2021年3月投产。

五、运行方式

（1）发电机启动方式正常采用自动启动，某些试验工况或自动启动不成，可使用手动启动。

（2）机组正常并列方式采用自动准同期方式。当自动准同期因故不能使用时，可以由具备手动准同期并网权限的人员进行手动准同期并网。

（3）发电机的运行工况分为空转、空载、发电、调相工况。

（4）发电机正常时应按发电机参数表所列额定参数运行。

（5）新安江电厂9台发电机均具备无功功率进相能力。在系统电压过高时，根据调度控制中心指令，按照调度控制中心下达的进相限额进相运行。

（6）发电机正常时有功功率和无功功率应保持在额定范围内运行，只有在事故情况下，允许短时间过负荷运行。

（7）发电机停机备用15天，应开机发电或空载运行30min以上（后文中提及停机备用一个月是考虑发电机绝缘，此处考虑的是推力轴承油膜）。

六、发电机无功功率进相注意事项

（1）当发电机无功功率已降低至下限，220kV母线电压仍等于或高于预警值时，应及时汇报调度控制中心，并根据调度控制中心指令选择机组进相运行，以使 220kV 母线电压恢复正常。

（2）机组调相、发电方式时的无功功率进相允许值按照调度控制中心下达的稳定限额执行。

（3）选择进相运行机组应按照调相机、空载或小负荷机组、满载机组的顺序进行。当进相机组工况改变时，无功功率进相允许值也必须相应调整。

（4）进相运行的机组应退出自动发电控制（automatic generation control，AGC）运行。

（5）如需多台机组进相运行时，应尽可能分布在不同的单元。

（6）当机组励磁调节装置有缺陷或励磁方式为手动（电流闭环）时禁止进相运行。

（7）机组进相运行时，应注意监视该机组定子线圈温度的上升情况，温度异常上升时应及时减小进相深度，必要时调换进相机组，并及时汇报调度控制中心。

（8）机组进相运行时，应注意监视单元母线电压不得低于额定值 13.8kV 的 95％（13.1kV），且厂用电、10.5kV 系统电压应在合格范围内。

（9）进相运行时应记录以下数据：进相机组号、进相机组工况、进相无功功率值、进相运行起止时间、进相前后 220kV 母线电压及厂用母线电压、定子线圈温度变化情况等。

 思考与练习

（1）请简述发电机的结构及其作用。

（2）请描述下列发电机型号含义：

1）TS854/156-40。

2）SF90-40/8540。

（3）请简述新安江电厂发电机额定功率、电压、电流、功率因数、励磁空载电流、转子电流。

（4）请简述发电机无功功率进相注意事项。

第二章 巡 回 检 查

本章主要介绍巡回检查的要求，以及水轮机、发电机的项目及标准、危险点分析等内容，包括 3 个培训小节。

第一节 巡回检查通用要求

本节主要介绍作业现场巡回检查通用要求，分别从巡回检查人员要求、巡回检查现场要求、巡回检查作业要求和巡回检查危险点分析及预防控制措施四个方面详细介绍，本节适用于本教材所有巡回检查要求，下文巡回检查部分不再——列出。

一、巡回检查人员要求

（1）经医师鉴定，无妨碍工作的病症（体格检查至少每两年一次）。

（2）具备必要的安全生产知识，学会紧急救护法，特别要学会触电急救法。

（3）具备必要的电气知识和业务技能，且按工作性质，熟悉《国家电网公司电力安全工作规程（变电部分）》（Q/GDW 1799.1—2013）《国家电网公司电力安全工作规程（水电厂动力部分）》（Q/GDW 1799.3—2015）的相关部分，并经考试合格。

（4）应被告知其作业现场和工作岗位存在的危险因素和安全注意事项。

（5）允许独立巡回检查的人员需经厂部批准并下文公布名单。

二、巡回检查现场要求

（1）巡回检查现场的生产环境、生产条件和安全设施等应符合有关标准、规范要求，工作人员的劳动防护用品应合格、齐备。

（2）现场使用的安全工器具应合格并符合有关要求。

三、巡回检查作业要求

（1）正常情况下，各岗位人员应按轮流表，对所管辖设备按照新安江电厂《设备巡回检查规程》（Q/GDW 4643-10003—2021）规定的时间、路线进行巡回检查。

（2）巡回检查值实施轮班作业。每台班设两个岗位，人员不得少于两人，其中高级运行维护员 1 名、初级运行维护员 1 名。

（3）初级运行维护员巡回检查设备为一专责所辖设备，高级运行维护员巡回检查设备为一、二、三专责所辖设备。

（4）巡回检查分为每月的定期检查、每周一次的定期检查、每日的检查、设备操作后的检查和机动性检查。

（5）设备操作后的检查和中控室巡回检查按《新安江电厂巡回检查作业指导书》执行。

（6）巡回检查人员在离开值班地点进行巡回检查设备前，必须报告值班负责人，工作过程中不得做与巡回检查工作无关的事情或其他未经批准的工作，不准移开或越过遮拦。巡回检查结束后，应立即向值班负责人汇报检查情况。

（7）巡回检查人员在进行设备的巡回检查时，应穿工作服、工作鞋、戴安全帽，携带必要的工具，如电筒等。

（8）巡回检查前了解所检查设备的运行方式、缺陷情况，巡回检查时要做到"六到"：即足到（该查的项目要走到）、心到（该查的项目要想到）、眼到（该查的项目要看到）、耳到（异常的声音要听到）、手到（可触及的设备要摸到）、鼻到（异常气味要嗅到），并根据设备的变化情况进行分析和对比，及时发现设备异常，保证检查质量。

（9）巡回检查工作需要打开的设备房间门、开关箱、配电箱、端子箱、操动机构箱等，在检查工作结束后应随手关好。

（10）发现设备缺陷或异常时，应及时汇报值班负责人，经确认后输入生产管理系统缺陷管理模块中，做好运行值班记录，并通知有关检修班组。缺陷由当班值负责审核和定级，当设备发生危急、严重缺陷或发现设备参数或状态不正常时，应立即向值班负责人汇报，值班负责人应到现场核实情况，做好防范措施、处理对策和事故预想，根据《新安江电厂设备缺陷管理执行手册》的要求通知有关人员。

（11）处于运行状态、备用状态及局部检修（消缺）的设备，应按时进行巡回检查，以保证设备可随时投运。

（12）设备的检查应按巡回检查作业指导规定的检查标准，根据当时的运行方式、设备缺陷情况和环境、气候的变化等，结合运行分析，使设备的缺陷能及时发现，并得到控制。

（13）遇下列情况时，应安排对设备进行机动性检查：

1）刚经操作过的设备和存在较大缺陷的设备。

2）自然条件发生变化（如：泄洪、台风、暴雨、大雪、高温、严寒、大雾等）可能受影响的设备。

3）新投产和检修后的设备。

4）运行方式变化或重负荷运行的设备（迎峰度夏连续满负荷运行阶段）。

5）发生事故后，同类设备或运行可能受影响的相关设备。

6）有隐患的设备或频发性缺陷的设备。

7）根据负荷及设备运行情况开展夜间的熄灯巡回检查。

8）值班值、值守值的值长和首席运行维护员每月至少对主要发配电设备进行一次巡回检查。

9）机组状态改变后，当班值应安排立即进行一次巡回检查。

（14）地震、台风、洪水、泥石流等灾害发生时，禁止巡视灾害现场；灾害发生后，如需要对设备进行巡视时，应制定必要的安全措施，得到设备运行维护管理单位批准，并至少两人一组，巡视人员应与派出部门之间保持通信联络。

（15）在夏季高温季节时，应尽量避开高温时段巡回检查，根据实际情况合理安排巡回检查时间，报部门主任同意。

（16）上、下风洞巡回检查应注意与带电部分、转动部件保持足够的安全距离。

（17）全厂可调机组连续 24h 满发时，生产现场实行 24h 一级"on-call"人员值班，增加一次特巡，时间为凌晨 2：00～4：00。

四、巡回检查危险点分析及预防控制措施

针对巡回检查中存在的危险点分析，并制定相应的预防控制措施，具体见表 1-2-1。

表 1-2-1　　　　　　　巡回检查危险点分析及预防控制措施

序号	工作中存在的危险点分析	相应的预防控制措施
1	人员身体状况不适、思想波动，造成巡视质量不高或发生人身伤害	对巡回检查人员的身心状况进行了解，疲劳、患病、身体状态欠佳安排休息，心理状况异常的人员，进行心理疏导
2	不戴安全帽、不按规定着装，在突发事件时失去保护引发人员伤害	进入设备区，必须佩戴安全帽，穿工作服
3	未按巡回检查线路巡视，造成不到位，漏项	应携带作业指导书，按照巡回检查路线进行巡回检查
4	误碰、误动、误入、误登运行设备	应观察周围的环境，对作业活动位置和范围进行调整，不得误碰、误动运行设备，应与带电设备保持足够的安全距离（10.5kV、13.8kV 安全距离为 0.7m，220kV 安全距离为 3m）
5	擅自打开设备网门，擅自移动临时安全围栏，擅自跨越设备固定围栏	不得移开或越过遮栏
6	发现缺陷及异常时，未及时汇报	发现设备缺陷及异常时，应及时汇报值长，在值长许可下采取相应措施进行处理，不得未经值长同意擅自进行处理
7	擅自改变检修设备状态，变更工作地点安全措施	巡回检查时禁止变更检修现场安全措施，禁止改变检修设备状态

续表

序号	工作中存在的危险点分析	相应的预防控制措施
8	登高时检查不慎摔伤	登高时应小心谨慎，禁止站在不坚固的结构上进行检查
9	在旋转设备区域巡回检查个人防护不当，检查转动设备时，突然启动，伤人	长发牢固地盘在安全帽内，严禁在静止的转动设备上行走、坐立
10	高压设备发生接地时，安全距离不够，造成人员伤害	高压设备发生接地时，室内不得接近故障点4m以内，室外不得靠近故障点8m以内，进入上述范围人员必须穿绝缘靴，接触设备的外壳和构架时，必须戴绝缘手套
11	夜间巡视，造成人员碰伤、摔伤、踩空	夜间巡视，应及时开启设备区照明（夜巡应带照明工具）
12	开、关保护盘门，振动过大，造成保护误动	开、关设备柜门用力适当，防止振动过大
13	擅自动用设备闭锁万能钥匙	严格执行"五防"万能钥匙管理规定
14	下风洞检查与转动部分安全距离不够，发生人身伤害及设备事故	进入下风洞应与转子保持足够的安全距离（2.2m），不得进入定子线圈下端部
15	进出机旁盘，未随手关门，造成小动物进入	进出机旁盘，必须随手将门关好

注　"五防"指：防止误分、合断路器，防止带负荷分、合隔离开关，防止带点挂（合）接地线（接地开关），防止带地线送电，防止误入带点间隔。

 思考与练习

（1）请简述作业现场巡回检查人员要求。

（2）请简述作业现场巡回检查的危险点分析。

（3）巡回检查中人身安全方面有哪些危险点分析？

（4）巡回检查应做到哪"六到"？

（5）巡回检查人员的服装和携带工具有哪些要求？

第二节　水轮机巡回检查

本节主要介绍水轮机层、水车室、伸缩节、交通廊道、机组超声波测流装置的巡回检查的检查项目及标准和相关危险点分析。

一、水轮机层巡回检查

（一）水轮机层巡回检查的项目及标准

（1）压力钢管、冷却水总供水、水导轴承润滑水、8只空气冷却器等水压指示正常（压力钢管水压 0.7MPa 左右、冷却水总供水 0.25～0.35MPa、水导轴承润滑水 0.15～0.2MPa、空气冷却器总进水压力 2.0MPa 左右、单个出水压力 0.05～0.1MPa），各压力表整定值无变化。

（2）各管路阀门位置正确，不漏油、漏水、漏气。

（3）流量计显示数据正确、示流器（流量开关）指示正确（机组发电时指示在"open"位置，停机备用时指示"close"位置）。

（4）各电控阀接线完整，开关位置与运行状态相对应，工作情况良好，无发卡或操作超时等现象。

（5）水轮机端子箱，非电量端子箱内电源隔离开关、断路器位置正确（水轮机端子箱内除导水叶接点短接小开关 DKW-3 在拉开位置，其余断路器、隔离开关正常均在合上位置）及各接线端子接触良好。

（二）水轮机层巡回检查危险点分析

（1）水轮机在正常运行中，应定期巡视，设备存在隐患运行时，应增加机动巡回频次。

（2）机组技术供水以蜗壳取水为主用水源，坝前引水为备用水源。

（3）自动滤水器前后压差大应查明原因并进行处理，如果主供水不能满足供水要求时，投入水导轴承备用润滑水，并对各部温度进行监视，有条件尽可能停机。

（4）机组技术供水电控阀的切换阀正常在"Auto"位置，运行中不得关闭电控阀门、减压阀门控制管路上的小阀门，否则会引起失控。

（5）备用机组（含冷备用）应视同运行机组进行巡视检查。

（6）遇因系统或本机的原因使机组发生较大的冲击时，应对机组各部、各表计进行全面的检查和必要的监视。

二、水车室巡回检查

（一）水车室巡回检查项目及标准

（1）水轮机大轴摆度在规定值内（顶盖 0.4mm、水导轴承 0.6mm），运转状况良好，无异声。

（2）止水盘根漏水不大，不发热，润滑水压正常（0.15～0.2MPa）。

（3）水轮机顶盖排水畅通，无杂物和积水。

（4）导水叶剪断销装置完好，双连臂背帽及连接销子、半圆键不松动，拐臂、连臂间无杂物，导水叶轴承套筒不漏水；接力器无抽动和摆动现象，锁锭位置正确，导叶接力器反馈传感器的滑动杆动作正常。

（5）阀门位置正确，管路无漏油、漏水、漏气。

（6）漏油槽油位正常，油泵及电动机无异常声音，不发热。

（7）紧急真空补气阀门动作良好，不漏水。

（二）水车室巡回检查危险点分析

（1）机组检修后首次开机，如发现水导轴承盘根过热，可外加水源冷却，并联系检修处理。

（2）备用机组（含冷备用）应视同运行机组进行巡视检查。

（3）遇因系统或本机的原因使机组发生较大的冲击时，应对机组各部、各表计进行全面的检查和必要的监视。

（4）振动严重超过规定值时，如振动保护装置未动作，应手动紧急停机。

三、伸缩节、交通廊道巡回检查

（一）伸缩节、交通廊道巡回检查项目及标准

（1）进人孔不漏水，伸缩节、交通廊道排水畅通。

（2）钢管排水阀门、长柄阀门的开关位置正确；加热器投入正常，阀坑积水不严重；现地操作箱内电源开关分合状态正确、指示灯指示正常，各端子接线完好，无松动。

（3）引水钢管的伸缩节部分正常，换能器不漏水；调相浮筒及引水管不漏水，阀门位置正确。

（二）伸缩节、交通廊道巡回检查危险点分析

（1）电动阀门配电室内的钢管排水阀、长柄阀电源隔离开关正常在合上状态，现地控制箱电源断路器正常在拉开位置；操作时电源合上，操作结束后电源拉开。

（2）备用机组（含冷备用）应视同运行机组进行巡视检查。

四、机组超声波测流巡回装置检查

（一）机组超声波测流装置巡回检查项目及标准

机组超声波测流装置的工控机工作正常，流量显示值按一定的规律不断更新，"状态"显示"流量测量正常"。

（二）机组超声波测流巡回装置检查危险点分析

（1）备用机组（含冷备用）应视同运行机组进行巡视检查。

（2）遇因电网或本机的原因使机组发生较大的冲击时，应对机组各个位置、各表计进行全面的检查和必要的监视。

（3）机组超声波测流装置"状态"显示"好声路不够"时，流量测量无效；"状态"显示"好声路不够""自检出错""通信出错"时，通知相关班组处理。

思考与练习

(1) 请简述水轮机的检查项目及标准。

(2) 请描述水车室的检查危险点分析。

第三节 发电机巡回检查

本节主要介绍发电机层、发电机上、下风洞、制动柜、动力盘的巡回检查项目及标准和相关危险点分析。

一、发电机层巡回检查

(一) 发电机层巡回检查项目及标准

(1) 发电机、集电环、推力轴承、上导轴承等部件无异声，发电机振动在规定范围内（定子和上机架 0.4mm、上导轴承 0.6mm）。

(2) 大轴补气阀门动作正常（大轴补气阀门正常是在机组调整负荷过程中动作，每台机组略有差异，一般在机组有功功率在 50～70MW 之间动作补气）。

(3) 推力轴承、上导轴承的油位合格，油色正常，无漏油及甩油现象，各部温度在正常控制范围内（推力轴瓦温度正常控制在 55℃ 以下，上导轴瓦温度正常控制在 50℃ 以下，推力轴承、上导轴承润滑油温度正常控制在 10～40℃）。

(4) 推力轴承、上导轴承的水压表、流量计、示流器指示正常，管路阀门、法兰接口不漏水。

(5) 集电环滑环表面不发黑，无麻点，无碳粉堆积或油污，不过热，不冒火花。碳刷与滑环接触良好，软线连接完好，碳刷不发卡、不脱落。

(6) 各部分引线及连接线不发热，螺钉不松动。

(7) 灭火器具完整（主厂房发电机层靠下游侧墙面）。

(二) 发电机层巡回检查危险点分析

(1) 运行中应检查监视发电机定子的三相电压不平衡度，若相电压差值较大时，应查明原因，明确是否由于定子线圈靠近中性点部分接地引起。

(2) 当运行机组振动、摆度超过允许值时（定子和上机架 0.4mm、上导轴承 0.6mm），应及时降低机组出力，同时测量振动、摆度是否减弱，否则联系调度申请停机处理，在未经处理前，机组投入运行应经总工程师批准。

(3) 遇因系统或本机的原因使机组发生较大的冲击时，应对机组各部、各表计进行全面的检查和必要的监视。

（4）机组各部冷却水压力应与该部分的实际温度相适应。

（5）机组在相同的运行工况下，推力轴承、上导轴承的轴瓦温度或冷却器内的油温升高 2~3℃时，应检查油、水系统的工作情况，查明原因，并及时处理。

（6）发电机长时间满负荷运行时，应注意监视各部温度，特别是定子绕组温度不得超过规定值（85℃）。

（7）推力冷却水正常情况下用蜗壳引水，当推力温度过高时，可适当调整水压，若仍无效时，可倒换至坝前引水供水。

（8）调相运行机组应监视其有功功率进相（从系统吸收有功功率）不大于正常值（2MW 左右），调相机组最大允许无功进相（从系统吸收无功功率）2.7Mvar，并保持正常充气。

二、发电机上、下风洞巡回检查

（一）发电机上、下巡回风洞检查项目及标准

（1）风洞内无异味及其他异常情况，风门关闭，空气冷却器不漏水，温度均匀、结露不大，地面清洁无杂物，各管路法兰接头不漏水，接线端子不松动。

（2）风洞内无异声及杂物，风温正常，排水沟不堵塞。

（3）大轴接地碳刷完整，接触良好；风闸不跳动，间隙合格，闸板无变形损坏，风闸位置行程开关不松动，接线良好。

（4）定子线棒无电晕、漏胶、变色等现象，槽楔无脱落；转子端部无异常。

（5）母线排无过热，遮拦锁闭正常，各接线端子无松动。

（二）发电机上、下风洞巡回检查危险点分析

（1）进入机组下风洞检查时，应注意与转动部分的距离（下风洞盖板与转动部分之间的高度为 2.2m），禁止进入运行及备用机组的下风洞定子下端部检查。

（2）遇因电网或本机的原因使机组发生较大的冲击时，应对机组各部、各表计进行全面的检查和必要的监视。

三、制动柜、动力盘巡回检查

（一）制动柜、动力盘巡回检查项目及标准

（1）制动系统各阀门位置正确，不漏气，风压正常（0.7MPa 左右）。

（2）动力电源断路器、隔离开关、操作电源开关及各接头处无发热现象，开关位置正确。

（3）压油泵（两台）固态控制器电源断路器、主/备用转换开关位置正确（电源断路器正常状态均在合闸位置，主/备用转换开关正常状态为一主一备），面板指示灯正

常，整定值正确。

（二）制动柜、动力盘巡回检查危险点分析

（1）发电机应保持通风系统的密封性，机组在运行或备用中各空气冷却器风门均应关闭。

（2）机组制动系统单个风闸发生故障可以退出单个风闸运行，最多可退出两个风闸。

（3）遇因系统或本机的原因使机组发生较大的冲击时，应对机组各部、各表计进行全面的检查和必要的监视。

 **思考与练习**

（1）请简述发电机的巡回检查项目及标准。

（2）请描述发电机层，上、下风洞的巡回检查项目及标准。

（3）为什么机组推力油槽排油检修后或停机 1 个月，开机前必须顶转子？

第三章　设　备　操　作

本章主要介绍设备操作通用要求、操作员工作站自动开机和停机、现地控制单元（local control unit，LCU）自动开机和停机、手动开机、手动停机、调相发电转换、机组停复役操作等内容，包括 7 个培训小节。

第一节　设备操作通用要求

本节主要介绍新安江电厂机组设备操作的通用要求，通用要求的内容涵盖了设备操作的操作票总体要求，操作票的填写要求，操作票拟票、审核、模拟预演及审批，操作票执行等。

操作票指在电力系统中，为保证电气设备倒闸操作、电厂动力设备操作等遵守正确的顺序，必须由操作人填写操作的内容和顺序的票据。国家电网有限公司要求操作项三项及以上的工作要使用操作票。

一、设备操作的操作票总体要求

（1）《操作票》票面统一为 A4 纸大小。

（2）每份操作票包含《操作票》及其对应的《危险点分析控制单》。

（3）操作票中的操作人、监护人和值长（首席运行维护专责）应由熟悉现场设备、现场运检规程及安全规程且经新安江电厂批准的人员担任。操作票监护人和操作票审批人的名单应每年进行发布。

（4）操作票操作人、监护人和操作票审批人应了解清楚操作目的、操作顺序及操作过程中的危险点以及危险点的预防控制措施。

（5）操作票中的发令人为值长（首席运行维护专责），受令人为监护和操作人员。

（6）新安江电厂安质部应及时公布操作票操作人、监护人名单。

（7）操作票的填写、审核和批准应在生产管理系统中按流程要求进行，如系统故障时，应使用手写操作票，待系统恢复后，再补录入相关信息。

（8）设备操作分为电气设备倒闸操作和动力机械设备隔离操作两种（不包括机组自动启停操作），两种操作应严格执行《国家电网公司电力安全工作规程（变电部分）》（Q/GW1799.1—2013）《国家电网公司电力安全工作规程（水电厂动力部分）》

（Q/GW1799.3—2015）规程条款的要求。

（9）下列各项工作可以不用操作票：

1）《国家电网公司电力安全工作规程（变电部分）》（Q/GW1799.1—2013）5.3.7条的内容：

a. 事故紧急处理。

b. 拉合断路器（开关）的单一操作。

c. 程序操作。

上述操作在完成后应做好记录，事故紧急处理应保存原始记录。

2）《国家电网公司电力安全工作规程（水电厂动力部分）》（Q/GW1799.3—2015）5.8.5条的内容：

在发生人身伤害事故时，为了抢救受伤人员，可以不使用操作票。

（10）电气设备倒闸操作应为监护操作，不允许单人操作。

（11）动力机械设备隔离原则上也应采用监护操作。

（12）下列情况允许运行人员进行单人操作，但单人操作时不得进行登高或登杆操作。在单人进行简单操作时，运行人员应得到值长或首席运行维护专责的逐项操作命令（许可），并复诵正确；运行人员应认真核对设备命名逐项操作，及时逐项汇报和记录，并检查操作质量良好。

1）辅助设备的单项操作。

2）低压设备动力盘的盘前操作及不带电的盘后操作。

3）继电保护及自动装置的停用改信号或信号改停用操作。

4）检修设备的模拟配合及紧急情况下的二次压板及配电柜、二次盘柜低压负荷闸刀、空气开关操作。

5）单人值班情况下机组的工况转换操作等。

（13）电气设备的倒闸操作应全过程录音。

（14）现场及生产管理系统中的典型操作票仅对正式操作票的拟写起参考指南作用，拟写操作票严禁直接套用或未经审核批准直接使用典型操作票。

（15）电气设备倒闸操作必须遵守"六要、八步骤"：

1）"六要"：

a. 要有考试合格并经上级领导批准公布的操作人员的名单。

b. 操作的设备要有明显标志，包括命名、编号、分合指示、旋转方向、切换位置的指示及设备相色等。

c. 要有与现场设备和运行方式符合的一次系统模拟图（或计算机模拟系统图）。

d. 要有现场运检规程、典型操作票和统一的、确切的调度控制中心操作术语。

e. 要有确切的调度控制中心指令和合格的操作票（或经单位分管领导批准的操作卡）。

f. 要有合格的操作工具、安全用具和设施（包括对号放置接地线的专用装置）。电气设备应有完善的"五防"装置。

2）"八步骤"：

a. 操作人员按发令人预先下达的操作任务（操作步骤）正确填写操作票。

b. 操作票经审票并预演正确或经技术措施审票正确。

c. 操作前明确操作目的，做好危险点分析和预防控制。

d. 发令人正式发布操作指令并明确发令时间。

e. 操作人员检查核对设备命名、编号和状态。

f. 操作人员按操作票逐项唱票、复诵、监护、操作，确认设备状态变位并在对应操作项后打勾。

g. 操作人员向发令人汇报操作结束及操作结束的时间，发令人告知当班值长操作完成情况。

h. 操作人员做好记录，并使系统模拟图与设备状态一致，然后关闭操作票。

（16）操作票所列人员的安全职责：

1）操作指令发布人应对发布命令的正确性、完整性负责。

2）监护人和操作人应对执行操作指令的正确性负责，监护人负主要责任。

3）无监护人的操作项目，操作人对操作的正确性负责。

4）操作票批准人对操作任务的必要性和安全性负责。

（17）运行人员进行监护操作时，应遵守发令、复诵、监护、汇报、记录等有关操作制度。

（18）应加强手写操作票的技能训练（或比武竞赛），运行维护部应每季度至少组织一次手写操作票的培训、训练，每年组织一次操作票技能比武竞赛活动。

二、操作票的填写要求

（一）通用填写规定

（1）须使用统一格式的操作票，计算机开出的操作票须和手写票面一致。

（2）操作票应使用黑色或蓝色的钢（水）笔或圆珠笔填写。

（3）操作票应填写设备的双重名称，即设备的名称和编号，填写的术语和双重名称必须符合现场规程以及上级调度规程的有关标准。

（4）操作票应由操作人负责拟票，监护人审核，值长批准。

（5）操作票内容填写应清楚，不得任意涂改，操作票中仅允许"操作项目"栏做个别改动，"操作任务"栏不允许改动。如有个别错、漏字等需修改，应使用规范的符号：①针对错字，应将需修改处画一横线，在旁边写上修改内容；②针对漏字，将旁边增补的字圈起来连线至增补位置，并画"∧"符号；③针对多余的字，应圈起并在字上画双横线。禁止使用涂改液、刮除等方法进行修改，一份操作票最多允许改动3处，操作项目中的设备双重名称、接地线编号和重要操作指令（如拉开、合上、关上等）等不允许涂改。

（6）每份操作票的每一页都应在指定位置注明"第××页，共××页"。

（7）"操作开始时间"仅在第一页上填写；"操作结束时间"在操作票的第一页和最后一页上填写。凡涉及时间部分，年份使用四位数，月、日、时、分使用两位数，时钟采用24h制，如2020年9月9日13：00。

（8）"操作项目"栏的空余行部分，应在其第一个空余行的中部起向下画"⚡"符号，符合占两空行，表示余下空白。

（9）"已执行"章在操作项目全部执行完成后由监护人加盖，"已执行"章盖在每页操作票的"操作任务"栏内的右侧。

（10）操作过程中因操作指令变更或其他原因等导致操作中断时，应由监护人在当前页和第一页的备注栏上填写"因×××原因，自第×步起不执行"，并在每页操作票的"操作任务"栏内的右侧盖"未执行"章。

（11）已作废的操作票，应在第一页的备注栏填写"因×××原因，本操作票作废"，作废的操作票应在每页"操作任务"栏内右侧上盖"作废"章。

（12）操作过程中如发现某项操作因故不能执行时，应由监护人在对应的"√"栏内手填"不执行"三字，并在备注栏内说明不执行的原因。

（13）操作票的指定盖章位置应用红色印章。

（二）填写说明

（1）"电厂"：填写各单位简称，要求清晰、简洁，如：新安江电厂。

（2）"编号"：编号由"C-年份-月份-流水号"组成，其中年份为4位阿拉伯数字，月份为2位阿拉伯数字，流水号为3位阿拉伯数字（从每月的第一份票为001开始），每份操作票只有一个编号，例如："C-2015-04-050"代表2015年4月份办理的第50份操作票。手写操作票编号格式由"手C-年份-月份-流水号"组成。

（3）"操作任务"：每份操作票只能填写一个操作任务，操作任务应填全设备的双重名称（名称和编号）。一个操作任务是指根据同一个操作指令，且为了相同的操作目的而进行的一系列相互关联，并依次进行的操作过程。多页操作票的"操作任务"栏中填写的内容应一致。

（4）"操作项目"：操作项目应按操作的先后顺序，遵循：①拉开断路器—拉开负荷侧隔离开关—拉开电源侧隔离开关；②停电—验电—挂接地线（合接地开关）；③停电—隔离—泄压—通风等要求依序进行，同时应按照现场规程中有关逻辑闭锁的顺序进行。"操作项目"栏应按照《国家电网公司电力安全工作规程（变电部分）》（Q/GW1799.1—2013）和《国家电网公司电力安全工作规程（水电厂动力部分）》（Q/GW1799.3—2015）有关条款进行填写，应采用规范的操作术语和设备名称等，术语和设备名称应符合现场规程以及上级调度规程规定要求。其中，"顺序"栏应从"1"开始顺序编号，多页操作票的续页第一栏应承接上页最后一栏的顺序号；"√"栏由监护人填写，其中打"√"表示该操作项目已执行到位，写"不执行"三字表示该操作项目因故不执行；"锁号（地线编号）"栏由监护人填写，应填写机械挂锁的锁号，以及接地线的编号。

（5）"备注"：该栏由监护人填写，填写本操作票在填写、执行过程中需要说明的事项。

（6）"签名栏"：操作人、监护人、值长必须手工签全名。以上签名应在每页操作票中签名。

（7）危险点分析控制单应由拟票人进行填写，监护人进行审核，操作票发令人进行确认并逐项交代。

三、操作票拟票、审核、模拟预演及审批

（一）操作票拟票

（1）操作票应由操作人负责拟票。

（2）值长（首席运行维护专责）根据调度操作令或工作票任务确定操作票的操作任务；新安江电厂机电部根据厂坝区外的10.5kV工作票任务确定操作票任务。

（3）拟票人应根据操作任务要求，核对实际运行方式，核对系统图，认真填写操作项目及危险点分析和预防控制。严禁直接套用典型操作票。

（4）操作项目中的直接操作内容和检查内容不得并项填写，验电和装设接地线（合、分接地开关）应分项填写。

（5）下列项目应填入操作项目中：

1）应拉合的设备［断路器、隔离开关、接地开关（装置）等］，验电，装拆接地线，合上（安装）或断开（拆除）控制回路或电压互感器回路的空气开关、熔断器，切换保护回路和自动化装置及检验是否确无电压等。

2）拉合设备［断路器、隔离开关、接地开关（装置）等］后检查设备的位置。

3）进行停电、送电操作时，在拉合隔离开关、手车式开关拉出、推入前，检查断路器确在分闸位置。

4）在进行倒负荷或解列、并列操作前后，检查相关电源运行及负荷分配的情况。

5）设备检修后合闸送电前，检查送电范围内接地开关（装置）已拉开，接地线已拆除。

6）电气设备操作后的位置检查应以设备各相的实际位置为准，无法看到实际位置时，可通过设备的机械位置指示、电气指示、带电显示装置、仪表及各种遥测、遥信等信号的变化来判断。判断时，至少应有两个非同样原理或非同源的指示发生对应变化，且所有这些确定的指示均已同时发生对应变化，才能确认该设备已操作到位。以上检查项目应填写在操作票中作为检查项。检查中若发现其他任何信号有异常，均应停止操作，查明原因。若进行遥控操作，可采用上述的间接方法或其他可靠的方法判断设备位置。

7）《国家电网公司电力安全工作规程（变电部分）》（Q/GW1799.1—2013）要求的内容。

8）应关闭或开启的油、水、气等系统的阀（闸）门。

9）应打开的泄压阀（闸）门。

10）按本执行手册规定应加锁的阀（闸）门。

11）要求值班人员在运行方式、操作调整上采取的其他措施。

（6）拟定操作票时要做到"三考虑""五对照"：

1）"三考虑"：

a.考虑一次系统改变对二次自动装置和保护装置的影响。

b.考虑系统改变后的安全可靠性和经济合理性。

c.考虑操作中可能出现的问题及处理措施和注意事项。

2）"五对照"：

a.对照现场实际设备状态。

b.对照系统运行方式。

c.对照现场运检规程及有关规定。

d.对照运行图纸。

e.对照原有操作票和"典型操作票"。

（二）操作票审核及模拟预演

（1）操作人拟票完毕后，由监护人负责对操作票的正确性进行审核，核实操作项目内容是否正确。

（2）操作票审核合格后，电气设备倒闸操作票还应进行操作票模拟预演。电气设备倒闸操作票的监护人应事先打印一份纸质的操作票，会同操作人对照模拟图板、"五防"系统或与现场一致的图纸进行模拟预演，确认操作顺序正确。在模拟预演过程中还要确认危险点分析及预防控制措施是否恰当。

（3）电气设备倒闸操作票模拟预演无误后，危险点预防控制分析及预防控制措施检查恰当后，监护人方可在生产管理系统中签名确认，并交给审批人。

（4）原则上，批准人、监护人不得修改操作票，一旦发现错误或异常，应逐级退回监护人、操作人重新修改。

（三）操作票批准

（1）操作票批准人应对操作票的必要性和安全性负责，应对操作票的操作任务是否与操作指令一致、操作项目内容是否正确、危险点预防控制分析及预防控制措施是否恰当等再次检查、审核。

（2）正式操作开始前：

1）告知操作人、监护人操作任务信息。

2）操作票批准人批准该操作票，无误后正式生成纸质的操作票（含对应的危险点分析控制单）。

3）操作票发令人对照危险点分析控制单逐项告知操作人和监护人，在相应栏打勾确认并录音。

4）操作票发令人在"危险点"栏和"预防控制措施"栏第一个空余行中部起向下画"⚡"符号，符号占两空行；若危险点分析和预防控制措施到该页的倒数第二行，则符号画在最后一空行内；若危险点分析和预防控制措施到该页的最后一行，则"⚡"符号画在备注栏内。

5）操作票发令人在纸质操作票的操作项目最后一栏下方画"⚡"符号，"⚡"符号占两空格；若操作票的操作项目到该页的倒数第二行，则符号画在最后一空行内；若操作票的操作项目到该页的最后一行，则"⚡"符号画在备注栏内。

6）操作票批准人确认无误后在操作票和危险点控制单相应位置分别签名确认。

（3）下发正式操作指令：

1）涉及调度管辖权限的设备，接收到值班调度人员下发的正式操作指令后，当班值长（或首席运行维护专责）通过电话录音将正式的操作指令通知监护人和操作人；发令人、监护人分别在操作票发令人和接令人栏签名，并由监护人记录发令时间。

2）不涉及调度管辖权限的设备，当班值长（或首席运行维护专责）通过电话录音将正式的操作指令通知操作人员；发令人和监护人分别在操作票发令人和接令人栏签名，并由监护人记录发令时间。

（4）操作票应事先连续编号，计算机生成的操作票应在正式出票前连续编号。

（5）操作票原则上应按编号顺序使用。

（6）操作票批准人不得修改操作票，一旦发现错误或异常，应退回操作人重新修改。

四、操作票执行

(一)现场操作

(1) 每次操作只能执行一份操作票。

(2) 操作前应核对实际运行方式,核对系统图,明确操作任务和操作目的,必要时应向监护人或当班值长(首席运维专责)询问,确认无误。

(3) 操作前,操作人应准备必要的安全工器具、操作工具、隔离链条、钥匙、挂锁、标示牌等,检查所用的安全工器具合格并符合现场实际操作要求。

(4) 如操作任务涉及用户停电、停水的,应在操作前确认停电停水的用户已通知(用户由生产技术部负责通知)。

(5) 接到经批准的操作票后,在实际操作前,监护人还应先核对电站接线方式、机组运行情况等,开展危险点分析,交代操作人安全注意事项。

(6) 整个操作过程中,操作票和钥匙应由监护人手持。

(7) 到达现场后,操作人和监护人应认真核对被操作设备和有关辅助设备的名称、编号和实际状态。一般情况下,操作人应面向设备站立,监护人站在其侧后方进行监护。

(8) 监护人记录操作开始时间,正式开始操作。监护人应按照操作票填写的顺序逐项高声唱票,操作人手指待操作设备的标识高声复诵。监护人确认设备名称及编号与复诵内容、操作票内容等相符后,下令:"对,执行",操作完毕后,操作人回答:"操作完毕"。

(9) 应严格按操作票顺序操作,逐项打"√",严禁跳项操作、打"√"。

(10) 操作完毕,监护人应认真检查操作质量,确认无误后,在对应的"√"栏内打"√",对重要项目记录操作时间。若该操作项目还涉及上锁或悬挂接地线,则应在"锁号(地线编号)"栏内填写相应的锁号或接地线编号。

(11) 电气设备操作后的位置检查应以设备实际位置为准,无法看到实际位置时,应进行"二元法"判断。

(12) 对于无法直接验电的设备(如封闭母线、GIS等电气设备),应利用"二元法"进行间接验电。

(13) 检查动力机械设备或系统是否已安全泄压,可通过阀门机械指示位置、热工仪表指示以及现场实际情况(如有无水、气流动声音等)进行综合分析确定。以上检查项目应填写在操作票中作为检查项。

(14) 其他工作要求:

1) 监护操作时,其中一人对设备较为熟悉者作监护。特别重要和复杂的倒闸操作,由熟练的运行人员操作,值长(首席运维专责)监护。

2) 操作时应履行唱票、复诵制度,认真核对地点、现场设备名称、编号和设备实际状态（位置），确认无误并得到监护人肯定的可以执行操作的答复后，操作人方可执行操作。

3）禁止监护人直接操作设备。

4）操作中产生疑问，应按照：

a. 操作中产生疑问时，应立即停止操作并向发令人报告。待发令人再行许可后，方可进行操作。不准擅自更改操作票，不准随意解除闭锁装置。解锁工具（钥匙）应封存保管，所有操作人员和检修人员禁止擅自使用解锁工具（钥匙）。若遇特殊情况需解锁操作，按《新安江电厂运行钥匙管理执行手册》执行。单人操作、检修人员在倒闸操作过程中禁止解锁。如需解锁，应待增派运行人员到现场，履行上述手续后处理。解锁工具（钥匙）使用后应及时封存。

b. 操作过程中如因设备缺陷或其他原因而中断操作时，应待缺陷处理好后继续操作；如缺陷暂时无法处理且对下面的操作安全无影响时，经发令人同意后方可继续操作；未操作的项目应在备注栏内注明原因。因故中断操作，在恢复操作前，操作人员应重新进行核对，确认被操作设备、操作步骤正确无误。

c. 在发生人身伤害事故时，为了抢救受伤人员，可以不经许可，即行断开有关设备的电源（或油、水、气等介质动力源），但事后应立即报告调度控制中心（设备运行维护管理单位）和上级部门。事故紧急处理时可以不用操作票，但在操作完成后应做好记录，事故紧急处理应保存原始记录。

d. 操作票应事先连续编号，计算机生成的操作票应在正式出票前连续编号，操作票应按编号顺序使用。作废的操作票应注明"作废"字样，未执行的应注明"未执行"字样，操作完毕的操作票注明"已执行"字样。操作票应保存一年。

e. 监护人和操作人不得擅自更改操作票，不准随意解除闭锁装置。

（15）应加挂机械锁的几种情况：

1）待用间隔（母线连接排、引线已接上母线的备用间隔）应有名称、编号，并列入调度管辖范围，其隔离开关操作手柄、网门应加锁。

2）未装防误操作闭锁装置或闭锁装置失灵的隔离开关手柄和网门。

3）当电气设备处于冷备用时，网门闭锁失去作用时的有电间隔网门。

4）设备检修时，回路中的各来电侧隔离开关操作手柄和电动操作隔离开关机构箱的箱门。

5）压力管道、蜗壳和尾水管等重要泄压阀门。

6）在一经操作即可送压且危及人身或设备安全的隔离阀（闸）门。

7）设备检修时，系统中的各来电侧的隔离开关操作手柄和电动操作隔离开关机构箱的箱门。

8）为泄压所开启的有关阀门，在检修过程中应一直保持在可靠的全开位置，悬挂"禁止操作，有人工作"的标示牌，同时加挂机械锁。

9）在一经操作即可送压到工作地点或使工作地点建压的各隔离点的所有阀（闸）门的操作把手、控制按钮、泵启停控制按钮上，悬挂"禁止操作，有人工作"的标示牌，阀（闸）门应加锁。

10）如有多级串联，在危险介质来源处的阀（闸）门已可靠关严并加锁、悬挂"禁止操作，有人工作"标示牌的情况下，检修系统隔离范围内的阀（闸）门可不重复加锁。因检修需要调整开启这些阀（闸）门时，应暂停该系统相关工作面的工作，以防伤人，确认无泄漏后方可继续工作。

（16）机械锁要一把钥匙开一把锁，钥匙要编号并妥善保管，并由运行维护部配备管理。

（17）悬挂在带电设备周围的标示牌应采用绝缘材质。

（二）操作汇报及终结

（1）操作票上的操作项目全部操作完毕，监护人在操作票最后一页及第一页记录"操作结束时间"，在每张操作票上指定位置盖"已执行"章，并向发令人汇报操作情况。

（2）监护人应及时在生产管理系统中回填纸质操作票的有关终结信息。

（3）操作票上涉及接地开关（接地线）应立即在生产管理系统中登记。

（4）将纸质的操作票按规定存放。

 思考与练习

请简要阐述"三考虑""五对照"，以及设备操作时操作票执行全过程。

第二节　操作员工作站自动开机和停机

本节主要介绍新安江电厂机组操作员工作站自动开机和自动停机的操作要点、操作注意事项。

一、操作员工作站自动开机

（一）操作要点

（1）机组开机条件均满足（工作门全开、无机电事故、风闸无风压、风闸落下、接力器锁锭退出、紧急停机电磁阀复归、开关分、开关内侧接地开关分、开关外侧接地开关分、1号电压互感器隔离开关合、2号电压互感器隔离开关合、消弧线圈隔离开关合、

灭磁开关合上、隔离开关合）。

（2）在机组控制画面点击发电机组符号，弹出该机组操作菜单。

（3）点击"开机"键。

（4）核对无误后，在确认窗口点击"执行"（Yes）键。

（5）监视开机过程完成。

（二）操作注意事项

（1）正常情况下，机组状态改变均应在上位机操作员工作站进行，只有当上位机与下位机通信故障或其他原因造成操作员工作站无法操作时，经总工程师同意后方可将 LCU 切至现地方式操作。

（2）监控系统设置三级权限。操作员要完成操作，必须进行相应的注册。

第一级权限：用户名为 guest（参观者），密码缺省。该级权限只能浏览画面，无任何操作、调节权。

第二级权限：报表打印、设定值（负荷调整）、报警确认、图符确认、模拟图修改、历史数据读取、列表与曲线选项操作。

第三级权限：第二级权限的功能、全厂设备控制操作。

（3）设备控制流程中的方框代表该流程中的一个或几个环节，当条件满足时为绿色，在执行过程中绿色闪烁，条件不满足时为红色，具体内容可点击该方框查看。断路器、隔离开关操作的合闸、分闸按钮旁，设有流程标记，如果满足条件则显示为绿色并打钩，不满足为红色并打叉，具体内容可点击标记（√、×）进入查看。注意勿误点旁边的操作按钮，如误按应及时取消，防止误操作。

（4）操作令下发后如下位机无反馈，或执行过程中某环节无法通过时，超过一定时间后发报警信号，该操作令同时被复归，此时需按顺控流程报警复归按钮复归，检查处理后重新发令操作。

（5）监控系统机组运行状态及对应的图符颜色：停机备用为绿色；发电为红色；调相为蓝色；检修为白色；空载为黄色；空转为紫罗兰色；不定态为灰色。

（6）当服务器、操作员工作站等设备发生异常情况时，应及时通知维护人员进行处理。注意如果两台服务器均退出，应首先启动后退出的服务器，正常后再启动先退出的服务器。

二、操作员工作站自动停机

（一）操作要点

（1）机组停机条件均满足（非调相状态、制动风压大于 0.5MPa、无剪断销剪断信号）。

（2）在机组控制画面点击发电机组符号，弹出该机组操作菜单。

（3）点击"停机"键。

（4）核对无误后，在确认窗口点击"执行"（Yes）键。

（5）监视停机过程完成。

（二）操作注意事项

（1）正常情况下，机组状态改变均应在上位机操作员工作站进行，只有当上位机与下位机通信故障或其他原因造成操作员工作站无法操作时，经总工程师同意后方可将LCU切至现地方式操作。

（2）监控系统设置三级权限。操作员要完成操作，必须进行相应的注册。

第一级权限：用户名为guest（参观者），密码缺省。该级权限只能浏览画面，无任何操作、调节权。

第二级权限：报表打印、设定值（负荷调整）、报警确认、图符确认、模拟图修改、历史数据读取、列表与曲线选项操作。

第三级权限：第二级权限的功能、全厂设备控制操作。

（3）设备控制流程中的方框代表该流程中的一个或几个环节，当条件满足时为绿色，在执行过程中绿色闪烁，条件不满足时为红色，具体内容可点击该方框查看。断路器、隔离开关操作的合闸、分闸按钮旁，设有流程标记，如果满足条件则显示为绿色并打钩，不满足为红色并打叉，具体内容可点击标记（√、×）进入查看。注意勿误点旁边的操作按钮，如误按应及时取消，防止误操作。

（4）操作令下发后如下位机无反馈，或执行过程中某环节无法通过时，超过一定时间后发报警信号，该操作令同时被复归，此时需按顺控流程报警复归按钮复归，检查处理后重新发令操作。

（5）监控系统机组运行状态及对应的图符颜色：停机备用为绿色；发电为红色；调相为蓝色；检修为白色；空载为黄色；空转为紫罗兰色；不定态为灰色。

（6）当服务器、操作员工作站等设备发生异常情况时，应及时通知维护人员进行处理。注意如果两台服务器均退出，应首先启动后退出的服务器，正常后再启动先退出的服务器。

思考与练习

请简要阐述：1号机在开机过程中，主用水投入，监控系统报操作超时的异常处理。

第三节　现地 LCU 自动开机和停机

本节主要介绍新安江电厂机组现地 LCU 自动开机和自动停机的操作要点、操作注意事项。

一、现地 LCU 自动开机

（一）操作要点

需现地 LCU 操作设备时，LCU 控制方式切换开关 S80 切"现地"。用户登录，设备操作方法同操作员工作站。操作要点如下：

（1）机组开机条件均满足（工作门全开、无机电事故、风闸无风压、风闸落下、接力器锁锭退出、紧急停机电磁阀复归、开关分、开关内侧接地开关分、开关外侧接地开关分、1 号电压互感器隔离开关合、2 号电压互感器隔离开关、消弧线圈隔离开关合、灭磁开关合上、隔离开关合）。

（2）在机组控制画面点击发电机组符号，弹出该机组操作菜单。

（3）点击"开机"键。

（4）核对无误后，在确认窗口点击"执行"（Yes）键。

（5）监视开机过程完成。

（二）操作注意事项

（1）机组开关、开停机以远方操作为主，遇主用可编程控制器（programmable logic controller，PLC）与上位机通信故障，可切换到触摸屏操作，但必须经分管总工同意，特别是机组开机后，远方无法监视，应加强现场监视。触摸屏其他设备操作应经值长同意。控制调节方式的优先级顺序依次为：现地控制级、厂站控制级、调度控制级（调度级暂无）。

（2）触摸屏操作相关设备无网门、地线等"五防"闭锁；触摸屏只能操作该 LCU 相关设备，并且仅判别该 LCU 相关设备的闭锁，如操作流程中涉及其他 LCU 中设备闭锁点，则不能操作。

（3）监控操作命令发出后，如流程遇阻，会发超时报警，应查明流程遇阻原因。需复归超时报警信号后，方能再次发出操作命令。

二、现地 LCU 自动停机

（一）操作要点

需现地 LCU 操作设备时，LCU 控制方式切换开关 S80 切"现场就地"。用户登录，设备操作方法同操作员工作站。操作要点如下：

（1）机组停机条件均满足（非调相状态、制动风压大于 0.5MPa、无剪断销剪断信号）。

（2）在机组控制画面点击发电机组符号，弹出该机组操作菜单。

（3）点击"停机"键。

（4）核对无误后，在确认窗口点击"执行"（Yes）键。

（5）监视停机过程完成。

（二）操作注意事项

（1）LCU 完成 I/O 采集，水力机械自动控制、保护、负荷调节，自动准同期并网，励磁系统操作、故障发信，发电机保护发信，发电机断路器、隔离开关控制，过程数据处理存储，网络通信等功能。

（2）LCU 是一套完整的计算机控制系统，与上位机系统联网时，作为系统的一部分，实现远方监控功能，而当与上位机系统脱机时，则能独立运行，实现 LCU 的现地监控功能。

（3）LCU 由主用 PLC（AK1703 ACP）、紧停 PLC（TM1703 mis）、现地监控计算机（以下称触摸屏）、交换机、同期装置、交流采样模块（AI-6303）、转速测量装置、电源转换器等设备构成。

（4）LCU 人机对话：通过 LCU 触摸屏可进行本设备的控制与监视，相关画面与上位机相同。触摸屏设置为鼠标左键方式，点击屏上的鼠标图标右键可切换至右键方式。触摸屏正常注册为 guest（参观者）用户名，现地方式时操作员应登陆，并遵守现地操作的有关规定。

（5）LCU 配置一台触摸屏，实现现地监视和操作功能。触摸屏经交换机通过光纤与上位机通信，关机情况下，不影响远方监视和操作。

（6）LCU 控制方式选择开关正常应处于"远方"位置，检修状态放"检修"，如设备需要现地操作，则放"现地"。

（7）机组开关、开停机以远方操作为主，遇主用 PLC 与上位机通信故障，可切换到触摸屏操作，但必须经分管总工程师同意，特别是机组开机后，远方无法监视，应加强现场监视。触摸屏其他设备操作应经值长同意。控制调节方式的优先级顺序依次为：现地控制级、厂站控制级、调度控制级（调度级暂无）。

（8）触摸屏操作相关设备无网门、地线等五防闭锁；触摸屏只能操作该 LCU 相关设备，并且仅判别该 LCU 相关设备的闭锁，如操作流程中涉及其他 LCU 中设备闭锁点，则不能操作。

（9）监控操作命令发出后，如流程遇阻，会发超时报警，应查明流程遇阻原因。需复归超时报警信号后，方能再次发出操作命令。

 **思考与练习**

请简要阐述机组 LCU 如何自动停机？

第四节 手 动 开 机

本节主要介绍水轮发电机组手动开机至空转、手动开机至发电的操作要点及注意事项。

一、手动开机至空转

(一) 开机具体条件

(1) 试验状态: 机械部分从检修改为停机备用 (防止转动); 电气局部复役, 必须具备机组隔离开关分闸, 机组开关分闸, 机组开关内、外侧接地开关分闸, 2号机电压互感器隔离开关合闸, 2号机电压互感器的二次电压开关合上, 所有网门关闭。

(2) 正常状态: 机组正常备用, 开机条件满足。

(二) 操作步骤

(1) 试验状态恢复防止转动措施:

1) 复归调速器紧急停机电磁阀。

2) 退出接力器锁锭, 并检查确认接力器锁锭在退出位置。

(2) 打开总冷却水 21DDF, 投入机组冷却水。

(3) 检查确认推力冷却水水压在 0.10~0.18MPa, 流量在 $60\sim100\mathrm{m^3/h}$; 检查确认上导冷却水水压在 0.10~0.17MPa, 流量确认在 $10\sim20\mathrm{m^3/h}$; 检查确认水导轴承冷却水水压在 0.10~0.17MPa, 流量在 $40\sim65\mathrm{m^3/h}$。

(4) 检查确认调速器在手动状态或切至手动状态。

(5) 检查确认风闸已下落。

(6) 旋转调速器电机手轮, 打开导水叶至空载开度 (15%~20%), 观察机组转速逐步上升 (LCU3 号盘可观察机组转速)。

(7) 监视机组转速变化, 通过手动调节接近在 100% 额定转速运行。

(三) 操作注意事项

(1) 水轮发电机组遇下列情况之一者, 未经总工程师批准, 禁止启动:

1) 机组制动风闸退出两个以上。

2) 机组事故停机后, 在未查明原因和消除事故前。

3) 尾水闸门、检修闸门、工作闸门在未全开状态下。

4) 推力、上导轴承油槽油位或油质不合格的情况下。

5) 供水系统不能正常工作。

6) 压油装置不能维持正常油压。

7) 调速器系统有严重缺陷。

8) 水轮发电机组水力机械主保护失灵。

(2) 投入冷却水后需延时 30s 再启动开机。

(3) 每次开机前均需检查各部冷却水水压正常，风闸下落。

(4) 调速器手操手轮操作时不宜转动角度太大，且应即动即回原则，不能停留时间过长，以免导水叶开过头引起过速。

二、手动开机至发电

(一) 开机具备条件

机组正常备用，开机条件满足。

(二) 操作步骤

(1) 打开总冷却水 21DDF，投入机组冷却水。

(2) 检查确认推力冷却水水压在 0.10～0.18MPa，流量在 60～100m³/h；检查确认上导冷却水水压在 0.10～0.17MPa，流量在 10～20m³/h；检查确认水导轴承冷却水水压在 0.10～0.17MPa，流量在 40～65m³/h。

(3) 检查确认调速器在手动状态或切至手动状态。

(4) 检查确认风闸下落。

(5) 旋转调速器电动机手轮，打开导水叶至空载开度（15％～20％），监视机组转速逐步上升接近 100％额定转速。

(6) 检查确认调速器机频大于 45Hz，调速器切至自动状态。

(7) 机组启励建压：

1) 监控操作员工作站发空转转空载指令，监视机组空转状态转换至空载状态。

2) 在励磁盘按手动起励按钮，监视起励建压到额定值。

(8) 机组并网：

1) 监控操作员工作站发并网指令，监视机组空载状态转换至发电状态。

2) 手动准同期并列：

a. 调整待并系电压、频率与系统接近。

b. 同期方式选择开关放"手动"位置。

c. 检查确认允许合闸灯亮。

d. 待同步表均匀缓慢旋转一圈后，根据发电机开关的合闸时间，选择适当的提前量，操作合闸控制开关进行手动准同期并列。

e. 手动准同期完成后，同期方式选择开关放"自动"。

f. 检查确认发电机开关各部正常。

（三）操作注意事项

（1）投入冷却水后需延时 30s 再启动开机。

（2）每次开机前均需检查确认各部冷却水水压正常，风闸下落。

（3）电动机手轮操作时不宜转动角度太大，且应即动即回原则，不能停留时间过长，以免导水叶开过头引起过速。

（4）手动准同期并列经实操考试合格方可操作。

（5）水轮发电机组遇下列情况之一者，未经总工程师批准，禁止建压：

1）发电机主保护不能正常投入。

2）励磁系统有严重缺陷。

3）绝缘电阻或吸收比不合格。

 **思考与练习**

（1）试验工况手动开机需具备哪些条件？

（2）水轮发电机组遇哪些情况未经总工程师批准禁止启动？

（3）机组大修后哪些试验需手动开机？

（4）机组各部水压正常值是多少？

（5）手动开机如何操作？

第五节　手动停机

本节主要介绍水轮发电机组手动停机的操作要点及注意事项。

一、空转至停机

（一）停机条件

（1）制动柜各阀门位置正常，301 阀开、308 阀关（试验状态）。

（2）制动风压大于 0.5MPa。

（二）操作步骤

（1）检查确认调速器在手动状态或切至手动状态。

（2）旋转调速器电动机手轮关闭导水叶到零，监视转速下降。

（3）风闸控制装置改手动。

（4）监视机组转速（LCU3 号盘转速测量装置）小于 25％额定转速，打开 308 阀（试验状态）；当转速下降至 18％额定转速，风闸控制装置操作把手切至"加闸"位置，手动加闸。

（5）待机组停稳后，延时 2～3min，风闸控制装置的操作把手切至"撤闸"位置。

（6）监视风闸下落，关闭 308 阀（试验状态）。

（7）关总冷却水 21DDF，复归冷却水，检查各部水压、流量到零。

（三）操作注意事项

（1）机组制动风压在 0.5MPa 以下时，不得进行停机操作（如果机组继续运行会造成事故扩大的情况例外）。

（2）机组停机过程中，如制动装置发生故障不能手动加闸时，应采取措施；应保持机组继续运行，待制动系统恢复后再行停机。

二、发电至停机

（一）停机条件

（1）制动柜各阀门位置正常，301、308 阀开。

（2）制动风压大于 0.5MPa。

（二）操作步骤

（1）机组有功功率降到零：

1）监控操作员工作站降有功功率到零。

2）调速器切至手动状态，旋转调速器电动机手轮关闭导水叶到空载。

（2）机组无功功率降到零：

1）监控操作员工作站降无功功率到零。

2）在励磁盘按减磁按钮，降无功功率到零。

（3）拉开发电机开关。

（4）在励磁盘按手动灭磁按钮，监视灭磁动作正常，电压降到零。

（5）调速器切至手动状态，旋转调速器电动机手轮关闭导水叶到零，监视转速下降。

（6）风闸控制装置改手动：

1）切换阀 A 切至"手动"位置。

2）切换阀 B 切至"手动"位置。

（7）当机组转速下降至 18％额定转速，风闸控制装置手动换向阀门切至"手动制动"位置，手动加闸。

（8）待机组停稳后，延时 2～3min，风闸控制装置手动换向阀门切至"手动复归"位置。

（9）监视风闸下落。

（10）风闸控制装置改自动：

1）切换阀 A 切至"自动"位置；

2）切换阀 B 切至"自动"位置；

3）手动换向阀切至"自动"位置。

（11）关总冷却水阀门 21DDF，复归冷却水，检查各部分的水压、流量到零。

（三）操作注意事项

（1）机组制动风压在 0.5MPa 以下时，不得进行停机操作（如果机组继续运行会造成事故扩大的情况例外）。

（2）机组停机过程中，如制动装置发生故障不能手动加闸时，应采取措施；应保持机组继续运行，待制动系统恢复后再行停机。

 思考与练习

（1）机组在发电状态下，手动停机有哪些主要步骤？

（2）风闸控制装置切至手动如何操作？

（3）手动灭磁如何操作？

第六节 调相发电转换

本节主要介绍水轮发电机组发电转调相、调相转发电的操作要点及注意事项。

一、发电转调相

（一）调相运行应具备条件

（1）调相浮筒 1、3 号阀开，2、4 号阀关，或反之。

（2）调相电控阀控制气阀门开，317 阀开，操作电源隔离开关合上。

（3）调相气压大于 0.6MPa。

（二）操作步骤

（1）有功功率降至零。

（2）视调相气压正常（大于 0.6MPa）。

（3）监控鼠标点击发电机图标，选择"发电转调相"命令后执行。

（4）监视机组自动器具动作正常，各部分无异常。

（5）检查确认充气、复归及漏气情况正常，逆有功功率正常。

（三）操作注意事项

（1）若发现大量漏气及有功功率进相较大，应立即转发电运行。

（2）机组调相运行时，应监视其有功功率进相值不超过正常范围（经验范围：－2～

—1MW），并保持正常充气。

二、调相转发电

（一）调相转发电条件

机组在调相状态。

（二）操作步骤

（1）监控鼠标点击发电机图标，选择"调相转发电"命令后执行。

（2）监视机组自动化程序和设备动作正常，各部无异常。

（3）按系统需要调整有功功率。

（三）操作注意事项

（1）调整负荷，注意无功功率、定子电流（无功功率不超过 40Mvar，定子电流不超过 4183.8A）。

（2）在机组调相改发电过程中，如遇自动元件动作不良，应查明原因后，再进行操作。

 **思考与练习**

（1）调相运行应具备哪些条件？

（2）调相运行时有哪些注意事项？

（3）调相压水不成功有哪些原因？

第七节　机组停复役操作

本节主要介绍机组内部检查停复役、机组检修停复役操作要点及注意事项。

一、机组停役操作

（一）内部检查停役

（1）拉开发电机开关及隔离开关。

（2）拉开发电机隔离开关操作交流、直流电源开关。

（3）机组做防止转动措施：投入接力器锁锭和调速器紧急停机电磁阀。

（4）关制动用风进气阀 308 阀。

（5）拉开起励交流电源开关。

（6）拉开 2 号电压互感器隔离开关。

（7）合上发电机开关内侧接地开关。

（8）拉开开关跳闸绕组 1、跳闸绕组 2 直流电源开关。

（9）拉开转子接地、失磁保护励磁电压开关。

（10）拉开机组 LCU、保护、励磁直流电源开关。

（二）机组检修停役

（1）拉开发电机开关及隔离开关。

（2）拉开发电机隔离开关操作交流、直流电源开关。

（3）退出主变压器跳及全停该机组压板，退出复压过电流启动主变压器压板。

（4）退出主变压器差动该机电流部件。

（5）投入事故信号检修屏蔽压板、保护检修压板；退出微机同期合闸引出软压板，拉开同期装置直流电源开关。

（6）拉开转子接地、失磁保护励磁电压开关。

（7）拉开励磁交流、功率柜风机交流、起励交、直流电源开关。

（8）拉开 1、2 号电压互感器隔离开关，取下高压熔丝，拉开二次电压开关。

（9）拉开消弧线圈隔离开关。

（10）拉开励磁 1、2 功率柜输出隔离开关；取下转子电压表及变送器、测量保护用的转子电压熔丝。

（11）测发电机定子、转子的对地绝缘。

（12）合上发电机开关内、外侧接地开关。

（13）拉开保护、励磁、发电机开关跳闸绕组 1 和跳闸绕组 2 直流电源开关。

（14）落下工作门，并改手动状态。

（15）压油泵、漏油泵控制方式切至"常规"位置，LCU 控制方式切至"检修"位置。

（16）拉开 LCU、调速器的交流、直流电源开关。

（17）打开钢管排水阀，关闭调相浮筒 3 号阀。

（18）风系统 301、302、308、1301 3、317、309-3 阀关，309-2 阀开。

（19）水系统 201、202、223-1 阀关，203、224、227 阀开。

（20）油系统 106 阀、107 阀关。

（21）拉开总冷却水 21DDF、水导轴承备用润滑水 23DDF、调相 25DDF 电控阀门电源隔离开关。

（22）调速器切手动，导叶打至全开。

（23）压油泵运行方式切至"手动"，拉开压油泵操作电源及动力电源开关，压油槽排压到零。

（三）操作注意事项

（1）操作电流部件时，严禁 TA 回路开路，并防止相间误碰。应先投入短接螺钉，

51

再拧出连接螺钉。

（2）合上发电机开关内侧接地开关前应确认机组防止转动的措施已做或钢管水压到零。

（3）合上内、外侧接地开关后，应检查三相触头均合到位。

（4）打开导水叶时，应在小开度稍做停顿，防止机组蠕动。如机组发生蠕动，立即手动加闸。

（5）拉开 LCU 电源前，确认电气一次设备已操作完毕。

（6）阀门全开后应往关方向回约 1/3 圈，以防卡死。

二、机组复役操作

（一）内部检查复役

（1）合上机组 LCU、保护、励磁直流电源开关。

（2）合上开关跳闸绕组 1、跳闸绕组 2 直流电源开关。

（3）合上转子接地、失磁保护励磁电压开关。

（4）拉开发电机开关内侧接地开关。

（5）合上 2 号电压互感器隔离开关。

（6）合上发电机隔离开关操作交、直流电源开关。

（7）合上起励交流电源开关。

（8）机组防止转动措施撤销：检查调速器在停机等待状态，退出调速器紧急停机电磁阀，退出接力器锁锭。

（9）打开制动用风进气阀 308 阀。

（10）合上发电机隔离开关。

（二）机组检修复役

（1）合上机组保护、励磁、发电机开关跳闸绕组 1、跳闸绕组 2 直流电源开关。

（2）合上发电机开关动力电源开关。

（3）拉开发电机开关内侧接地开关。

（4）测发电机定子、转子绝缘电阻合格。

（5）拉开发电机开关外侧接地开关。

（6）合上同期装置直流电源开关。

（7）合上励磁交流、功率柜风机交流和起励交、直流电源开关。

（8）合上发电机跳闸绕组操作交、直流电源开关。

（9）合上消弧线圈跳闸绕组。

（10）放上 1、2 号电压互感器高压熔丝，合上 1、2 号电压互感器跳闸绕组，合上二次电压开关。

（11）合上 1、2 号功率柜输出隔离开关。

（12）放上转子电压表及变送器、测量保护用转子电压熔丝。

（13）合上转子接地、失磁保护励磁电压开关；退出保护检修压板。

（14）投入主变压器差动该机电流部件。

（15）投入主变压器跳及全停该机组压板、复压过电流启动主变压板、微机同期合闸引出软压板，退出检修屏蔽压板。

（16）合上发电机隔离开关。

（17）压油装置恢复正常，压油泵一台在"自动"，另一台在"备用"。

（18）机组做好防止转动措施：投入接力器锁锭和调速器紧急停机电磁阀。

（19）关闭长柄阀，关闭钢管排水阀，打开调相浮筒 3 号阀，其余阀门位置正确。

（20）油系统各阀门位置恢复正常。

（21）风系统各阀门位置恢复正常（308 阀关）。

（22）LCU 装置恢复至正常，压油泵、漏油泵控制方式切至"LCU"位置。

（23）钢管充水，工作门提至全开，检查各进人孔及伸缩节不漏水。

（24）水系统 202、203、224、227 阀关，201、223-1 阀开，其余水系统各阀门恢复至正常位置，调整机组各部水压使之符合要求。

（25）调速器切自动，机组各部恢复至正常备用。

（26）全面检查，各部无异常。

（三）操作注意事项

（1）未拉开发电机开关内侧接地开关前机组防止转动措施不得撤销。

（2）拉开发电机开关内、外侧接地开关后，应检查三相触头均分到位。

（3）放上二次熔丝时，不得造成短路或接地，放上二次熔丝时应仔细检查，要求完整合格，接触良好。

（4）投入保护压板（连接片）应使其两端平整，螺钉拧紧接触良好；保护压板投入前应按照要求检测出口跳闸电压是否正常。

思考与练习

（1）机组内部检查电气一次部分需具备哪些安全措施？

（2）机组内部检查机械部分需具备哪些安全措施？

（3）合上发电机开关内侧接地开关如何操作？

（4）测量发电机定子、转子对地绝缘如何进行？

（5）合上发电机开关内侧接地开关"五防"有哪些条件？

第四章 设 备 试 验

本章主要介绍水轮发电机在停机备用和检修工况下进行试验，用以检验设备运行的可靠性。共包括 2 个培训小节，分别为设备模拟试验和机组投产试验。

第一节 模 拟 试 验

本节主要介绍了水轮发电机的组成部分在设备检修后进行模拟试验，检验设备检修完成情况，或定期对设备进行安全性检测，保证设备在正常投运后的可靠性。

一、推力冷却器耐压试验（运行人员需了解）

推力冷却器耐压试验是为了验证冷却器在 0.3MPa 水压下各管路、法兰接口和焊接点有无渗漏。

（一）设备状态

机组处于检修状态。

（二）试验条件

（1）推力冷却器检修工作结束，已具备试验条件。

（2）联系水涡轮、尾水管和水系统工作面负责人，并得到允许。

（3）检修门落下或工作门全关，钢管无水压。

（4）推力油槽已排油完毕。

（5）冷却水管路检修工作结束并连接好。

（6）推力水压表及相关水压表已装好。

（三）试验步骤

（1）关上导冷却器进水阀 238，关排水阀 239。

（2）稍开推力冷却器进水阀 240，开排水阀 241。

（3）关 1～8 号空气冷却器进水阀。

（4）检查 206、206-2 开，201 关，关 203 阀。

（5）检查水导轴承主用水进水阀 226 阀关。

（6）打开 202 阀。

（7）打开 21DDF。

（8）打开推力冷却器进水阀 240，稍关排水阀 241 调整水压至 0.3MPa，耐压 30min。

（9）关闭 21DDF。

二、上导冷却器耐压试验（运行人员需了解）

上导冷却器耐压试验是为了验证冷却器在 0.3MPa 水压下各管路、法兰接口和焊接点有无渗漏。

（一）设备状态

机组处于检修状态。

（二）试验条件

（1）上导轴承冷却器检修工作结束，试验条件已具备。

（2）联系水涡轮、尾水管和水系统工作面负责人，并得到允许。

（3）检修门落下或工作门全关，钢管无水压。

（4）上导轴承油槽已排油完毕。

（5）冷却水管路检修工作结束并连接好。

（6）上导轴承水压表及相关水压表已装好。

（三）试验步骤

（1）关推力轴承冷却器进水阀 240，关排水阀 241。

（2）稍开上导轴承冷却器进水阀 238，开排水阀 239。

（3）关 1～8 号空气冷却器进水阀。

（4）检查 206、206-2 开，201 关，关 120 阀。

（5）检查水导轴承主用水进水 226 阀关。

（6）打开 202 阀。

（7）打开 21DDF。

（8）打开上导冷却器进水阀 238，稍关排水阀 239 调整水压至 0.3MPa，耐压 30min。

（9）关闭 21DDF。

三、水导轴承通水试验（运行人员需了解）

水导轴承通水是为了验证水导轴承通水后水导轴承盘根及管路各部有无渗漏。

（一）设备状态

机组处于检修状态。

（二）试验条件

（1）水导轴承及管路检修工作结束。

（2）联系水涡轮、尾水管和水系统工作面负责人，并得到允许。

（3）水导轴承及管路相关水压表装回。

（三）试验步骤

（1）检查 223、225 阀在打开。

（2）关闭 224 阀

（3）打开 223-1 阀

（4）打开 23DDF 阀

（5）检查水导轴承盘根及管路各部无渗漏。

（6）关闭 23DDF 阀

四、长柄阀模拟试验（运行人员需熟悉）

长柄阀模拟试验是为了验证在长柄阀全开和全关时，行程和机械指示相一致。

（一）设备状态

机组处于检修状态。

（二）试验条件

（1）长柄阀工作结束，具备模拟试验条件。

（2）联系水涡轮、尾水管工作面负责人，并得到允许，确知检修人员已撤离。

（3）检修门落下或工作门全关，钢管无水压。

（4）尾水门落下，并堵漏。

（5）1 号深井"检修水位"运行正常。

（6）如需远方操作长柄阀，LCU 电源应恢复，LCU 控制方式切至远方。

（三）试验步骤

（1）确知长柄阀手动开、关正常或手动开、关一次。

（2）检查长柄阀电源开关 F2 在拉开。

（3）测长柄阀电动机绝缘合格（大于 $0.5M\Omega$）。

（4）检查长柄阀电源隔离开关 CDK 在合上。

（5）合上长柄阀电源开关 F2，长柄阀操作电源开关 F1。

（6）现地电动开、关长柄阀一次，检查全开、全关指示正确。

（7）远方 LCU 盘开、关长柄阀一次，检查全开、全关指示正确。

（8）如 LCU 工作正常，应检查全开、全关指示灯正确，上位机画面全开、全关指示正确。

注：长柄阀全关后应马上打开。

五、钢管排水阀模拟试验（运行人员需熟悉）

钢管排水阀模拟试验是为了验证在钢管排水阀全开和全关时，行程和机械指示相一致。

（一）设备状态

机组处于检修状态。

（二）试验条件

（1）钢管排水阀工作结束，具备模拟试验条件。

（2）联系钢管、蜗壳、水涡轮、尾水管工作面负责人，并得到允许，确知人员撤离。

（3）检修门落下或工作门全关，钢管无水压。

（4）如需远方操作长柄阀，LCU 电源应恢复，LCU 控制方式切至远方。

注：钢管、蜗壳、水涡轮、尾水管工作未结束，钢管排水阀全关后应马上打开。

（三）试验步骤

（1）确知钢管排水阀手动开、关正常或手动开、关一次。

（2）检查钢管排水阀电源开关 F2 在拉开位置。

（3）测量钢管排水阀电动机绝缘合格（大于 $0.5M\Omega$）。

（4）检查钢管排水阀电源隔离开关 GDK 在合上位置。

（5）合上钢管排水阀电源开关 F2、钢管排水阀操作电源开关 F1。

（6）现地电动开、关钢管排水阀一次，检查全开、全关指示正确。

（7）远方 LCU 盘开、关钢管排水阀一次，检查全开、全关指示正确。

（8）如 LCU 工作正常，应检查全开、全关指示灯正确，上位机画面全开、全关指示正确。

六、加闸试验（运行人员需掌握）

加闸试验是为了验证机组检修后，加闸、撤闸回路正常，风闸有无发卡现象，各风闸行程开关位置和监控信号相对应。

（一）设备状态

机组处于检修状态。

（二）试验条件

（1）检查工作票全部终结。

（2）检查风闸在落下位置。

（3）检查制动柜、顶转子油泵处各阀门位置正常。

（4）LCU 正常运行。

（三）试验步骤

（1）打开 301、308，风闸控制装置切"手动"，手动加闸。

（2）检查下风洞 1～8 号风闸顶起正常，管路及接头无漏气，检查监控系统"风闸顶起""制动风管有风压"信号点是否动作。

（3）手动撤闸。

（4）检查风闸下落指示灯亮，无风压灯亮，并在下风洞检查风闸下落正常，无发卡现象，检查监控"风闸顶起""制动风管有风压"信号是否复归，"制动风管无风压"信号是否动作。

（5）关闭 308 阀。

思考与练习

（1）推力和上导冷却器耐压试验，该恢复哪些安全措施？

（2）加闸试验时，要检查的内容有哪些（包括监控系统，起信号点传感器在何位置）？

第二节　机组投产试验

本节主要介绍水轮发电机在 A 级检修和 B 级检修后需要进行的机组投产试验。机组投产试验主要包括：调速器静态模拟（见第四篇第四章第二节）、充水启动试验、过速度试验、转子动态交流阻抗试验（见第二篇第四章第二节）、调速器动态模拟试验（见第四篇第四章第二节）、励磁装置动态空载试验（见第五篇第四章第三节）、励磁动态负载试验（见第五篇第四章第三节）、假同期试验、真同期试验、甩负荷试验、事故低油压试验、调相试验、自动发电控制（automatic generation control，AGC）试验（见第四篇第四章第二节）、一次调频试验（第四篇第四章第二节）、电力系统稳定器（power system stabilizer，PSS）试验、24h 试运行（见第五篇第四章第三节）。

一、机组充水启动试验（运行人员需掌握）

机组大修后，在启动前对机组过电流部件和各密封部分进行全面检查，以满足机组启动试运行的要求，确定渗漏水情况和排水能力及其运行可靠性。充水后各人孔无渗漏，导叶漏水量满足要求后，手动启动机组，使其转动 4～5 圈后关导叶停机；手动加闸，验证机组转动部件内有无遗留物品或异音。

（一）试验条件

（1）机组所有检修工作结束，通过冷态验收。

（2）机械部分复役：308阀、317阀在关闭位置。

（3）调速器切至"手动"位置，一次调频功能未投入。

（4）电气部分冷备用：拉开发电机开关内、外侧接地开关、拆除接地线，合上消弧线圈隔离开关，合上1、2号电压互感器隔离开关，合上2号电压互感器电压开关QA11。

（二）试验步骤

（1）许可充水启动工作票。

（2）手动投入总冷却水21DDF，水导轴承备用水23DDF，机组撤销防止转动措施。

（3）根据总指挥指令手动开机。手动打开导叶，机组转动4~5圈后，立即将导叶开度关至0，手动加闸。

（4）确认第一次开机无异常后，根据总指挥指令手动开机至50%额定转速，正常后升速至额定转速。

（5）检修人员检查机组各部运行情况，根据总指挥指令继续试验或者手动停机。

二、过速度试验（运行人员需掌握）

过速度试验其目的是验证机组因故障或事故导致机组转速异常升高，当转速达到过速保护整定值后强制关导叶落工作门事故停机，避免失速后造成机组飞逸，从而对机组造成损坏，甚至影响电网安全稳定运行。

（一）试验条件

（1）机械部分复役：308阀、317阀在关闭位置。

（2）调速器切至"手动"位置，一次调频功能未投入。

（3）电气部分冷备用：拉开发电机开关内、外侧接地开关、拆除接地线，合上消弧线圈隔离开关，合上1、2号电压互感器隔离开关，合上2号电压互感器电压开关QA11。

（4）工作门远方提起、落下正常（试验前操作一次）。

（二）试验项目

（1）紧停PLC电气过速度保护110%（由140%改定值）。

（2）主用PLC电气过速度保护140%（转速达115%时检查一级过速度继电器是否动作）。

（3）机械过速度保护142%。

（三）试验步骤

1. 紧停PLC电气过速度保护110%

（1）确认紧停PLC电气过速度保护定值已修改成110%。

（2）投入紧停 PLC 电气过速度保护压板，退出主用 PLC 115％过速度保护压板。

（3）手动投入总冷却水 21DDF，水导轴承备用水 23DDF。根据总指挥指令手动开机至额定转速，正常后升速至 110％。保护动作正确，导叶全关后，立即复归保护，提工作门，退出紧急停机电磁阀，机组保持空载状态运行。

2. 主用 PLC 电气过速度保护 140％

（1）退出紧停 PLC 电气过速度保护压板，退出主用 PLC 115％过速度保护压板。

（2）投入主用 PLC 电气过速度保护压板。

（3）退出主用 PLC 机械过速度保护压板，退出紧停 PLC 机械过速度保护压板。

（4）隔离机械过速度装置：先开机械过速装置旁通阀 109-2，再关闭机械过速装置进出油阀 109、109-1。

（5）机组在 100％额定转速，根据总指挥指令升速至 140％。保护动作正确，导叶全关后，当转速下降至 135％后，立即复归保护，提工作门，退出紧急停机电磁阀，机组保持空载状态运行。

若升速至 145％过速保护尚未动作，则立即关导叶减速，根据总指挥指令保持空载状态或停机。

3. 机械过速度保护 142％

（1）退出紧停 PLC 电气过速度保护压板，退出主用 PLC115％过速度保护压板。

（2）退出主用 PLC 电气过速度保护压板。

（3）投入主用 PLC 机械过速度保护压板，投入紧停 PLC 机械过速度保护压板。

（4）恢复机械过速度装置：先打开机械过速装置进出油阀 109、109-1，再关闭机械过速装置旁通阀 109-2。

（5）机组在 100％额定转速，根据总指挥指令进行 142％机械过速度试验。

备注：

（1）若过速度试验过程中调速器失灵，且工作门不能自动下落，则坝顶人员立即手动落工作门。

（2）过速度试验后，将紧停 PLC 过速度保护定值恢复至 140％。机组进行内部检查。

三、假同期试验（运行人员需熟悉）

假同期试验是为了检验机组检修状态下同期回路是否正常及 A、B、C 三相核相。

（一）试验条件

（1）机组零起升压试验、励磁动态空载试验已做。

（2）拉开隔离开关交、直流电源开关。

（3）退出机组复压过电流启动主变总引出压板，机组其他保护投入。

（4）退出主变压器第一套、第二套、非电量保护启动机组全停压板。

（5）退出主变压器第一套保护跳 TQ1 压板，第二套保护跳 TQ2 压板，非电量保护跳 TQ1、TQ2 压板。

（6）退出机组电流部件。

（7）其余电气部分应全部复役。

（二）试验步骤

（1）检查隔离开关在拉开。

（2）机组冷备用至空载开机，检查空载建压正常，投入零升压板，检查同期压板投入。

（3）上位机发"假同期"令，检查机组假同期试验正常。

（4）上位机发"解列"令，检查机组开关跳开。

（5）退出零升压板后，机组停机。

四、真同期试验（运行人员需熟悉）

真同期试验是为了验证机组检修后首次与电网同期回路是否正常。

（一）试验条件

（1）机组恢复至热备用状态。

（2）机组保护全部投入运行。

（3）假同期试验正常。

（二）试验步骤

上位机发开机令，视机组开机、建压、并网正常。

五、甩负荷试验（运行人员需掌握）

甩负荷试验是为了验证机组在不同负荷下甩负荷，转速上升率和压力上升值是否满足调节保证计算。

（一）试验条件

（1）机组恢复至停机备用，保护全部投入。

（2）真同期试验、励磁负载试验已完成。

（3）机组冷却水倒换至坝前引水，关闭 201，打开 202。

（二）试验内容

在 0%、25%、50%、75%、100% 额定负荷五个工况下从低到高进行甩负荷试验。其中 0%、50%、100% 三个工况下还需带无功功率 44Mvar（励磁甩负荷试验一起做）。

（三）试验步骤

（1）机组开机并网，按要求带上预定负荷，检查机组工况稳定。

（2）根据总指挥指令甩负荷，在上位机拉开发电机开关。

（3）检查机组甩负荷后，调速器保持空载状态正常。

（4）机组并网，继续做甩负荷试验。

备注：

（1）在甩负荷过程中，如过速度保护动作，则导水叶全关后，应立即复归事故停机回路（LCU复归按钮进行复归），提工作门；工作门全开后，机组保持空载状态。

（2）在甩负荷过程中，如转速超过140%额定转速而过速度保护拒绝动作，应立即紧急停机，以免发生飞车。

（3）甩负荷后，应间隔5min再合开关继续试验。

（4）甩负荷试验后机组进行内部检查。

六、事故低油压试验（运行人员需掌握）

事故低油压和事故低油位试验都类似于一次甩负荷试验，其目的是验证压油槽油压油位降到保护整定值时保护能正确动作事故停机。

（一）试验条件

（1）甩负荷试验已完成。

（2）机组恢复至停机备用。

（3）油泵控制方式在PLC。

（二）试验步骤

（1）机组开机，调整出力至额定负载。

（2）调整压油槽油位至中等偏高位置。

（3）将主用压油泵放"手动"。

（4）根据总指挥指令开始试验，打开310排气至压油槽压力1.85MPa，视备用泵启动正常，立即将备用泵放"手动"；继续排气将压油槽压力排至1.55MPa，保护动作后，立即关310阀，恢复压油泵，调整油面至正常高度。若压油槽压力到1.5MPa，低油压保护仍未动作，则立即恢复压油槽油压，停止试验。

备注：低油压保护动作时压油槽油位不能过低，防止低油位动作，影响试验结果分析。

七、低油位事故停机（运行人员需掌握）

事故低油位试验类似于一次甩负荷试验，其目的是验证压油槽油压油位降到保护整定值时能保护正确动作事故停机。

（一）试验具备条件

工作门在全关状态，钢管无水压，机组保护均投入。调速系统充压正常，耐压合格；调速器静态模拟正常，电气保护装置通电检查正常，事故低油位保护回路模拟正常，紧急停机电磁阀动作正确可靠。

（二）试验步骤和要求

1. 试验方法

（1）工作门在全关状态，钢管无水压，水导轴承备用润滑水投入，机组导叶手动打至全开，检查低油位及过速保护应在投用状态，压油槽油面调整至略高于低油位报警处，压油槽压力调整到 2.2MPa。

（2）主用压油泵放"切"，缓慢开启 105 阀排油，并设专人在该阀门旁待命，保持油位缓慢下降，监视压油槽油压保持在 2.0～2.2MPa 之间。

（3）当油压下降至 2.0MPa 以下，应立即关闭 105 阀，手动操作压油槽补气阀门，恢复压油槽压力；待油压恢复至 2.2MPa 后，再次开启 105 阀继续排油；监视油位下降至离地 550mm 位置（油位计最下面一个变送器）低油位事故停机保护动作，立即关闭 105 阀。

（4）若油位下降至低于该保护动作位置时，事故低油位保护未动作，应立即中断该试验。在排除故障后，按总指挥命令重新进行本项试验。

2. 记录项目

事故低油位停机一次所需要的油量（保护动作后油位下降高度）及油压降低数据。

3. 注意事项

运行人员和参加试验人员均应予以足够的重视。事故停机导水叶全关闭后，运行人员应复归保护回路，并立即恢复压油槽油位，调整压油槽油压。时刻注意集油槽油位，防止跑油。

（三）危险点分析

（1）压油槽附近工作位置容易产生滑倒、磕碰等人员伤害。

（2）试验时发生人员误操作。

（3）未认清设备命名，跑错仓位。

（4）盘柜内二次回路误碰，造成设备短路损坏。

（5）低油位保护动作时，关闭导叶，油位降低过多，造成接力器进气。

（四）危险点预防控制

（1）试验时，操作人员之间配合好，合理安排。

（2）试验由运行人员操作，操作前核对设备命名。

（3）认清设备标示及位置，检查工作项目和设备相对应。

（4）试验接线认真仔细，核对图纸及接线端子，确保接线无误。

（5）低油位保护动作后，立即关闭 105 阀，并立即启动压油泵打油。

八、调相试验（运行人员需熟悉）

机组调相试验目的是验证机组调相回路动作正确，各管路阀门无漏气漏水，导叶密封性是否良好。调相目的是向系统（电网）输送无功功率，吸收系统有功功率，起到调节系统无功功率、维持系统电压在正常水平。

（一）试验条件

（1）打开调相充气进气阀 317，检查调相气压变送器指示是否正确。

（2）检查调相电控阀进气阀 301-3 在打开位置。

（3）机组恢复至停机备用。

（二）试验步骤

（1）机组并网后，上位机发"发电至调相"令，检查工况转换成功。

（2）由检修人员调整调相电控阀的 25DDF 位置接点、调相浮筒上下水位电极接点位置。

（3）检查监控系统调相充气流程的逻辑是否正确，有功功率进相值是否正常。

（4）调相工况下运行，检查自动充气功能是否正确、充气间隔是否正常。

 **思考与练习**

（1）请简述过速度试验的试验流程。怎么隔离机械过速度保护？

（2）请简述假同期试验的试验条件、试验步骤。

（3）请简述低油压试验的步骤、注意事项。

第五章　应　急　处　置

本章主要介绍水轮发电机组在并网运行时发生设备异常时如何进行紧急处理，包括4个培训小节，分别为应急处置通用要求、保护没有达到跳机条件时故障处理，保护跳机后事故处理以及典型案例分析。

第一节　应急处置通用要求

本节主要介绍遇到异常和事故时现场应急处置的基本原则。

（1）电力系统事故处理应坚持"保人身、保电网、保设备"和坚持实行统一指挥的基本原则。在发生事故时，当值人员要迅速正确查明原因并快速做出反应、报告上级调度控制中心和有关负责人员，迅速正确地执行调度控制中心及值长的指令，按照有关规程规定正确处理。一般原则是：

1）迅速限制事故（异常）的发展，消除事故（异常）根源，解除对人身、电网和设备的威胁。

2）尽一切可能保持正常设备的继续运行，保持对重要用户的正常供电。

3）尽快对已停电的用户恢复供电，对重要用户应优先恢复供电。

4）调整运行方式，必要时应设法在未直接受到事故损害的发电机和变压器上，按事故过负荷能力增加负荷，使厂内和电力系统恢复正常运行。

（2）发生设备严重损坏事故、恶性火灾事故、垮坝事故、水淹厂房事故、恶性群伤事故、全厂停电事故时，值长发出事故警报并汇报厂长。

（3）全厂停电事故的定义是：全厂对外的有功负荷、无功负荷降到零，无功率交换，且厂用电全部消失。

发出事故警报的含义是：通过一切通信手段向全厂生产系统、运行维护部、机电部、水工部以及其他后勤、物资等部门发出事故信息。

（4）发生事故时，值班人员必须遵照下列原则处理事故：

1）根据监控系统的光字牌及报警一览表、有关表计指示、继电保护动作情况、开关状态指示以及设备的外部征象判明事故性质。

2）发现对人身或设备有严重威胁时，应设法消除这种威胁，必要时应将受威胁的设备停止运行。对所有未受到损害的设备，应尽力设法保持或恢复其正常运行。

3）隔离故障点。

4）将包括保护、自动装置、开关动作在内的主要事故情况迅速报告调度控制中心和厂有关领导，发生严重事故时发出事故警报。

5）应首先设法保持和恢复厂用电系统和直流系统的电源正常。

6）设法保持或快速恢复与电网 220kV 系统的联络运行。

7）迅速进行检查和必要的试验（应力求不做试验就能判明事故的原因），判明事故的地点、范围及其原因，了解事故的全面情况。

8）为防止事故扩大，必须主动将事故处理的每一阶段正确迅速地报告调度控制中心，并尽可能地得到生产副厂长、总（副总）工程师的领导。值长在处理事故时应估计到值班员已按有关规程规定自行独立进行了必要的操作的可能性。

9）发生事故的设备，若自动控制回路失灵，应立即到现场进行手动操作。

10）检查设备单相接地故障时，应符合现场安全规程中关于进入高压设备接地区域的规定。

11）值班人员应仔细注视并记录表计和信号等与事故有关的现象，以及重要操作项目的执行时间和原则次序。复归继电保护的指示信号前要认真做好记录，并事先经值长或值班工程师同意。

（5）下列各项操作，可不等待调度控制中心指令，由现场值班人员自行执行，执行后简明汇报，事后再做详细报告。

1）将直接对人员生命有威胁的设备停电。

2）将已经损坏的设备隔离。

3）运行中的设备有损坏的严重威胁时，予以停用或隔离。

4）当母线电压消失时，拉开该母线上的所有开关。

5）当厂用电全部或部分停电时，或直流母线电源消失时，恢复其电源。

6）在系统有电压时，将因故解列的发电机、变压器或线路与系统同期并列。

7）因励磁系统故障造成发电机强烈的震荡或失去同期且不能恢复时，将该发电机从系统解列。

（6）涉及调度管辖设备发生事故后应和调度控制中心保持密切的联系，按照下列步骤汇报：

1）首先根据监控系统的光字牌、主接线开关变位和报警一栏表的报警情况，5min内迅速概括性地向调度控制中心汇报：故障发生时间、发生故障的具体设备及其故障后的状态、相关设备潮流变化情况和现场天气情况等。

2）然后根据现场对保护动作、故障录波和一次设备的检查情况，15min内向调度控制中心详细汇报：二次设备的动作、复归详细情况（故障录波器是否动作、故障相别，如果是线路故障，需汇报故障测距等）、一次设备现场外观检查情况、现场是否有人工作、厂站内相关设备有无越限或过载、厂用电安全是否受到威胁等。

3）最后待异常处理结束后总结性地向调度控制中心汇报事故经过、处理情况等。

（7）任何情况下都不允许电气设备无保护运行，否则应将该设备停止运行。

 **思考与练习**

（1）异常和事故处理的一般原则是什么？

（2）涉及调度管辖的设备发生事故后应如何处置和具体汇报内容包括什么？

第二节　故障现场处置

本节主要介绍水轮发电机在运行时水轮机剪断销剪断的故障处理。

针对运行中水轮机剪断销剪断故障处理，具体现象与处理方法如下：

一、现象

（1）监控系统总光字牌"X号机水机故障"亮，分光字牌"剪断销剪断"亮。

（2）事件表出现：X号机剪断销剪断动作信号，水导轴承振动、摆度模拟量越限信号。

（3）现场机组振动声音增大。

二、处理

（1）机组AGC退出成组运行，停止进行出力调节。

（2）现场检查导叶主、副拐臂错位情况，确定X号剪断销剪断。

（3）汇报调度：水轮机剪断销剪断要求停机。有备用出力时，经调度控制中心同意开机，保持全厂总出力不变。

（4）若系统允许停机，则采用落工作门方式手动停机。

1）调速器切"手动"模式。

2）投入水导轴承备用润滑水，在中控室或机组LCU盘按"落门"按钮关闭工作门，同时降无功功率到零。

3）当有功功率、无功功率降至零，拉开发电机开关，同时在控制盘柜按"逆变灭磁"按钮灭磁。

4）待转速下降至加闸转速时手动加闸，并保持在加闸状态；机组停稳后，保持水导轴承备用润滑水在投入，防止因保护动作而导致紧急停电磁阀投入。

5）向调度申请机组改检修处理。

（5）如电力系统不允许停机，则可在机组振动允许的情况下（上机架水平方向和上机架垂直方向振动不大于0.11mm）继续运行，但必须将调速器切"手动"，停止调频，现场须有人监视机组振动情况，并做好其他保护动作跳机的预想。如机组振动加大，则联系调度控制中心，立即停机。

（6）汇报总工程师、运行副总和其他相关副总、运行维护部、机电部、生产技术部及安质部主任（副主任），通知相关检修班组。

（7）向调度控制中心详细汇报，做好值班记录和异常情况记录。

**思考与练习**

机组运行中剪断销剪断需要手动停机时，该如何操作？

第三节　事故现场处置

本节介绍了水轮发电机组在遇到重大的设备异常时保护动作跳机时的事故处理，分别介绍水轮发电机机组过速事故处理预案、机组轴承温度过高事故处理预案、机组停机过程中剪断销剪断事故处理预案、发电机着火事故处理预案。

一、水轮发电机机组过速事故处理预案

（一）现象

（1）监控系统总光字牌"X号机水机事故"亮，分光字牌"电气过速保护动作""机械过速保护动作"亮。

（2）报警一览表出现：X号机电气过速保护动作信号、机械过速保护动作信号、X号机发电机开关跳闸信号、X号机调速器紧急停机电磁阀投入信号、X号机工作门下滑30cm动作信号。

（3）机组有超速声。

（4）转速仪指示值大于或等于140％额定转速。

（二）处理

（1）根据监控系统的信号，初步判断事故的性质、原因。

（2）立即汇报调度：机组过速事故跳闸。有备用出力时经调度同意启动备用机组。

（3）立即到现场确认保护动作正常；检查导水叶已全关，紧急停机电磁阀投入，工作门全开指示信号灭。

（4）若工作门未落到底，转速已降至135％额定转速以下，则按LCU"复归"按

钮，再按"起门"按钮，立即提起工作门；若工作门已下落到底，应立即钢管充水提起工作门。

（5）当机组调速器失灵且工作门拒动时，机组飞逸事故，应立即派员奔赴坝顶手动落下工作门。

（6）当机组转速降至 15％～20％额定转速，手动加闸，机组停稳定后，延时 4min 撤销风闸，复归冷却水，按 LCU"复归"按扭复归事故回路，并做防止转动措施。

（7）向生产副厂长、总工、运行副总和其他相关副总、运行维护部、机电部、生产技术部及安质部主任（副主任）汇报，并通知相关检修班组。

（8）机组过速后，应进行发电机内部及调速系统检查，正常后方可开机运行。

（9）分析机组过速原因：是因机组甩负荷引起过速，还是机组尚未并网调节不当或调速器异常引起过速。

（10）向调度控制中心详细汇报，做好值班记录和异常情况记录。

二、机组轴承温度过高事故处理预案

（一）现象

（1）监控系统总光字牌"X 号机水机事故"亮，分光字牌"推力轴承瓦温度过高"或"上导轴承瓦温度过高"亮。

（2）报警一览表出现：X 号机推力轴承瓦温度过高或上导轴承瓦温度过高信号、X 号机发电机开关跳闸信号、X 号机调速器紧急停机电磁阀投入动作信号。

（3）监控系统机组参数推力或上导轴承温度达到或超过事故动作整定值（推力 70℃，上导 60℃）。

（4）推力或上导油槽与大轴的密封处有油雾冒出，轴承油槽温度异常升高。

（二）处理

（1）根据监控系统的信号，初步判断事故的性质、原因。

（2）立即汇报调度：机组轴承温度过高事故跳闸。有备用出力时经调度同意启动备用机组。

（3）立即到现场确认保护动作正常；检查导水叶已全关，紧急停机电磁阀投入。

（4）检查轴承油槽有无漏油、跑油现象，油面是否正常。

（5）在事故停机过程中，注意轴承温度升高的情况，机组停稳后，按 LCU"复归"按钮复归事故回路。

（6）向生产副厂长、总工、运行副总和其他相关副总、运行维护部、机电部、生产技术部及安质部主任（副主任）汇报，通知相关检修班组。

（7）机组改检修，通知检修对轴承进行检查。

（8）向调度控制中心详细汇报，做好值班记录和异常情况记录。

三、机组停机过程中剪断销剪断事故处理预案

（一）现象

（1）监控系统总光字牌"X 号机水机事故"亮，分光字牌"停机中导叶剪断销剪断"亮。

（2）报警一览表出现：X 号机停机中导叶剪断销剪断信号、X 号机工作门下滑 30cm 动作信号。

（3）机组发出异常响声，机组振动及摆度增大。

（4）主、副拐臂有错位现象。

（二）处理

（1）检查工作门已下落，水导轴承备用润滑水已投入，否则应手动投入水导轴承备用润滑水。

（2）检查机组撤压正常，当机组转速下降至 15％～20％额定转速手动加闸，并保持停机后加闸状态。

（3）机组停稳后，按 LCU"复归"按钮复归事故回路。

（4）向调度控制中心汇报：停机时剪断销剪断保护动作，申请机组改检修。

（5）汇报生产副厂长、总工、运行副总和其他相关副总、运行维护部、机电部、生产技术部及安质部主任（副主任），通知相关检修班组。

（6）向调度控制中心详细汇报，做好值班记录和异常情况记录。

四、发电机着火事故处理预案

（一）现象

（1）总光字牌"X 号机电气事故"光字牌亮，分光字牌具体的事故光字牌亮（指纵差、横差、过电压、复压过电流、励磁后备保护、失磁保护、励磁消失保护、保护动作事故停机、保护动作跳开关、保护动作跳灭磁开关）。

（2）报警一览表出现："X 号机电气事故"及具体的事故名称。

（3）根据不同的事故，可能同时出现"X 号机电气故障"及相应的故障名称（指定子单相接地、转子一点接地、负序过负荷）。

（4）监控显示该机开关在分闸、机组在执行事故停机流程。

（5）火灾自动报警及控制系统报 X 号机火警信号。

（6）机组有冲击声。

（7）发电机上部盖板不严密处有浓烟冒出，并散发出绝缘焦味。发电机内部有火星

冒出。

（二）处理

（1）根据监控系统的信号，初步判断事故的性质、原因。

（2）汇报调度控制中心：机组电气事故跳闸。有备用出力时经调度控制中心同意启动备用机组。

（3）立即到现场确认保护装置动作正常（跳开关、停机、灭磁）。

（4）确认发电机定子内部有明火（打开下风洞进人孔盖板观察）。

（5）立即拨打火警电话报警（厂火警电话：2119、建德市火警电话：119、消防维保人员电话：660119/661119），同时启动新安江电厂火灾应急预案。

（6）检查确认发电机开关、灭磁开关跳开后，在值长下达灭火指令启动该台机组喷雾灭火装置。

（7）汇报生产副厂长、总工、运行副总和其他相关副总、运行维护部、机电部、生产技术部及安质部主任（副主任），通知相关检修班组。

（8）监视机组停机正常，机组停稳后，按 LCU"复归"按钮复归事故回路，机组改检修，由检修人员进行检查处理。

（9）发电机灭火注意事项：不准用砂子或泡沫式灭火剂进行发电机内部灭火；不准破坏机组密封；进入风洞检查必须戴防毒面具（此时发电机应改内部检查停役）。

（10）向调度控制中心详细汇报，做好值班记录和异常情况记录。

思考与练习

（1）发电机电气事故着火时，启动喷雾灭火装置灭火的时间节点如何掌握？移动式灭火器该如何选择？

（2）机组过速度保护动作时出现何种异常情况需要奔赴坝顶手动落门？

第四节　典型案例解析

本节主要介绍水轮发电机组运行中因设备异常发生的跳机事故案例，并对事故原因进行分析、总结，提升机组运行经验。

【案例 1】　××电厂机组推力瓦测温元件错误动作事故停机问题分析型案例

一、背景描述

2008 年 1 月 5 日 23：56，7 号机组泵工况开机，6 日 00：2 并网。

二、存在问题

3：7，7号机组5号推力瓦的上位机温度值显示为74.46℃，7号机组温度报警动作。现地检查发现5号推力瓦温度值在70.35℃与274.46℃之间跃变，相邻4号瓦温度值显示为44.51℃，相邻6号瓦温度值显示为49.32℃，与平时比较，均在正常范围之内。1月6日4：28：40，7号机组5号推力瓦，温度值为72.61℃；43秒时，7号机组5号推力瓦的温度值显示上升至81.64℃，机组RTD温度过高停机动作，7号机组紧急停机电磁阀动作，机组跳闸。

三、问题分析

设计中推力油槽分油板为测温元件开的槽口太窄，机组运行中振动，导致测温元件信号线磨损，元件误动是故障直接原因。测温元件信号线很细、不够柔软，在槽口无防护是故障的间接原因。

四、改进措施和方法

（1）在测温电阻根部加装0.5cm左右的保护弹簧。

（2）推力油槽挡油板为测温元件开的槽口太窄，在挡油板和测温线接触处开半圆孔，杜绝因机组运行中的振动和摆动对测温元件的信号线造成磨损。

（3）将现航空插头改为管路引线，通过端子排转接，防止渗漏油，同时便于日后查线及维护。

（4）当前测温元件信号线很细、不够柔软，将测温元件的信号线更换成线径较粗、材质柔软的测温信号线，防止同类事情发生。

【案例2】 ××电厂油混水导致机组推力油槽油位升高问题分析型案例

一、背景描述

值班员在巡回时发现××电厂7号机组推力油槽油位高于轴承油位120mm（未到过高报警值），油混水装置未动作。

二、存在问题

检修人员对推力油槽内的透平油进行取样化验，结果为含水量严重超标，初步认为推力冷却器出现漏水现象是造成油槽油位升高的原因。进行冷却器耐压检查，发现除5号冷却器在进行耐压试验时存在泄压现象外，其他冷却器耐压情况良好，确认5号冷却器存在渗漏问题。将其抽出检查，发现冷却器外侧铜管有一个渗漏点，且有两根铜管磨损（如图 1-5-1 所示）。

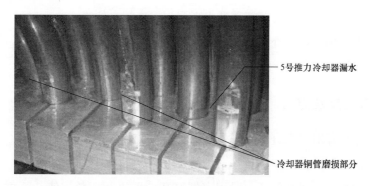

　　　　　　　　　　　　　　　　　　　　——5号推力冷却器漏水

　　　　　　　　　　　　　　　　　　　　——冷却器铜管磨损部分

图 1-5-1　磨损的铜管

三、问题分析

　　7 号机组推力冷却器共有 16 台，每台冷却器由多根铜管组成，并有序排列在由钢管做成的防护框架内，由于铜管较软，防护框架对铜管有保护作用。每台冷却器中间部分有一块分油板，材质为环氧树脂板，用螺钉把合在推力油槽内的筋板上，作用是使推力油槽内冷热油分层并形成定向有序流动（如图 1-5-2 和图 1-5-3 所示）。

　　　　　　　　　　　　　　　　　　　　——推力冷却器分油板

图 1-5-2　推力冷却器分油板

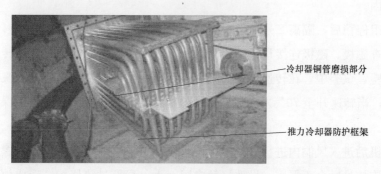

　　　　　　　　　　　　　　　　　　　　——冷却器铜管磨损部分

　　　　　　　　　　　　　　　　　　　　——推力冷却器防护框架

图 1-5-3　推力冷却器

　　通过现场检查分析，冷却器铜管管壁被磨漏造成推力冷却器漏水的主要原因如下：

（1）分油板与铜管距离太近，且机组每天的运行时间较长，机组振动及油流的作用使分油板与铜管长期摩擦，管壁变薄并出现漏洞，冷却水外流。

（2）防护框架偏小，使外侧铜管暴露于框架之外，造成分油板与铜管接触，没有起到防护限位的作用。

四、改进措施及方法

（1）对 5 号冷却器漏点进行封焊处理，对磨损较轻的铜管进行补强。对封焊完成的推力冷却器再次打压确认无渗漏点。

（2）对分油板大小进行处理，对固定螺钉孔位置进行调整，使其不再与铜管接触，保证设备的运行安全。

（3）机组推力油槽油混水表计内插头松动导致信号未动作，进行紧固处理。

【案例 3】　××电厂发电电动机转子引线穿轴螺杆螺母过热熔融故障问题分析型案例

一、背景描述

2016 年 9 月 6 日 17 时 12 分 48 秒，机组发电工况带 300MW 负荷稳定运行时，转子接地保护动作，机组执行电气事故停机流程。

二、存在问题

监控系统报警：发电机 B 组保护盘保护动作，机组执行事故停机流程；保护系统报警：转子接地保护动作。

三、问题分析

（1）检查转子接地保护装置及二次回路正常，校验保护装置正常；排除保护装置错误动作的原因。

（2）机组停稳后，隔离 2 号机组，测量转子绝缘电阻为 24MΩ。

（3）检查磁极、磁极连接片、励磁回路、集电环无异常；开展开机旋转备用（未投入励磁）试验，试验中，在转速上升的同时对转子绝缘进行测量，转子绝缘电阻一直维持在 24MΩ，当转速升至 70％左右后，手动停机；排除一次回路永久接地保护装置错误动作的原因。

（4）停机后进入风洞内进行进一步检查，发现转子引线（负极）穿轴螺杆方形螺母与引线铜排连接处贴合不严密，导致接触电阻变大，局部过热烧熔，形成放电回路，转子一点接地保护正确动作故障点，如图 1-5-4 所示。处理前的连接方式如图 1-5-5 所示。

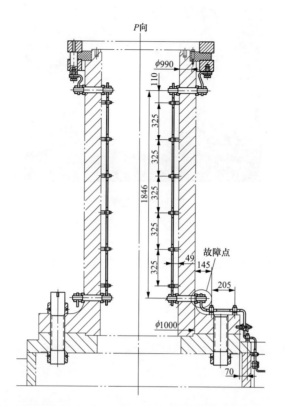

图 1-5-4　故障点位于转子引线（负极）穿轴螺杆方形螺母与引线铜排连接处（单位：mm）

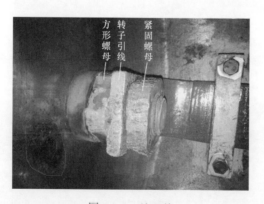

图 1-5-5　处理前

四、改进措施和方法

（1）拆除故障的穿轴螺杆及方形螺母。

（2）对转子引线铜排进行打磨和挂锡，作为临时措施。

（3）重新安装穿轴螺杆及方形螺母备件，恢复转子引线，处理后的连接方式如图

图 1-5-6　处理后

1-5-6 所示。

（4）测量绝缘电阻合格，测量转子磁极引线直流电阻并与最近一次检修后数据对比合格。

第二篇

机组电气一次设备

本篇主要介绍机组电气一次设备的结构原理、巡回检查、设备操作、设备试验、应急处置等内容，包括五个章节。第一章主要介绍设备结构原理，第二章主要介绍巡回检查，第三章主要介绍设备操作，第四章主要介绍设备试验，第五章主要介绍应急处置。

第一章 结 构 原 理

本章主要介绍机组电气一次设备：发电机断路器、隔离开关、电流互感器、电压互感器、励磁变压器、13.8kV 母线和消弧线圈的结构原理等内容，包括 7 个培训小节。

第一节 发电机断路器结构原理

本节主要介绍新安江电厂发电机断路器的结构、作用、设备参数、工作原理以及断路器 SF_6 气体泄漏监控报警系统。

一、发电机断路器的结构

发电机断路器采用法国阿尔斯通公司（ALSTOM）公司的 FKG1N 型 SF_6 气体断路器组合模块，包括断路器、接地开关、电容器、电流互感器。如图 2-1-1 所示，发电机断路器是一个三极的金属封闭型电器，极（00.10）和操作箱（00.30）被固定在同一个支架（00.20）上而构成一个"间隔"装置。极由外壳、工作部件、接地开关组成；操作箱包含断路器的液压操动装置、接地开关的操动机构装置和一个电气控制系统装置。

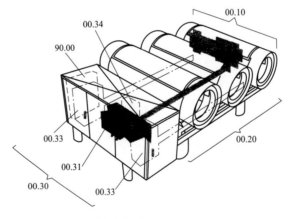

图 2-1-1 断路器结构图

极实际就是灭弧室，它由以下两部分组成：

（1）固定部件，包括外壳、端子、静触头支撑件（主触头、静触头连同其触头杆）。

（2）可动部件，包括外壳、端子、动触头支持件［用接触管总成的动触头、带喷嘴的吹气装置、前后阀门支持器导向装置、分子筛（吸附剂）］。

工作部件如图 2-1-2 所示，由灭弧室、支持绝缘子（13.30）和 SF$_6$ 监视装置（50.00）组成。

（3）灭弧室由固定部件（11.00）和可动部件（12.00）组成，固定部件包括：外壳（11.11）、端子（11.12）、静触头支持件（11.13）、主触头（11.20）、静触头（11.30）连同其触头杆（11.31）；可动部件包括：外壳（12.11）、端子（12.12）动触头支持件［用接触管总成的动触头、

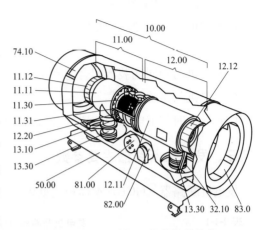

图 2-1-2　断路器工作部件结构图

带喷嘴的吹气装置、前后阀门支持器导向装置、分子筛（吸附剂）］，有一个绝缘体将这两部分分开，保证输入与输出端的绝缘。

支持绝缘子：支持绝缘子垂直安装在每个灭弧室外壳面上，以保证断路器的对地绝缘。

在可动部件一侧，可转动触头在绝缘子中间。其操作由位于操作箱内液压泵操动机构通过拉杆传递到每个极而实现操作的。

SF$_6$ 监视装置：每个发电机断路器每极有一个 SF$_6$ 接口，固定在支持绝缘子下面，通过管路与位于第一个极（操作箱侧）的静触头同一侧底部的 SF$_6$ 密度检验装置连接。SF$_6$ 监视装置用于监视 SF$_6$ 的密度并连到机构箱内的充气装置，并可对 SF$_6$ 密度计进行校验。

接地开关：接地开关有内、外侧两套，分别安装于每极的进线、出线的两侧，操作箱内的电动操动机构的操作功率通过机械连杆传递到三相接地开关。

电容器：安装在断路器的外侧母线上，作用是改善操作过电压。

操动机构（液压机构）：分为动力部分和操作装置，其中动力部分由液压装置（包括压油泵、主阀装置、蓄能器）和操作装置（包括分合闸电磁铁，中间阀门等）组成。

接地开关操动机构：分为控制部分和电气部件，控制部分包括电动机、变速箱、辅助触点、限位微型开关、各种连锁锁扣杠杆、拉杆的机械传动部件等。电气部件的箱内部分由继电器、开关、加热器组成，箱外部分由指示开关、机械信号和仪表的间隔控制模拟图，分合闸就地按钮等组成。

二、发电机断路器的作用

发电机断路器的作用：接通和断开发电机与系统的电路。在正常情况下，发电机开机并网时由发电机断路器与电网接通，停机时也由发电机断路器与电网断开，发电机断路器的主要作用是切断负荷电流；而在事故情况时由发电机断路器切除短路电流与电网隔离。

由于发电机断路器具有灭弧能力,可以切断正常电流及短路电流,它的主要作用为:

(1)开机时和同期装置配合与系统并列。

(2)停机与系统解列。

(3)异常时与继电保护装置配合切断正常电流及短路电流。

三、发电机断路器主要参数

发电机断路器(GCB)本体规范见表 2-1-1。

表 2-1-1 发电机断路器(GCB)本体规范

项 目	参 数	备 注
型 号	FKG1N-MKG1N	
额定频率	50Hz	
额定最大电压	24kV	
额定连续电流	在 40℃时 4.5kA	
额定全波冲击耐受电压	峰值 125kV	
额定短路负载循环	合分-30min-合分	
额定短路电流对称值	105kA	
额定短路电流不对称值	116kA	
最大的不对称短路峰值电流	285kA	
短时电流	105kA,2.83s	
指定的不同相位的开合电流	50kA	
灭弧时间	3.5 周波	
在 20℃及 101.3kPa 下,断路器 SF_6 气体的额定有效压力	750kPa	1bar=100kPa=0.1MPa
SF_6 报警压力	(640±5)kPa	
SF_6 闭锁分合闸压力	(600±7.5)kPa	
SF_6 气体质量	25kg	
合闸时间	最小 42ms,最大 57ms	
分闸时间	最小 35ms,最大 50ms	
在 15℃的预充油压力	17.0MPa	
油泵启动压力	(35.5±0.5)MPa	
油泵停止压力	35.8~38MPa	
闭锁合闸压力	(28±0.5)MPa	
闭锁分闸压力	(25±0.5)MPa	
安全阀开启压力	40MPa	

续表

项　目	参　数	备　注
安全阀打开压力	42MPa	
安全阀关闭压力	41.0～38.5MPa	
接地开关额定短时耐受电流	105kA	
电流峰值	280kA	
接地开关操动机构型号	CS600	
电容器容量	100 000pF	
开关装置总质量	2920kg	
投产日期	2002 年 9 月，2003 年 6 月，2003 年 1 月，2005 年 1 月，2002 年 1 月，1998 年 12 月，2000 年 12 月，2001 年 6 月，2000 年 4 月	2014 年起逐台大修。2014 年 7 号机，2015 年 4 号机，2016 年 5 号机，2017 年 8 号机，2018 年 3、1 号机，2019 年 6 号机，2020 年 9 号机，2021 年 2 号机
生产厂家	GEC　ALSTHOM　T&D	
使用部分	新安江电厂 1/2/3/4/5/6/7/8/9 号机	

四、发电机断路器的工作原理

如图 2-1-3～图 2-1-7 所示是发电机断路器灭弧室的剖面图。其中：1—端子；2—外壳；3—动触头支持件；4—动触头管；5—主触头；6—外壳；7—端子；9—弧触头；10—静触头杆；11—绝缘喷嘴；12—柱塞；13—分子筛。

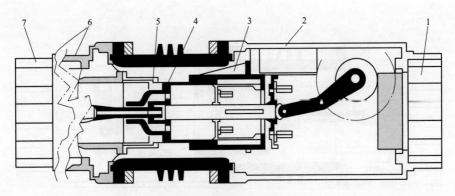

图 2-1-3　断路器处于合闸状态

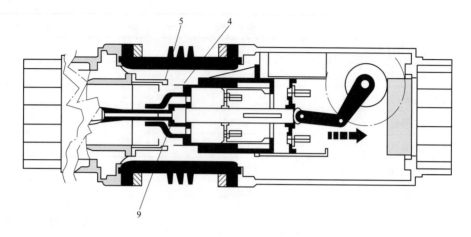

图 2-1-4 断路器开始分闸状态

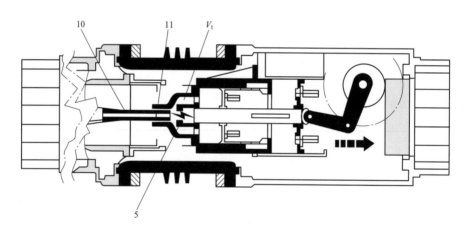

图 2-1-5 断路器分闸电弧产生状态

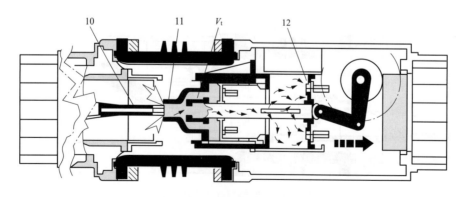

图 2-1-6 断路器开始灭弧状态

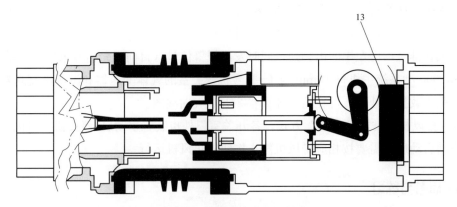

图 2-1-7　断路器完全分闸状态

合闸状态发电机产生的电流通路是：端子（1）、外壳（2）、动触头支持件（3）、动触头管（4）、主触头（5）、外壳（6）和端子（7）。断路器处于合闸状态如图 2-1-3 所示。

当一个电气的或手动的分闸指令发出时，由蓄能器供给位于操动机构内工作缸的能量驱使极杠杆开始移动。分闸刚开始时，由于动触头管（4）和主触头（5）分离，电流转移到电弧触头（9）上。断路器开始分闸状态如图 2-1-4 所示。

当电弧触头（9）与静触头杆（10）分离时，有电弧产生，其能量使静触头杆（10）与绝缘喷嘴（11）所围成的热膨胀容积（V_t）内的压力升高。

当静触头杆（10）与绝缘喷嘴（11）分离时，容积（V_t）内的过压力释放，正好在电流过零前产生能量的气流，从而保证电弧最终熄灭。与此同时，在电弧附近的压力开始升高，以致扩散到柱塞（12），推动可动部件，因此加速断路器灭弧，也使断路器分闸操作所需的能量减少。

分闸成功，电弧已熄灭，因电弧而分离的 SF_6 分子立即重新结合，灭弧过程中残留的气体被分子筛（13）吸收，某些粉状化合物以尘埃形式沉积下来。

五、断路器 SF_6 气体泄漏监控报警系统

新安江电厂 9 台发电机出口均装有设法国阿尔斯通 ALSTOM 公司生产的 FKG1N-MKG1N 型断路器。

发电机断路器装有一套 SR9000 型 SF_6 气体泄漏监控报警系统。SR9000 型系统由 SF_6 气体变送器和氧气气体变送器（两个）、温湿度变送器、SF_6 气体泄漏监控报警主机、工控机、外围设备组成。发电机断路器的外围设备包括新安江电厂 1~9 号机开关室排风机、SF_6 排风机控制箱、三角廊道总排风机、排风管道等组成。

当 1~9 号机断路器发生 SF_6 气体泄漏，安装在开关室底部分置的 SF_6 气体变送器

和氧气气体变送器（SF$_6$气体、氧气探头模块）检测出的SF$_6$气体浓度高于报警值或含氧量低于报警值时，自动启动该开关室的排风机并联动启动总排风机，将SF$_6$气体通过专用排风管排至厂房左岸的山脚处，同时发出报警信号（目前报警信号未接监控系统）。

SR9000型系统主机每15min与1～9号机开关室的气体变送器和温湿度变送器进行通信，采集数据并处理，可在显示屏查看24h氧气曲线图。

SF$_6$排风机正常放"自动"方式，各开关室门外也装有手动启/停按钮，风机手动启动或自动启动后，需要按相应排风机停止按钮停止风机运行。

 **思考与练习**

（1）请简要阐述发电机断路器六氟化硫（SF$_6$）压力或操作油压降低的异常处理。

（2）请简要阐述发电机断路器的灭弧原理。

第二节 发电机隔离开关结构原理

本节主要介绍新安江电厂发电机隔离开关的结构、作用、设备参数、运行方式及操作回路原理。

一、发电机隔离开关的结构

发电机隔离开关主要由隔离开关片、隔离开关嘴、支持绝缘子、金属底盘、接线端子及其附件构成。按隔离开关各部分作用分为支持底座、导电部分、绝缘子、传动机构及操动机构。

（1）支持底座：该部分起支持和固定作用，支持底座将导电部分、绝缘子、传动机构、操动机构等固定为一体，并使其固定在基础上。

（2）导电部分：包括隔离开关片、隔离开关嘴、接线端子等，导电部分的作用是传导电路中的电流。

（3）绝缘子：包括支持绝缘子、操作绝缘子。绝缘子的作用是将带电部分和接地部分绝缘开来。

（4）传动机构：传动机构的作用是接受操动机构的力矩，并通过拐壁、连杆、轴齿或是操作绝缘子，将运动传动给触头，以完成隔离开关的分、合闸动作。

（5）操动机构：与断路器操动机构一样，通过手动、电动向隔离开关（闸刀）的动作提供能源。

二、发电机隔离开关的作用

发电机隔离开关的主要作用是隔离电源，用发电机隔离开关将需要检修的电气设备与带电部分可靠的隔离，造成一个明显的断开点，以保证检修人员的安全。由于发电机隔离开关没有灭弧功能，不允许带负荷电流操作，因此发电机隔离开关的拉闸、合闸操作必须在发电机断路器拉开的前提下进行。发电机隔离开关电动操作受发电机断路器辅助接点的闭锁，只有当机组运行时发电机断路器出现异常时、单元主变压器开关解列以及机组已经停机的前提下，才能在发电机断路器合闸状态下手动拉开。在未设发电机隔离开关的回路内，允许用高压隔离开关拉合下列设备：

（1）系统无接地时，运行的电压互感器。

（2）无雷击时的避雷器。

（3）220kV 及以下母线的充电电流。

（4）变压器中性点接地开关（只有当无接地故障时，方可操作）。

（5）断路器、隔离开关的旁路电流。

三、发电机隔离开关主要参数

1～9 号发电机隔离开关均采用 2S3CVS 型隔离开关，具体参数见表 2-1-2。

表 2-1-2　　　　　　　　　发电机隔离开关本体规范

型　　号	2S3CVS	操动机构型号	CS612
额定电压	36kV	操作回路电压	220（一）
冲击电压	250kV	电动机额定电压	380（∽）
额定电流	4500A	电动机额定电流	1.3A
热稳定电流	105kA	机构质量	75kg
热稳定时间	3s	生产标准	IEC
生产厂家	ALSTOM 公司 VENEZIA-ITALIA 隔离开关厂		

四、发电机隔离开关运行方式

新安江电厂 9 台发电机出口均装设 2S3CVS 型隔离开关，除机组冷备用与检修时，隔离开关均在合上位置。

思考与练习

请简述发电机断路器与隔离开关作用的区别。

第三节　电流互感器结构原理

本节主要介绍新安江电厂机组电流互感器（TA）的结构、作用、设备参数、负荷以及运行方式。

一、电流互感器的结构及原理

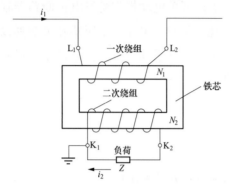

图 2-1-8 电流互感器的结构及原理

电流互感器的结构及原理如图 2-1-8 所示，电流互感器主要由一次绕组、二次绕组、铁芯、以及构架、壳体、接线端子等构成。电流互感器的基本原理与变压器基本相同，一次绕组的匝数（N_1）较少，串联于一次线路中，一次负荷电流通过一次绕组时，产生的交变磁通感应产生按比例减少的二次电流；二次绕组的匝数（N_2）较多，与仪表、继电器、变送器等电流线圈的二次负荷（Z）串联形成闭合回路。电流互感器实际运行中负荷阻抗很小，二次绕组接近于短路状态，相当于一个短路运行的变压器。

二、电流互感器的作用

电流互感器是一种电流装置，主要作用包括以下两方面：

（1）变流，把大电流变成小电流，供给仪表和继电器的电流线圈，间接测出大电流，电流互感器二次侧电流一般为 5A。

（2）隔离，与电压互感器一样，将一次高电压系统与二次低压系统实现电气隔离，以保证人员和二次设备的安全。

三、机组电流互感器主要参数

新安江电厂机组电流互感器有 7 种型号，具体变比及使用部分见表 2-1-3。

表 2-1-3　　　　　　　　　　机组电流互感器本体规范

型　　号	额定电流比	使用部分
LMZB1-20D	6000/5	1～9 号机：BA1、BA2
LMZB1-20	6000/5	1～9：BA3～BA8
LMZB2-20	1500/5	1～9 号机：BA9、BA10
LAJ1-15Q（V）	100/5	1、2、8、9 号机：BA11、BA12
LZZB8-20E	200/5	5、7 号机：BA11、BA12
LDZB2-20	100/5	4、6 号机：BA11、BA12
LZZB-15　150/A4	100/5	3 号机 BA11、BA12

四、机组电流互感器负荷

机组电流互感器负荷按类型分为测量、机组保护、主变压器保护、励磁、故障录波器、LCU 测量等，具体分布如图 2-1-9 所示。

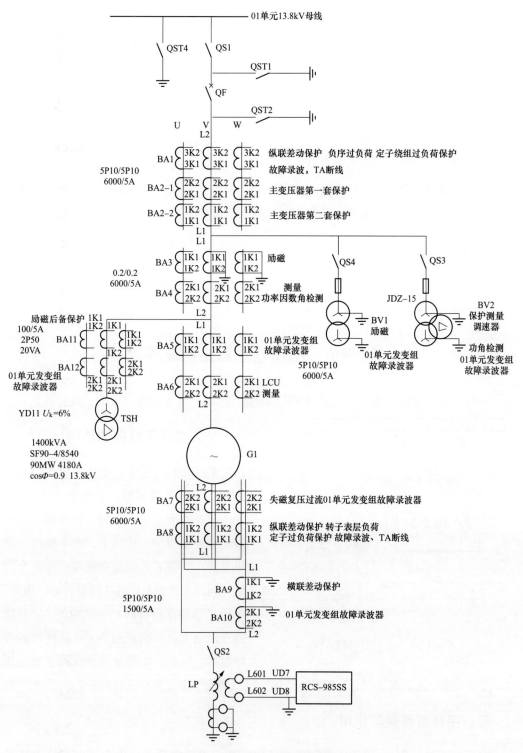

图 2-1-9 机组电流互感器负荷分布

五、电流互感器运行方式

(一) 电流互感器运行时不允许开路

当电流互感器二次侧开路时，$I_2=0$，由 $\dot{I}_0 N_1 = \dot{I}_1 N_1 + \dot{I}_2 N_2$ 可以看到，当 $I_2=0$ 时，使电流互感器的激磁电流上升到 $I_0=I_1$，一次电流完全变成了励磁电流，使电流互感器中的磁通密度激烈上升，在其二次绕组中感应出很高的电势，严重时数值可达上千倍以上，严重威胁人身与设备安全。

(二) 电流互感器开路后的处理

电流互感器开路时，产生电势大小与一次电流大小有关，处理时，尽量减小一次电流至零，带绝缘工具进行处理，处理时，停用相应保护装置。

思考与练习

(1) 为什么电流互感器运行时二次侧不允许开路？有什么后果？

(2) 阐述电流互感器的工作原理。

第四节　电压互感器结构原理

本节主要介绍机组电压互感器（TV）结构、作用、设备参数、负荷、运行方式。

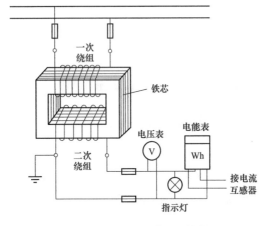

图 2-1-10　电压互感器的结构

一、电压互感器的结构

如图 2-1-10 所示，电压互感器的基本结构和变压器很相似，它也有两个绕组，一个叫一次绕组，一个叫二次绕组。两个绕组都装在或绕在铁芯上。两个绕组之间以及绕组与铁芯之间都有绝缘，使两个绕组之间以及绕组与铁芯之间都有电气隔离。电压互感器在运行时，一次绕组 N_1 并联接在线路上，二次绕组 N_2 并联接仪表或继电器。因此，在测量高压线路上的电压时，尽管一次电压很高，但二次却是低压的，可以确保操作人员和仪表的安全。

二、电压互感器的作用

电压互感器（TV）和变压器类似，是用来变换电压的仪器。但变压器变换电压的目的是方便输送电能，因此容量很大，一般都是以千伏安或兆伏安为计算单位；而电压互感器变换电压的目的主要是用来给测量仪表和继电保护装置供电，用来测量线路的电压、功率和电能，或者用来在线路发生故障时保护线路中的贵重设备、电动机和变压器，因此电压互感器的容量很小，一般都只有几伏安、几十伏安，最大也不超过1kVA。

三、电压互感器的设备参数

每台机组有2台电压互感器，1号电压互感器参数见表2-1-4，2号电压互感器参数见表2-1-5。

表 2-1-4　　　　　　　　　　　1 号电压互感器本体规范

型号	JDZ-15	额定频率	50Hz
额定一次电压	13 800V	额定一次电压	100V
额定符合	40VA	准确等级	0.5
三台接成开口三角形时负荷		200VA	

表 2-1-5　　　　　　　　　　　2 号电压互感器本体规范

型号	JDZJ-15	额定频率	50Hz
额定一次电压	13 800V	额定一次电压	100V
额定符合	40VA	准确等级	0.5
三台接成开口三角形时负荷		200VA	

四、电压互感器的负荷

机组电压互感器负荷按类型分为励磁、故障录波器、测量、机组保护、主变压器保护、调速器、功率因数角测量等，具体分布见图2-1-9中BV1、BV2。

五、电压互感器的运行方式

（1）电压互感器的接线应保证其正确性，一次绕组和被测电路并联，二次绕组应和所接的测量仪表、继电保护装置或自动装置的电压线圈并联，同时要注意极性的正确性。

（2）接在电压互感器二次侧负荷的容量应合适，接在电压互感器二次侧的负荷不应超过其额定容量，否则，会使互感器的误差增大，难以达到测量的正确性。

（3）电压互感器二次侧不允许短路。由于电压互感器内阻抗很小，若二次回路短路时，会出现很大的电流，将损坏二次设备甚至危及人身安全。电压互感器可以在二次侧装设熔断器以保护其自身不因二次侧短路而损坏。在可能的情况下，一次侧也应装设熔断器以保护高压电网不因互感器高压绕组或引线故障危及一次系统的安全。

（4）为了确保人在接触测量仪表和继电器时的安全，电压互感器二次绕组必须有一点接地。因为接地后，当一次和二次绕组间的绝缘损坏时，可以防止仪表和继电器出现高电压危及人身安全。

 思考与练习

（1）电压互感器的原理是什么？

（2）电压互感器为什么不允许短路？

第五节　励磁变压器结构原理

本节主要介绍机组励磁变压器的结构、作用、设备参数、运行方式。

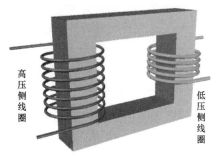

图 2-1-11　励磁变压器的结构

一、励磁变压器的结构

励磁变压器就设计和结构来说，与普通配电变压器一样由铁芯和绕组构成，如图 2-1-11 所示。考虑到励磁变压器必须可靠，强励时要有一定的过载能力，且励磁电源一般不设计备用电源，因此宜选用维护简单、过载能力强的干式变压器。

二、励磁变压器的作用

励磁变压器是一种专门为发电机励磁系统提供三相交流励磁电源的装置，励磁系统通过晶闸管将三相交流电源转化为发电机转子的直流电源，形成发电机励磁磁场，通过励磁系统调节晶闸管触发角度，达到调节发电机端电压和无功功率的目的。

三、励磁变压器的设备参数

5、7、8 号机励磁变压器的设备参数见表 2-1-6，1～4、6、9 号机励磁变压器的设备参数见表 2-1-7～表 2-1-12。

表 2-1-6　　　　　　　　　　　　5、7、8 号机励磁变压器参数

项　　　目	参　　　数
型号	ZSCB9-1250/13.8/0.6
相数	三相
额定容量（kVA）	1250

项　目	参　数		
接线组别	Yd11		
挡数 ＼ 高压电压电流	电压（V）	电流（A）	短路阻抗（%）
1挡	14 490		
2挡	14 150		
3挡	13 800	52.296 (52.3)	6.18 (6.35/6.19)
4挡	13 450 (13 455)		
5挡	13 110 (13 100)		
低压电压电流	600	1202.8 (1203)	
冷却方式	自然空气冷却（AN）		
温升限值（K）	100		
绝缘等级	F		

表 2-1-7　　　　　　　　　　　1 号机励磁变压器参数

项　目	参　数		
型号	ZSCB9-1250/13.8/0.6		
相数	三相		
额定容量（kVA）	1250		
接线组别	Yd11		
挡数 ＼ 高压电压电流	电压（V）	电流（A）	短路阻抗（%）
1挡	14 490		
2挡	14 145		
3挡	13 800	52.3	5.80
4挡	13 455		
5挡	13 110		
低压电压电流	660	1093	
冷却方式	自然空气冷却（AN）/强迫空气冷却（AF）		
温升限值（K）	100		
绝缘等级	F		

表 2-1-8 　　　　　　　　　　　　　　**2 号机励磁变压器参数**

项　目		参　数		
型号		ZSCB9-1000/13.8/0.66		
相数		三相		
额定容量（kVA）		1000		
接线组别		Yd11		
分接头	高压电压电流 〳 挡数	电压（V）	电流（A）	短路阻抗（%）
	1 挡	14 490		6.26
	2 挡	14 145		
	3 挡	13 800	41.8	
	4 挡	13 455		
	5 挡	13 110		
低压电压电流		660	875	
冷却方式		自然空气冷却（AN）/强迫空气冷却（AF）		
温升限值（K）		80		
绝缘等级		F		

表 2-1-9 　　　　　　　　　　　　　　**3 号机励磁变压器参数**

项　目		参　数		
型　号		ZLSC-1400/13.8/0.66		
相数		三相		
额定容量（kVA）		1400		
接线组别		Yd11		
分接头	高压电压电流 〳 挡数	电压（V）	电流（A）	短路阻抗（%）
	1 挡	14 150		5.63
	2 挡	13 800	58.6	
	3 挡	13 460		
低压电压电流		660	1225	
冷却方式		自然空气冷却（AN）/强迫空气冷却（AF）		
温升限值（K）		80		
绝缘等级		F		

表 2-1-10 　　　　　　　　　　　　　　**4 号机励磁变压器参数**

项　目	参　数
型　号	ZSCB9-1400/13.8/0.66

续表

项 目		参 数		
相数		三相		
额定容量（kVA）		1400		
接线组别		Yd7		
分接头	高压电压电流 挡数	电压（V）	电流（A）	短路阻抗（%）
	1 挡	14 490		
	2 挡	14 145		
	3 挡	13 800	58.6	5.82
	4 挡	13 455		
	5 挡	13 110		
低压电压电流		660	1225	
冷却方式		自然空气冷却（AN）/强迫空气冷却（AF）		
温升限值（K）		80		
绝缘等级		F		

表 2-1-11　　　　　　　　　　　6 号机励磁变压器参数

项 目		参 数		
型号		ZSCB9-1400/13.8/0.66		
相数		三相		
额定容量（kVA）		1400		
接线组别		Yd11		
分接头	高压电压电流 挡数	电压（V）	电流（A）	短路阻抗（%）
	1 挡	14 490		
	2 挡	14 145		
	3 挡	13 800	41.8	5.77
	4 挡	13 455		
	5 挡	13 110		
低压电压电流		660	875	
冷却方式		自然空气冷却（AN）/强迫空气冷却（AF）		
温升限值（K）		80		
绝缘等级		F		

表 2-1-12   **9 号机励磁变压器参数**

项　目		参　数		
型号		ZSCB10-1250/13.8/0.6		
相数		三相		
额定容量（kVA）		1250		
接线组别		Yd1		
分接头	高压电压电流 挡数	电压（V）	电流（A）	短路阻抗（%）
	1 挡	14 490		
	2 挡	14 145		
	3 挡	13 800	52.3	5.88
	4 挡	13 455		
	5 挡	13 110		
低压电压电流		660	1093	
冷却方式		自然空气冷却（AN）/强迫空气冷却（AF）		
温升限值（K）		80		
绝缘等级		F		

四、励磁变压器的运行方式

（1）正常运行时提供给励磁功率柜电压，使励磁系统建立磁场维持机端电压。

（2）当电力系统突然短路或者负荷突然增加及甩负荷时，励磁变压器帮助励磁系统能及时进行强励，或强行减励。以提高电力系统运行的稳定性和可靠性。

（3）停电检修或冷备用。

 **思考与练习**

（1）励磁变压器的原理是什么？

（2）励磁变压器的作用是什么？

第六节　13.8kV 母线结构原理

本节主要介绍 13.8kV 母线的结构原理，包括其结构、设备参数和运行方式等内容。

一、13.8kV 母线的结构

（1）13.8kV 发电机出口母线为铜排母线。

（2）13.8kV 单元母线采用全连式离相封闭母线，其主要由母线导体、外壳、绝缘

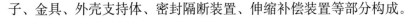

子、金具、外壳支持体、密封隔断装置、伸缩补偿装置等部分构成。

（3）离相式封闭母线及封闭母线干燥装置说明：

1）封闭母线在坝顶及▽106（海拔 106m，下同）设有呼吸器，并在坝顶、▽106 层和母线层分别装有排水阀门。

2）01～03 号母线共设有两套封闭母线干燥装置。封闭母线干燥装置将来自厂内工业用风系统的压缩空气进行低温干燥处理，再分别送入各相封闭母线中，降低各相封闭母线内的空气相对湿度。

3）第一套和第二套封闭母线干燥装置的各相出风口并接于 106 高程的 01～03 号母线各相的进风管路。01～03 号母线只设进风管路，不设出风管路。

4）01、02、03 号母线在▽106 及▽115 分别装有 A、B、C 三相温湿度探头，供两套封闭母线干燥装置自动启停以及就地、远方监视用。

二、13.8kV 母线的参数规范

（一）发电机出口母线规范

发电机出口母线规范见表 2-1-13。

表 2-1-13　　　　　　　　　　　发电机出口母线规范

型　　号	母线截面	允许电流（A）			使 用 部 位
		环境温度			
	mm²	25℃	35℃	40℃	
TMY100×10（2 片、铜母线）	2000	3593	3180	2957	1～9 号机中性点母线
TMY125×10（3 片、铜母线）	3600	5175	4580	4259	1～9 号机出口母线

（二）离相封闭母线规范（01、02 单元）

13.8kV01、02 单元离相式封闭母线规范见表 2-1-14。

表 2-1-14　　　　　　　　离相式封闭母线规范（01、02 单元）

内容	主回路	分支 1	分支 2
型号	QZFM-15/14 000	QZFM-15/800	QZFM-15/5000
额定电压	15kV	15kV	15kV
最高工作电压	18kV	18kV	18kV
额定电流	14 000A	5000A	5000A
动/热稳定电流	400/150kA	400/150kA	400/150kA
频率	50Hz	50Hz	50Hz
绝缘水平	AC57/LI105	AC57/LI105	AC57/LI105
使用环境温度	−40～+40℃	−40～+40℃	−40～+40℃
母线导体最热点允许温升	50K	50K	50K

内容	主回路	分支1	分支2
外壳最热点允许温升	30K	30K	30K
螺栓连接的导体接触面（接触面镀银）最热点允许温升	65K	65K	65K
母线导体尺寸	$\phi 530 \times 15mm$	$\phi 200 \times 10mm$	$\phi 200 \times 10mm$
外壳尺寸	$\phi 980 \times 9mm$	$\phi 650 \times 5mm$	$\phi 650 \times 7mm$
相间距离	1200～1400mm	1200～1400mm	1200～1400mm
使用部分	母线主回路	母线至低压避雷器段；母线电压互感器及厂、配变压器高压隔离开关至母线段	发电机隔离开关至母线段
备注	01 单元 1F～3F 段为导体 $\phi 530 \times 12mm$；外壳 $\phi 980 \times 7mm$ 02 单元 4F～5F 段为导体 $\phi 200 \times 10mm$；外壳 $\phi 650 \times 5mm$	母线至低压避雷器段为导体 $\phi 100 \times 10mm$；外壳 $\phi 550 \times 5mm$ 母线电压互感器及厂、配电变压器高压隔离开关至母线段为共用段	

注　0℃＝273.15K。

（三）离相封闭母线规范（03 单元）

13.8kV 03 单元离相式封闭母线规范见表 2-1-15。

表 2-1-15　　　　　　　　　离相封闭母线规范（03 单元）

内容	主回路	分支1	分支2
型号	QZFM-15/14 000	QZFM-15/800	QZFM-15/5000
额定电压	15kV	15kV	15kV
最高工作电压	18kV	18kV	18kV
额定电流	14 000A	800A	5000A
动/热稳定电流	400/150kA	400/150kA	400/150kA
频率	50Hz	50Hz	50Hz
绝缘水平	AC57/LI105	AC57/LI105	AC57/LI105
使用环境温度	－40～＋40℃	－40～＋40℃	－40～＋40℃
母线导体最热点允许温升	50K	50K	50K
外壳最热点允许温升	30K	30K	30K
螺栓连接的导体接触面（接触面镀银）最热点允许温升	65K	65K	65K
母线导体尺寸	$\phi 530 \times 16mm$	$\phi 100 \times 10mm$	$\phi 200 \times 12mm$

内容	主回路	分支1	分支2
外壳尺寸	$\phi980\times10$mm	$\phi550\times5$mm	$\phi650\times5$mm
相间距离	1200～1400mm	1200～1400mm	1200～1400mm
使用部分	母线主回路	母线至低压避雷器段、母线电压互感器及厂、配变压器高压隔离开关至母线段	发电机隔离开关至母线段

三、13.8kV 封闭母线干燥装置运行方式

（1）第一套和第二套封闭母线干燥装置（人机对话中称为1、2号机）共用第一套人机对话管理机（兼数据采集），两套封闭母线干燥装置正常均放"湿度控制"方式，装置根据湿度变化自动启停。启动之前比较两套装置的累计运行时间，时间较短的优先启动。

（2）装置的自动启动条件是：当01、02、03号母线▽115、▽106的任一湿度值达到启动整定值（80%），并且装置最近一次的停止时间大于或等于15min。装置启动时，对其他任一湿度值大于停止整定值（50%）的支路也同时开放充气。

（3）装置停止的条件，一是各支路▽115、▽106的湿度值均小于停止整定值（50%）；二是装置连续启动时间大于或等于45min，两个条件相互独立。装置停止15min后，如果有任一湿度值大于或等于启动整定值（80%）时，装置将再次启动。

（4）干燥装置的动力及控制电源均来自坝顶配电室主变压器封闭母线干燥装置的电源箱（Ⅳ段动力柜）。

（5）第二套封闭母线干燥装置内装设有两台鼓风机，大气经滤过器、鼓风机、管路送至01、02、03号主变压器三相低压套管保护罩内供套管冷却用。每2h 2台鼓风机轮换一次（先启后停），风机运转时间设置为8：00～22：00，其余时间停止；遇某风机故障时自动换至另一台运行，并发出报警信号。

 思考与练习

（1）13.8kV单元离相式封闭母线由哪些部分构成？

（2）封闭母线干燥装置的作用是什么？

（3）封闭母线干燥装置的启停条件有哪些？

第七节　消弧线圈结构原理

本节主要介绍发电机消弧线圈的结构原理，包括其结构、作用、参数规范和运行方

式等内容。

一、消弧线圈的结构及作用

（1）消弧线圈是一个具有铁芯的可调电感线圈，装设在变压器或发电机的中性点，当发生单相接地故障时，起减少接地电流和消弧作用。

（2）新安江电厂1～9号机中性点均装设消弧线圈。4、5、6号机中性点装设自动跟踪消弧补偿成套装置，包括消弧线圈（干式调匝式）、有载分接开关、中性点电压互感器、阻尼柜、自动跟踪消弧补偿控制器、自动跟踪消弧补偿监控主机。

二、消弧线圈的参数规范

（一）机组电容电流及消弧线圈分接头位置参数

机组电容电流及消弧线圈分接头位置参数见表2-1-16。

表 2-1-16　　　　　　　　　机组电容电流及消弧线圈分接头位置

机　号		1	2	3	4	5	6	7	8	9
机组实测电容电流	A	6.42	4.77	6.84	6.27	6.35	6.67	4.73	4.66	6.64
带单元实测电容电流	A	3.83	6.60	5.91	—	6.45	5.43	5.55	5.79	7.27
分接头	挡	2	2	2	2	3	2	2	2	2

注　1. 1号机3.83A是在消弧线圈隔离开关合上时的测量值。

　　2. 3号机6.84A是在2013年1月所测值（原值4.81A），当时未做带单元值。

　　3. 4号机6.27A是在拆除局放电容器后的测量值。

　　4. 5号机装设自动跟踪消弧控制器后的测量值，6.45A是带主变压器、电抗器、厂用变压器时的数据。

（二）消弧线圈规范

消弧线圈规范见表2-1-17。

表 2-1-17　　　　　　　　　　　　　　消弧线圈规范

型号	容量	电压	周率	分接头										机组
	kVA	kV	Hz	挡数	1	2	3	4	5	6	7	8	9	
XDZLC-75-14.49	75	14.49/$\sqrt{3}$	50	电流（A）	3.21	3.83	4.55	5.26	5.9	6.55	7.25	7.92	8.61	5、6号机
				运行时间（h）	2	2	2	2	2	2	2	2	2	
XHDC-75/13.8	75	14.49/$\sqrt{3}$	50	电流（A）	4.53	5.10	5.66	6.23	6.80	7.36	7.93	8.49	9.06	8号机
				运行时间（h）	长期	长期	长期	8	6	5	4	3	2	

续表

型号	容量	电压	周率	分接头										机组
	kVA	kV	Hz	挡数	1	2	3	4	5	6	7	8	9	
XHDC-75/13.8	75	14.49/√3	50	电流（A）	3.50	3.94	4.43	4.99	5.61	6.32	7.11	8.00	9.00	1～4、7号机
				运行时间	长期	长期	长期	8h	6h	5h	4h	3h	2h	
XHDC-75/13.8	75	14.49/√3	50	电流（A）	4.50	5.63	6.75	7.88	9.00					9号机
				运行时间	长期	长期	长期	4h	2.5h					

三、消弧线圈的运行方式

（1）发电机中性点运行方式：正常情况下发电机中性点经消弧线圈接地，消弧线圈隔离开关合上。

（2）发电机正常运行和升压，其消弧线圈必须投入运行。

（3）4、5、6号机自动跟踪消弧补偿成套装置正常放"手动"方式运行，目前暂不放自动方式运行。

思考与练习

（1）消弧线圈由哪些结构组成？

（2）消弧线圈的作用是什么？

（3）请简述发电机消弧线圈的运行方式？

第二章 巡 回 检 查

本章主要介绍机组电气一次设备巡回检查，包括发电机断路器、隔离开关、电流互感器和电压互感器、励磁变压器、13.8kV 母线、消弧线圈巡回检查等内容，包括 6 个培训小节。

第一节 发电机断路器巡回检查

本节主要介绍发电机断路器检查项目及标准、危险点分析。

一、发电机断路器的巡回检查项目及标准

（一）发电机断路器本体

（1）断路器及两侧接地开关所处位置正确，与现场控制屏指示一致［机组运行时，断路器在合闸位置，机械指示在"Ⅰ"位，两侧接地开关在分闸位置；机组停机备用或空转、空载、检修时，断路器在分闸位置，机械指示在"0"位，两侧接地开关视检修工作需要，合上开关内侧接地开关或合上开关两侧接地开关］。

（2）断路器及两侧接地开关闭锁装置位置和各操作开关位置正确。开关接头无过热现象。

（3）电流互感器端子无放电现象；电容器、支持瓷瓶无裂纹、破损或污秽情况，支架无锈蚀及损伤。

（二）发电机断路器操作系统

（1）操动机构油箱油位正常，各接头无渗漏油。

（2）电动机及油泵运转声音正常，分、合闸时，开关摇摆及振动在正常范围，并无异常声音。

（3）加热器电源开关正常投入位置（机组满发期间退出运行）。开关室门密封良好，无异味。

（4）开关油泵启动次数小于或等于 4 次/日。油压值正常（35.5MPa＜p＜38MPa），4 号机油压值（35MPa＜p＜37.5MPa）。

（5）SF_6 气体压力正常，在 20℃ 及 101.325kPa 下 750kPa。

（三）发电机断路器辅助装置

（1）开关室 SF_6 泄漏检测装置未动作。

（2）SF_6 排风机启停良好，排风正常。

（3）开关室通风正常，温度正常。

二、发电机断路器的巡回检查危险点分析

（1）巡回检查打开机组断路器室门，在检查工作结束后应随手关好。

（2）巡回检查应注意与带电部分保持足够的安全距离。

（3）连续满发期间切除参与连续满发机组的开关加热器电源，熄灯后检查和夜间 2：00～4：00 机动巡回检查，发电机断路器 SF_6 压力、断路器油压及渗漏等情况进行重点检查，并做好记录。

 **思考与练习**

（1）请简述发电机断路器的巡回检查项目及标准。

（2）请简述发电机断路器的巡回检查危险点分析。

第二节　发电机隔离开关巡回检查

本节主要介绍发电机隔离开关检查项目及标准、危险点分析。

一、发电机隔离开关的巡回检查项目及标准

（1）发电机隔离开关位置正确、触头接触良好，无过热，无热气流，不变色。

（2）操动机构连杆连接是否良好，有否断裂，锁锭是否在锁住位置（手动隔离开关），机构箱门关闭严密，传动连杆无弯曲、变形、松动和锈蚀。

（3）防误闭锁装置锁具完好，闭锁可靠；网门关闭并锁好。

（4）隔离开关拉开位置的角度是否合格，合上时接触是否良好，锁锭及辅助接点良好，指示器正确。

（5）绝缘子有否断裂，放电。

二、发电机隔离开关的巡回检查危险点分析

（1）机组连续满发期间，熄灯后检查和夜间 02：00～04：00 机动巡回检查，发电机隔离开关各部温度、接头温度进行重点检查，并做好记录。

（2）巡回检查应注意与带电部分保持足够的安全距离。

 **思考与练习**

（1）请简述发电机隔离开关的巡回检查标准及项目。

（2）请简述发电机隔离开关的巡回检查危险点分析。

第三节　电流互感器和电压互感器巡回检查

本节主要介绍发电机电流互感器、电压互感器检查项目及标准、危险点分析。

一、机组电流互感器

（一）电流互感器的巡回检查项目及标准

机组电流互感器的外表清洁、完好，无破裂、损伤放电现象；接头线夹无裂纹，无过热、松动、放电现象。

（二）电流互感器的巡回检查危险点分析

巡回检查应注意与带电部分保持足够的安全距离。

二、机组电压互感器

（一）电压互感器的巡回检查项目及标准

机组 1、2 号电压互感器隔离开关处于合上位置，接触良好；A、B、C 三相高压熔丝接触良好，无过热、松动现象；电压互感器外表清洁、完好，无破裂、损伤放电现象；接头线夹无裂纹，无过热、松动、放电现象；电压二次电压开关处于合上位置。

（二）电压互感器的巡回检查危险点分析

巡回检查应注意与带电部分保持足够的安全距离。

思考与练习

请简述机组电压互感器、电流互感器的巡回检查项目及标准。

第四节　机组励磁变压器巡回检查

本节主要介绍发电机励磁变压器的检查项目及标准、危险点分析。

一、机组励磁变压器的巡回检查项目及标准

（一）机组励磁变压器本体

（1）外观各部正常，高压侧、低压侧引线接头无发热和变色；励磁变压器运行声音

正常。

（2）冷却风扇电源正常，自动运转正常；网门关闭、并锁好。

（3）电流互感器端子无放电现象。

（二）机组励磁变压器温度

机组励磁变压器的温度控制器运行正常，控制风扇动作正确，励磁变压器温度在正常范围（小于120℃）。

二、机组励磁变压器的巡回检查危险点分析

（1）机组连续满发期间，熄灯后检查和夜间2：00～4：00机动巡回检查，励磁变压器的各部温度、通风、接头温度进行重点检查，并做好记录。

（2）巡回检查应注意与带电部分保持足够的安全距离。

思考与练习

请简述机组励磁变压器的巡回检查的巡视项目及标准、危险点分析。

第五节　13.8kV母线巡回检查

本节主要介绍13.8kV母线巡回检查的检查项目及标准、危险点分析。

一、机组发电机出口母线的巡回检查检查项目及标准

机组发电机出口母线的外表清洁，支持瓷瓶无裂纹，电流互感器端子无放电现象。

二、机组母线的巡回检查危险点分析

（1）机组连续满发期间，熄灯后检查和夜间2：00～4：00机动巡回检查，机组母线各部分温度、进行重点检查，并做好记录。

（2）巡回检查应注意与带电部分保持足够的安全距离。

思考与练习

请简述机组母线的巡回检查的检查项目及标准、危险点分析。

第六节　消弧线圈巡回检查

本节主要介绍发电机消弧线圈巡回检查的检查项目及标准、危险点分析。

一、机组消弧线圈的巡回检查的巡视项目及标准

（1）机组消弧线圈隔离开关处于合上位置，接触良好；消弧线圈外表清洁、完好。

（2）消弧线圈本体正常。

（3）带电部分无放电，套管无裂纹。

（4）消弧线圈室温度正常。

（5）自动跟踪消弧补偿成套装置：

1）有载分接开关、中性点电压互感器正常、阻尼柜正常。

2）监控主机电源及运行灯亮、无故障信号。

3）自动调谐控制器电源及运行灯亮、故障灯灭。

4）自动调谐控制器工作方式在正常方式，挡位正确。

二、机组消弧线圈的巡回检查危险点分析

巡回检查应注意与带电部分保持足够的安全距离。

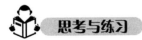 思考与练习

请简述机组消弧线圈的巡回检查的检查项目及标准、危险点分析。

第三章　设　备　操　作

本章主要介绍发电机断路器、隔离开关、电压互感器、13.8kV 封闭母线和消弧线圈的设备操作等内容，包括 5 个培训小节。

第一节　发电机断路器操作

本节主要介绍发电机断路器的操作方法和注意事项，以及断路器内、外侧接地闸刀的操作方法，不包括断路器的结构及液压部分的动作情况。

一、发电机断路器运行中的操作

发电机断路器运行中的合闸操作必须与自动准同期装置配合，由准同期装置判别合闸条件，只有具备合闸条件才会自动发出合闸指令。当手动准同期合闸时，操作者应经过严格训练，并经资格考试合格后才能上岗操作。

发电机断路器运行中的分闸操作有三种方式，停机时由 LCU 判别具备条件后发出跳闸指令、事故时由保护直接（电气事故）或通过 LCU（水机事故）发出跳闸指令、以及手动直接拉断路器解列。

二、发电机断路器检修后运行模拟操作

（1）断路器范围内无人进行检修工作，人员已经全部撤出，连动部分无影响开关操作的工具、材料等，开关室门关闭并加锁。机组具备防止转动措施、机组 LCU 恢复正常、投入机组水导轴承备用润滑水。

（2）机组励磁直流和隔离开关操作的交直流电源在拉开状态。

（3）合上机组断路器跳闸绕组 1 和跳闸绕组 2 直流电源断路器。

（4）合上机组断路器动力电源开关，检查其油压、SF_6 压力正常。

（5）拉开机组断路器内侧、外侧接地开关。

（6）先进行就地的合切试验，然后再进行远方的合切试验。

三、发电机断路器操作回路图

发电机断路器操作回路图如图 2-3-1 所示。

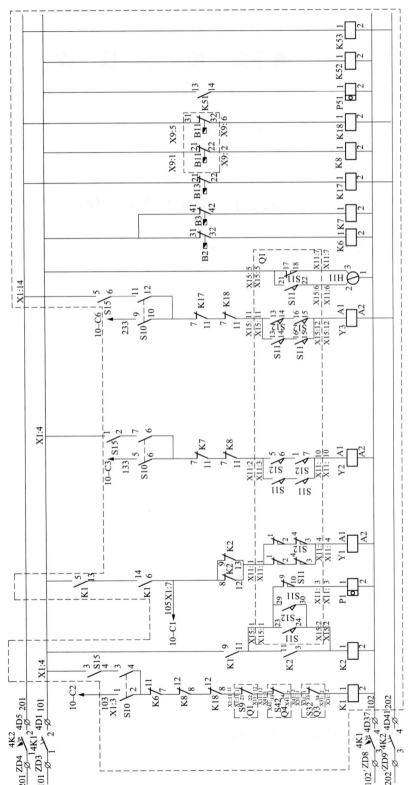

图 2-3-1 发电机断路器操作回路图

发电机断路器合闸回路的直流电源来自跳闸合闸回路直流电源 GS2 的 101/102，通过熔丝 F13/F14 供给；合闸回路有手动合闸（不用）、来自 LCU 合闸（同期和上位机、下位机的合闸）和现地合闸组成；图 2-3-1 中的 S10 为就地和远方切换开关，安装在开关盘上，当切远方时 1、2 接点接通，当切就地时 3、4 接点接通；S15 为就地开关操作开关，当拧向合闸方向时 3、4 接点接通；K6 为油压低闭锁合闸接点；K7 为油压低闭锁分闸接点；K8 和 K18 为 SF_6 低闭锁合分闸接点；Q1-S9 为 24LA 钥匙接点；Q4-S42 为内侧接地开关分位置接点；Q3-S32 为外侧接地开关分位置接点；K1 为合闸继电器；K2 为防止跳跃继电器。

（一）合闸操作

手动操作：101- S153，4（操作合闸）- S103，4 接通-K6 油压正常-K8 SF_6 压力正常-K18 SF_6 压力正常- Q1-S9 24LA 钥匙位置正常-Q4-S42 内侧接地开关分-Q3-S32 外侧接地开关分-合闸继电器 K1 励磁-102，101-K15，13-6，14 接点接通-K2 失磁（防跳跃未动作）8，12-9，13 接通-S11/S12 闭接点通（开关位置在分闸）-合闸线圈 Y1 励磁-102，断路器合闸。

远方操作：信号来自 LCU，S10 放远方位置，其余相同。

（二）分闸操作

手动操作：101- S151，2（操作分闸）- S106，7 接通-K7 油压正常-K8SF_6 压力正常-Q1 的 S11/S12 开接点通（开关位置在合闸）- 分闸线圈 Y2 励磁-102，断路器分闸。

远方操作：信号来自 LCU、电气保护、主变压器保护，S10 放远方位置，其余相同。

为了确保可靠分闸，设有两个跳闸回路和两路直流，其操作方法相同。

图 2-3-1 中 P1 为断路器动作计数器，显示合闸次数；H11 为断路器就地位置显示器，显示断路器的实际位置。

四、断路器内、外侧接地开关操作

（一）接地开关控制回路

发电机断路器内、外侧接地开关操作回路图如图 2-3-2 所示。

外侧接地闸刀合闸操作：

101-Q31 操作交流电源开关辅助接点-Q31 为发电机隔离开关在分闸- S1017，18 就地接通- S353，4 就地合闸接通-Q1-S11 发电机断路器在分闸-Q3-S31 为本身位置在分闸接通-S33 为操作切换断路器放电动位置接通-Y36 励磁一方面接通本合闸回路，同时电磁铁吸合使机械回路动作接通转动装置-K32 为未进行分闸操作-合闸接触器 K31 励磁-102，接地开关合闸，由辅助接点 S31 断开合闸回路。

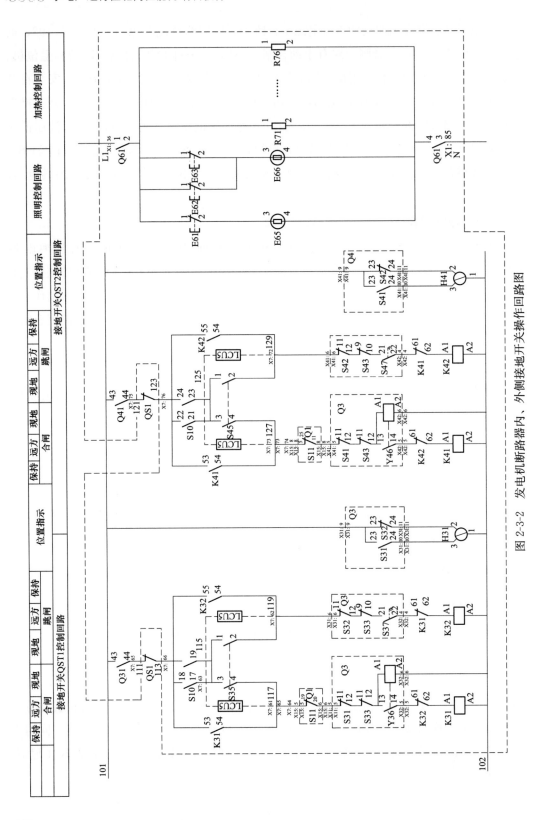

图 2-3-2 发电机断路器内、外侧接地开关操作回路图

外侧接地开关分闸操作：

101-Q31 操作交流电源开关辅助接点-Q31 为发电机隔离开关在分闸- S1017，18 就地接通- S351，2 就地分闸接通-Q3-S32 为本身位置在合闸接通-S33 为操作切换开关放电动位置接通-S37 为闭锁电动分闸接点（钥匙 19LE 位置）接通- K31 为未进行合闸操作-分闸接触器 K32 励磁-102，接地开关分闸，由辅助接点 S32 断开分闸回路。

H31 为外侧接地开关就地位置显示装置。

内侧接地开关操作类似。接地开关不采用远方操作。

（二）外（内）侧接地开关合闸电动操作步骤

（1）检查机组隔离开关在拉开位置。

（2）检查机组 2 号电压互感器隔离开关在拉开位置。

（3）"五防"模拟合上发电机断路器外侧接地开关。

（4）"五防"模拟打开发电机断路器网门。

（5）打开发电机断路器网门验明发电机断路器的两侧三相无电。

（6）打开断路器外侧接地开关的操动机构箱门。

（7）打开断路器外侧接地开关的"五防"锁。

（8）拔出机械锁锭。

（9）将接地开关电动/手动操作方式的切换开关 S33（S43）放"电动"位置。

（10）开断路器操作窗口将远方/就地操作方式的切换开关 S10 放"就地"位置。

（11）操作外侧接地开关合闸。

（12）检查外侧接地开关合闸正常。

（13）S10 切至远方位置、操作切换开关 S33（-S43）放关闭位置、插回机械锁锭并锁上。

（14）操作前发电机断路器的交流、直流电源开关必须在合上位置。

（三）外（内）侧接地开关分闸电动操作步骤

（1）"五防"模拟拉开发电机断路器外侧的接地开关。

（2）合上发电机断路器交流、直流电源开关。

（3）打开断路器外侧接地开关的操动机构箱门。

（4）打开断路器外侧接地开关的"五防"锁。

（5）拔出机械锁锭。

（6）将操作切换开关－S33（－S43）放电动位置。

（7）开断路器操作窗口，将远方/就地操作方式切换开关－S10 放"就地"。

（8）操作外侧接地开关分闸。

（9）检查外侧接地开关拉开正常。

（10）将 S10 切至远方位置、操作切换开关 S33(S43) 放关闭位置、插回机械锁锭并锁上。

（四）外（内）侧接地开关合闸手动操作步骤

（1）拉开发电机断路器、隔离开关并具备合接地开关条件。

（2）取下摇杆孔闭锁插销。

（3）接地开关电动手动操作方式切换开关 S33(S43) 放"手动"位置。

（4）取下钥匙 24LA 投入接地开关一次闭锁装置同名锁孔（先取下接点锁 24LA）。

（5）将钥匙 23LF(21LC) 投入接地开关的一次闭锁同名锁孔。

（6）取下钥匙 22LY(20LX) 投入联锁闭锁装置的同名锁孔。

（7）取下 19LE(23L2B) 投入摇杆锁孔。

（8）用摇杆合上接地开关。

（9）接地开关电动/手动操作方式的切换开关 S33(-S43) 放"关闭"位置。

（10）插入摇杆孔闭锁插销。

（11）取下钥匙 19LE(23L2B) 投入相应的分闸接点锁孔。

（12）取下钥匙 22L2D(24L2G) 存放中控室。

（五）外（内）侧接地开关分闸手动操作步骤

（1）发电机隔离开关在拉开位置。

（2）取下摇杆孔闭锁插销。

（3）接地开关电动/手动操作方式的切换开关 S33(S43) 放"手动"位置。

（4）投入钥匙 24L2G(22L2D)。

（5）取下分闸接点锁 19LE(23L2B) 投入摇杆锁孔。

（6）用摇杆拉开接地开关。

（7）接地开关电动手动操作方式切换开关 S33(-S43) 放"关闭"位置。

（8）插入摇杆孔闭锁插销。

（9）取下钥匙 19LE(23L2B) 投入联锁闭锁装置的同名锁孔。

（10）取下钥匙 22LY(20LX) 投入一次闭锁装置的同名锁孔。

（11）取下钥匙 24LA 投入开关闭锁装置的同名锁孔。

（12）取下钥匙 23LF(21LC) 存放中控室。

五、发电机断路器运行注意事项

（1）发电机断路器经合闸或者分闸操作后，应立即对断路器本体检查一次，观察各部分是否正常。

（2）发电机断路器停役检修，应断开、隔离电源，做好有关安全措施后方可进行工作。

（3）发电机断路器检修后，应检查有关检修试验数据合格，各部油位、油压正常（油位指示接近油箱顶部、油压正常范围在 35.5～38MPa），SF_6 气体压力正常〔在 20℃ 及 101.3kPa 下断路器 SF_6 气体额定有效压力 750kPa〕，有关阀门位置正常，经合闸或者分闸试验良好，方可投入运行。

（4）发电机断路器油压、SF_6 气体压力不正常，禁止操作开关。

（5）发电机断路器带电情况下禁止就地手动合闸。

（6）发电机断路器事故跳闸 4 次或事故跳闸后发电机断路器（开关）发生异常情况，应立即通知检修人员进行检查。

（7）发电机断路器操作合闸或者分闸后，应间隔 5min 后再可进行下一次操作。

（8）发电机断路器在切断额定短路电流后，应间隔 30min 方可重新合闸。

（9）当发电机断路器闭锁装置的钥匙（24LA）取下后，严禁在合闸电磁阀处进行合闸操作。

（10）进入开关室之前，应手动启动开关室排风机通风 15min。

（11）机组开机后，当同期装置故障时，原则上允许手动准同期合闸，但应尽量避免操作。当系统确实需要，则操作者应经过严格训练，并经资格考试合格后才能上岗操作。

 思考与练习

（1）发电机断路器就地和远方切换开关 S10 在就地位置有什么后果？

（2）机组开机后断路器合不上有哪些原因，如何处理？

（3）发电机断路器检修后需模拟，应满足哪些条件？

（4）发电机断路器运行注意事项有哪些？

第二节　发电机隔离开关操作

本节主要介绍新安江电厂发电机隔离开关的操作回路图及其操作方式和注意事项。

一、发电机隔离开关操作回路图

发电机隔离开关操作回路图如图 2-3-3 所示。

（一）发电机隔离开关电动合闸操作

101-RD1 熔丝-PC（合闸按钮）-LD 切就地-FC（隔离开关位置在分闸接通）-CH（合闸接触器）-AP（未进行分闸操作，其接触器失磁）-RX1/RX2/RX3（未断相三相电压平

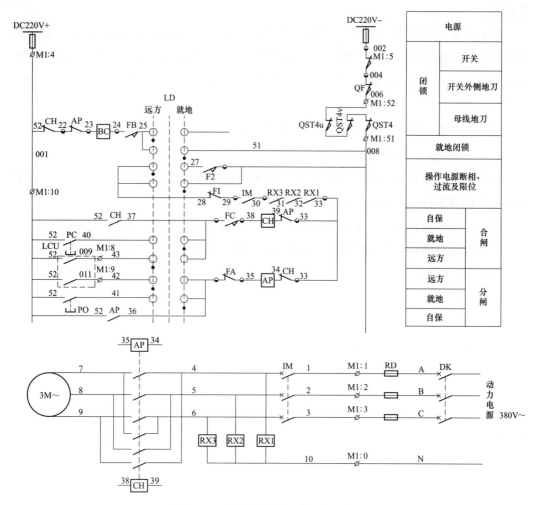

图 2-3-3 发电机隔离开关操作回路图

衡)-IM(就地动力开关合闸)-FI(手动操作闭锁电动操作未动作,BC 失磁)- LD 切就地-M151-QST4(母线接地开关拉开)-S42(开关外侧接地开关拉开)-S11(发电机开关拉开)-RD2-102,合闸接触器 CH 励磁,一方面自保,另一方面启动电动机合闸操作,由隔离开关分闸位置接点 FC 断开合闸回路。

(二)发电机隔离开关电动分闸操作

101-RD1 熔丝-AP(分闸按钮)-LD 切就地-FA(隔离开关位置在合闸接通)-AP(分闸接触器)-CH(未进行合闸操作,其接触器失磁)-RX1/RX2/RX3(未断相三相电压平衡)-IM(就地动力开关合闸)-FI(手动操作闭锁电动操作未动作,BC 失磁)- LD 切就地-M151-QST4(母线接地开关拉开)-S42(开关外侧接地开关拉开)-S11(发电机开关拉开)-RD2-102,分闸接触器 AP 励磁,一方面自保,另一方面启动电动机分闸操作,由闸刀合闸位置接点 FA 断开分闸回路。

远方电动操作时，操动机构门关闭，其辅助接点 F2 接通，沟通远方分合闸回路。图 2-3-3 中的 BC 继电器是就地手动操作时（摇杆插入，BC 励磁 FI 断开）闭锁电动操作回路。

二、发电机隔离开关的操作方式

发电机隔离开关的操作方式有远方分闸、合闸，就地电动分闸、合闸，就地纯手动分闸、合闸操作三种方式。正常以远方分闸、合闸进行操作，经"五防"及机组 LCU 闭锁。当机组 LCU 故障需要分、合隔离开关或机组开关故障需拉开发电机隔离开关进行隔离时，可就地电动或手动进行操作。具体操作方法为：

（一）远方分（合）闸操作步骤

（1）检查发电机断路器在拉开。

（2）鼠标左键点击监控画面中的发电机隔离开关。

（3）点击弹出画面发电机隔离开关分（合）闸按钮。

（4）点击执行、确认键。

（5）检查发电机隔离开关分闸、合闸正常。

（二）就地电动分闸、合闸操作步骤

（1）检查发电机断路器在拉开位置。

（2）"五防"模拟分（合）发电机隔离开关。

（3）用电脑钥匙打开发电机隔离开关的操动机构箱。

（4）将隔离开关方式切换开关放"就地"位置（1～3 号机放"手摇"位置）。

（5）操作发电机隔离开关分（合）闸按钮。

（6）检查发电机隔离开关分（合）闸正常。

（7）将隔离开关方式切换开关放"远方"。

（8）关闭发电机隔离开关操动机构箱。

（三）1～3 号发电机隔离开关手动分闸操作步骤

（1）检查发电机断路器在拉开（断路器合上时机组必须已停机、主变压器断路器、厂用变压器开关、配用变压器高压断路器在拉开位置）位置。

（2）"五防"模拟拉开发电机隔离开关（断路器合上时用"五防"解锁或万能钥匙）。

（3）用电脑钥匙打开操动机构箱（断路器合上时用万能钥匙）。

（4）将隔离开关方式切换开关放"手摇"位置。

（5）跳开隔离开关电动机电源开关。

（6）打开操作面板（往下按），用专用工具插入底部的手摇解锁孔打开闭锁。

（7）拉开隔离开关摇把插孔的挡板。

（8）用摇把将隔离开关拉开（检查箱顶的"拉开"位置牌到箭头处）。

（9）摇把放回原处，关上操作面板，合上电动机电源，切换断路器放"远方"位置。

（四）4～9 号机隔离开关手动分闸操作步骤

（1）检查发电机断路器在拉开（断路器合上时机组必须已停机，主变压器开关、厂用变压器开关、配用变压器高压断路器在拉开位置）位置。

（2）"五防"模拟拉开发电机隔离开关（断路器合上时用"五防"解锁或万能钥匙）。

（3）用电脑钥匙打开操动机构箱（断路器合上时用万能钥匙）。

（4）将隔离开关方式切换开关放"就地"位置。

（5）跳开隔离开关电动机电源开关。

（6）卸下右侧盖板，用专用工具插入手摇解锁孔打开闭锁（开关拉开且有直流时此项不执行）。

（7）拉开隔离开关摇把插孔的挡板。

（8）用摇把将隔离开关拉开（检查箱顶的"拉开"位置牌到箭头处）。

（9）摇把放回原处，合上电动机电源，切换断路器放"远方"位置，装回盖板。

三、发电机隔离开关操作的注意事项

（1）发电机隔离开关没有灭弧功能，严禁带负荷分闸、合闸操作。

（2）隔离开关就地电动、手动进行分闸、合闸操作时，必须检查其发电机断路器在拉开位置。

（3）发电机断路器合上时，就地拉开发电机隔离开关，机组必须已停机，单元主变压器断路器、单元其他机组断路器、厂用变压器、配用变压器高压断路器在拉开位置。

（4）凡机组冷备用、检修，在拉开发电机隔离开关后，应拉开其动力电源、操作直流电源的断路器以防误合。

 **思考与练习**

（1）发电机隔离开关操作有哪些注意事项？

（2）发电机隔离开关远方拉不开有哪些原因？如何处理？

（3）就地合上发电机隔离开关需要哪些条件？

第三节　电压互感器操作

本节主要介绍发电机电压互感器的操作要点和操作注意事项，通过讲解，能够正确规范地进行机组电压互感器的投入、退出操作，确保人身和设备安全。

一、操作要点

(一)电压互感器的操作

1. 电压互感器的投入操作步骤

(1) 放上电压互感器 A、B、C 三相高压熔丝。

(2) 检查发电机一次设备已无接地点。

(3) 用"五防"电脑钥匙将电压互感器隔离开关的操动机构解锁。

(4) 移开挡板并拉出锁定销。

(5) 向上合电压互感器隔离开关的操作手柄。

(6) 检查电压互感器隔离开关合闸到位后，将锁定销插入孔中固定操作手柄。

(7) 将挡板移回原位挡住锁定销。

(8) 用"五防"锁锁定电压互感器隔离开关的操动机构。

(9) 合上 2 号电压互感器电压断路器 QA11（1 号电压互感器无此项操作）。

2. 电压互感器的退出操作步骤

(1) 检查发电机断路器、隔离开关均已拉开。

(2) 检查 2 号电压互感器电压断路器 QA11 已拉开（1 号电压互感器无此项操作）。

(3) 用"五防"电脑钥匙将电压互感器隔离开关的操动机构解锁。

(4) 移开挡板并拉出锁定销。

(5) 向下拉电压互感器隔离开关的操作手柄。

(6) 检查电压互感器隔离开关分闸到位后，将锁定销插入孔中固定操作手柄。

(7) 将挡板移回原位挡住锁定销。

(8) 用"五防"锁将电压互感器隔离开关的操动机构上锁。

(9) 检查发电机一次设备已接地。

(10) 取下电压互感器 A、B、C 三相高压熔丝。

(二)电压互感器的高压熔丝操作

(1) 装卸机组电压互感器的高压熔丝时，应戴护目眼镜和绝缘手套，必要时使用绝缘夹钳，并站在绝缘垫或绝缘台上。

(2) 装卸机组电压互感器的高压熔丝时，应遵循以下顺序：

1）安装机组电压互感器的高压熔丝时，应先安装 A、C 两相，再安装 B 相。

2）拆卸机组电压互感器的高压熔丝时，应先拆卸 B 相，再拆卸 A、C 两相。

（3）当电压互感器隔离开关的上桩头带电时，拆卸高压熔丝时应派专人监护并保持与电压互感器隔离开关上桩头足够的安全距离（大于 0.7m）。

（4）更换电压互感器的高压熔丝时，应注意容量相同。

二、操作注意事项

（1）电压互感器二次侧严禁短路。由于电压互感器的内阻抗很小，若二次回路短路时，会出现很大的电流，将损坏二次设备甚至危及人身安全。

（2）当带电拉合电压互感器隔离开关时，须将该电压互感器负荷隔离，然后操作隔离开关。

（3）电压互感器检修应将其一、二次侧全部隔离，以防二次回路倒送。

（4）电压互感器在投入运行前要按照规程规定的项目进行试验检查。例如，测极性、连接组别、摇绝缘、核相序等。

（5）电压互感器发生故障或其高压熔丝熔断时，可直接拉开电压互感器隔离开关进行隔离。

（6）电压互感器二次绕组必须有且仅有一点接地。

 **思考与练习**

（1）如何进行电压互感器的投入与退出操作？

（2）请简要阐述电压互感器高压熔丝的装卸顺序。

（3）为什么电压互感器的二次侧严禁短路运行？

第四节　13.8kV 封闭母线干燥装置操作

本节主要介绍 13.8kV 母线的操作要点和操作注意事项，通过讲解，能够正确规范地进行 13.8kV 母线及其附属设备的操作，确保人身和设备安全。

一、13.8kV 封闭母线干燥装置操作要点

（1）13.8kV 封闭母线干燥装置的运行操作，见表 2-3-1。

表 2-3-1　　　　　　　　13.8kV 封闭母线干燥装置运行操作

名　　称	编　　号	正常运行	备　注
第一套封闭母线干燥装置电源总开关		—	接自坝顶配电室 ID5-B（经封闭母线干
第二套封闭母线干燥装置电源总开关		—	燥装置电源箱）

名　称	编号	正常运行	备　注
第一套封闭母线干燥装置冷干机电源开关	QS1	—	
第一套封闭母线干燥装置控制电源开关	QS2	—	
第一套封闭母线干燥装置冷干机电源开关	QS11	—	
第一套封闭母线干燥装置控制变压器一次侧熔丝	F1	—	
第一套封闭母线干燥装置控制变压器二次侧熔丝	F2	—	
第二套封闭母线干燥装置冷干机电源开关	QS1	—	
第二套封闭母线干燥装置控制电源开关	QS2	—	
第二套封闭母线干燥装置冷干机电源开关	QS11	—	
第二套封闭母线干燥装置1号风机电源开关	QS12	—	
第二套封闭母线干燥装置2号风机电源开关	QS13	—	
第二套封闭母线干燥装置控制变压器一次侧熔丝	F1	—	
第二套封闭母线干燥装置控制变压器二次侧熔丝	F2	—	

（2）第一（二）套封闭母线干燥装置自动启停方式运行时应具备的条件：

1）封闭母线干燥总风管各阀门及封闭母线干燥装置的各阀门位置及气压正常。

2）第一（二）套封闭母线干燥装置各部分正常，无故障信号。

3）01-03 号母线▽106 及▽115 的 A、B、C 三相温度、湿度探头正常。

4）第一（二）套封闭母线干燥装置控制方式在"湿度控制"方式（即自动方式）。

（3）第一（二）套封闭母线干燥装置控制方式从"湿度控制"改为"时间控制"方式（即手动方式，此方式下运行时间 120min、待机时间 360min）。

1）进入封闭母线干燥装置 1（2）控制系统画面。

2）进入"设定运行参数画面"（密码：1234，该密码运行人员需知道）。

3）将干燥装置控制方式由"湿度控制"方式改为"时间控制"方式。

4）检查装置启动正常（所有支路均动作充气），状态显示为"手动运行中"。

（4）第一（二）套封闭母线干燥装置控制方式从"时间控制"改为"湿度控制"方式：

1）进入封闭母线干燥装置 1（2）控制系统画面。

2）进入"设定运行参数画面"（密码：1234）。

3）将干燥装置控制方式由"时间控制"改为"湿度控制"。

4）装置停止运行，状态显示为"待机中 ×××分"（启动时状态显示为"自动运行中"）。

（5）主变压器低压套管冷却风机从自动运行改为停止：

1）点击"设定运行参数"（密码：1234），进入"公共参数"画面。

2）将"主变压器低压套管冷却风机"控制方式由"开启"方式改为"关闭"方式。

3）检查1（2）号风机停止运行（此时点击1或2号风机图标可启动该风机，再点停止）。

（6）主变压器低压套管冷却风机从停止改为自动运行：

1）点击"设定运行参数"（密码：1234），进入"公共参数"画面。

2）将"主变压器低压套管冷却风机"控制方式由"关闭"方式改为"开启"方式。

3）检查1号风机自动运行正常（由关闭改为开启时，默认启动1号风机）。

（7）第二套封闭母线干燥装置从自动改为手动运行（供主变压器本体干燥及低压套管冷却用风）：

1）进入"封闭母线干燥装置2控制系统"画面（点击"2号机运行画面"键）。

2）点击"启动停止"键停止2号机（密码：1234），状态显示由"待机中"变为"停止中"。

3）将主变压器低压套管冷却风机从自动运行改为停止。

4）打开第二套封闭母线干燥装置出风管与主变压器低压套管冷却风机出风管联络阀门。

5）点击2号机冷干机风扇图标启动冷干机，运行30min。

6）点击2号机干燥塔系统左下方SV01图标启动干燥塔。

7）通知电气一次班：第二套封闭母线干燥装置已供主变压器本体干燥及低压套管冷却用风。

8）检查第一套封闭母线干燥装置供封闭母线自动运行正常。

（8）第二套封闭母线干燥装置从手动（供主变压器本体干燥及低压套管冷却用风）改为自动运行：

1）确知该主变压器本体干燥用风已结束，检查该主变压器115高程风系统有关阀门位置正常。

2）进入"封闭母线干燥装置2控制系统"画面（点击"2号机运行画面"键）。

3）点击2号机干燥塔系统左下方SV01图标关闭干燥塔。

4）点击2号机冷干机风扇图标关闭冷干机。

5）关闭第二套封闭母线干燥装置的出风管与主变压器低压套管冷却风机的出风管联络阀门。

6）将主变压器低压套管冷却风机从停止改为自动运行。

7）检查主变压器低压套管1号风机运行正常。

8）点击"启动停止"键停止2号机（密码：1234），状态显示由"停止中"变为"待机中"。

二、13.8kV 封闭母线干燥装置操作注意事项

（1）封闭母线手动操作的排水阀门正常情况下在关闭位置。

（2）第一套和第二套封闭母线干燥装置共用第一套人机对话管理机，第二套装置的人机对话管理机作为备品，正常黑屏，而且第二套装置至公用 LCU 的通信经第一套装置的 PLC 及通信模块实现。

（3）封闭母线干燥装置停电后恢复供电时，装置会自动恢复至停电前状态（手动测试状态除外）。

（4）当某支封闭母线的任一个湿度传感器发生故障时，可编程控制器 PLC 会自动将其屏蔽；如某支封闭母线的两个湿度传感器均发生故障，则该支封闭母线的供气电磁阀门将在装置运行时开启，装置停止时关闭；若 01、02、03 号封闭母线所有支路的传感器均发生故障，则设备自动切换至"时间模式"运行。

（5）封闭母线干燥装置正常情况下均放"湿度控制"方式运行。当湿度自动控制回路故障时，可切"时间控制"方式运行。

（6）封闭母线干燥装置各支封闭母线的进气阀门开度已经调整好，不得随意调整开度。

（7）某主变压器封闭母线检修时，可点击"设定运行参数"进入"公共参数"画面，将"干燥封闭母线 X"供气方式由"允许"方式改为"禁止"方式，此时两套装置将停止向该封闭母线充气。如检修人员需要阀门隔离时，可关闭第一、二套封闭母线干燥装置该母线的出风阀方式。对于第一套装置可关闭该母线的总进气阀门（不关分相调节阀），对于第二套装置可分别关闭该母线的三相进气调节阀方式，注意关闭阀门前启动装置并记录该母线的三相出风流量，恢复时按照此数据调节出风流量。

（8）封闭母线干燥装置"公共参数"画面中的"停机"键是将人机对话管理机退出系统，调试时使用，运行人员不操作。装置"公共参数"画面中的"重新启动"键是将人机对话管理机重新启动，如发现人机对话管理机异常时可重新启动一次。

 思考与练习

（1）如何切换第一（二）套封闭母线干燥装置的控制方式？

（2）第一（二）套封闭母线干燥装置自动启停方式运行时应具备哪些条件？

第五节　消弧线圈操作

本节主要介绍发电机消弧线圈的操作要点和注意事项，通过学习，能够正确规范地

进行机组消弧线圈的操作，确保人身和设备安全。

一、消弧线圈的操作要点

自动跟踪消弧控制器的操作要点：

（1）正常情况下发电机中性点经消弧线圈接地，消弧线圈隔离开关在合上位置。

（2）消弧线圈的投入操作步骤：

1）检查发电机一次设备已无接地点。

2）用"五防"电脑钥匙将消弧线圈隔离开关的操动机构解锁。

3）移开挡板并拉出锁定销。

4）向上合电压互感器隔离开关操动手柄。

5）检查消弧线圈隔离开关合闸到位后，将锁定销插入孔中固定操作手柄。

6）将挡板移回原位挡住锁定销。

7）用"五防"锁锁定电压互感器隔离开关操动机构。

（3）消弧线圈的退出操作步骤。

1）检查发电机断路器、隔离开关均已拉开。

2）用"五防"电脑钥匙将消弧线圈隔离开关操动机构解锁。

3）移开挡板并拉出锁定销。

4）向下拉消弧线圈隔离开关操作手柄。

5）检查消弧线圈隔离开关分闸到位后，将锁定销插入孔中固定操作手柄。

6）将挡板移回原位挡住锁定销。

7）用"五防"锁将消弧线圈隔离开关操动机构上锁。

（4）新安江电厂4、5、6号机自动跟踪消弧控制器从自动方式切至手动方式。

1）检查JS-Ⅲ自动跟踪消弧补偿监控主机显示屏"4号机""5号机"或"6号机"框被选中即绿色。

2）按显示屏上的"手动"键，视"手动"亮、"自动"灭，检查"4号机""5号机"或"6号机"状态信息中的工作方式：手动工作，消弧本体：自动退出。

3）检查"4号机""5号机"或"6号机"监测信息中的消弧挡位正确。

（5）新安江电厂4、5、6号机手动调整消弧线圈隔离开关。

1）4、5、6号机在备用或检修状态。

2）检查JS-Ⅲ自动跟踪消弧补偿监控主机显示屏"4号机""5号机"或"6号机"框被选中即绿色。

3）检查自动跟踪消弧补偿控制器在手动方式。

4）如果挡位从低到高调整则按"上调"键；如果挡位从高到低调整则按"下调"

键下调（消弧线圈每调一挡需要 15s 时间）。

5）检查消弧线圈挡位已调整正确。

二、消弧线圈的操作注意事项

（1）消弧线圈有三种补偿方式，即欠补偿、过补偿和全补偿。消弧线圈运行时，消弧线圈分接头位置不允许放在全补偿位置，以防止产生谐振过电压，分接头实际位置应经试验确定。发电机消弧线圈补偿后的综合电流，均不得大于 5A，但也不得小于 1A，以免产生谐振，发生虚假接地。

（2）发电机正常运行和升压，其消弧线圈必须投入运行。

（3）新安江电厂 4、5、6 号机自动跟踪消弧补偿成套装置正常放"手动"方式运行，目前暂不放自动方式运行。

（4）新安江电厂 4、5、6 号机消弧线圈每调节一挡需 15s，在该调挡未完成之前注意勿再次进行挡位调节。

 **思考与练习**

（1）消弧线圈有哪些补偿方式？

（2）怎样手动调整 4、5、6 号机消弧线圈挡位？

（3）怎样切换 4、5、6 号机自动跟踪消弧控制器的运行方式？

第四章 设 备 试 验

本章主要介绍机组电气一次设备相关的定期试验、电气试验、模拟试验内容，包括3 个培训小节。

第一节 设备定期试验

本节主要介绍发电机断路器 SF_6 通风机启停试验（运行人员需了解）。

发电机断路器 SF_6 通风机启停试验其目的是验证发电机开关室 SF_6 浓度超标时能正确可靠启动。

一、试验条件

发电机断路器 SF_6 排风机设备在正常工作状态。

二、注意事项

（1）此定期工作包括 1～9 号机断路器。

（2）遇某发电机断路器检修时，则该机组不做。

三、操作步骤

（1）启动机组开关室 SF_6 排风机并检查正常。

（2）停止机组开关室 SF_6 排风机并检查正常。

 思考与练习

发电机断路器 SF_6 通风机启停试验操作的步骤是什么？

第二节 电 气 试 验

本节主要介绍发电机定子线棒接线盒电位分布测试试验、发电机转子线圈动态交流阻抗测量试验、大修前后定子绕组的绝缘电阻、吸收比或极化指数、泄漏电流和直流耐压试验。

一、发电机定子线棒接线盒电位分布测试试验（运行人员了解即可）

（一）试验目的

了解发电机定子线棒接线盒电位分布，判断其绝缘状况。为检修和维护提供参考依据，保证设备安全运行。

（二）试验项目及方法

1. 试验项目

定子线棒接线盒电位分布测试。

2. 试验仪器

该次试验使用直流高压发生器、定子手包绝缘测试仪。

3. 试验条件

（1）环境湿度不大于 80%。

（2）试验现场周边 5m 范围内应清场。

（3）完成各项现场检查项目及预防性试验项目。

（4）X 号机发电机热电阻需短接接地。

（5）定子出口连接拆除，对地保证足够的安全距离。

（6）定子中性点连接拆除，对地及相间保证足够的安全距离。

（7）试验的隔离措施，由各方人员确认，并派专人看守。

（8）试验范围内及附近区域非试验相关人员清场。

4. 试验方法

定子线棒接线盒电位分布测试试验接线如图 2-4-1 所示。

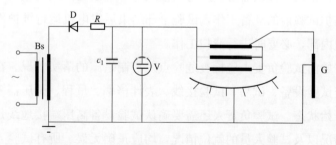

图 2-4-1　定子线棒接线盒电位分布测试试验接线

Bs—实验变压器；D—2DL；c_1—滤波电容；G—发电机端部绝缘状况探测仪

试验前将 X 号机定子线棒上下层的部分接线盒通过锡箔纸包裹，要求锡箔纸与接线盒紧密接触，无缝隙。试验时定子绕组三相短接，使用直流高压发生器同时加压进行试验，加压时应匀速、慢速调节。试验电压为额定线电压（13.8kV），测量接线盒表面对地电压。试验判断标准：在 100MΩ 电阻上的电压降值为 2000V 以下，为合格。试验后应对试品充分放电，并拆除锡箔纸。

5. 安全措施

（1）试验条件：X 号机处于检修状态，并做好相应隔离措施，对被试设备隔离及相关安全措施（拉开 X 号机断路器、隔离开关及其交流、直流电源开关，合上 X 号机断路器内、外侧接地开关，拉开 X 号机断路器跳闸绕组 1 直流电源开关，拉开 X 号机开关跳闸绕组 2 直流电源开关，拉开 X 号机消弧线圈隔离开关，拉开 X 号机 1、2 号电压互感器隔离开关，X 号机做好防止转动措施）。

（2）每项试验工作开始前，必须开具试验工作票，得到运行人员许可后方可开始工作。工作票终结后，不得再进行任何工作。许可试验工作票前应收回或者中断 X 号机相关所有工作票，检查并确认机组内部无人工作，在上、下风洞口看守以防有人误入。

（3）工作前应开站班会，工作负责人向全体工作人员交代清楚试验内容、工作范围、工作人员的分工和职责，并对全体工作人员详细交代危险点及预控措施、以及安全注意事项。试验方法应符合试验方案或作业指导书及安全规程的要求。

（4）试验前被试品周围应设置临时围栏，悬挂警示牌，并派专人在临时围栏外安全范围内监护，防止非试验人员随意穿越试验区域。

（5）试验人员现场工作必须戴安全帽，穿绝缘鞋，并严格按照《国家电网公司电力安全工作规程（变电部分）》（Q/GDW 1799.1—2013）、《国家电网公司电力安全工作规程（水电厂动力部分）》（Q/GDW 1799.3—2015）相关规定和电厂试验措施要求进行。

（6）现场试验工作必须安排两人或以上工作人员协同进行工作，其中一人为监护。

（7）试验前试验人员应用锡箔纸对接线盒进行试包工作，锡箔纸的剪裁等工作确保在机组外部进行，正式包接线盒时应严防锡箔纸碎片等杂物掉入机组内部。发电机运行维护班应配合监护试验前的准备工作，试验全部结束后发电机运行维护班负责检查有无异物残留于机组内部，必要时进行清扫工作。

（8）试验开始前试验负责人应检查危险点及控制措施的落实情况。在加压前，试验负责人必须检查试验设备、试品、试验接线、表计倍率、量程、调压器零位、安全距离及测量系统的开始状态。试验负责人还需要确认试验设备高压端接地线是否已拆除、安全措施的完成情况以及试验人员的就位情况，均应正确无误。所有试验人员均退到有效安全距离之外，然后才能开始试验。

（9）试验仪器接地必须可靠。

（10）试验结束后必须先关闭试验设备的电源，并对试品放电，挂上接地棒后方可拆接线。试验全部结束时，拆除自己试验的接线，同时恢复被试验设备的接线，然后与试验配合人员共同检查确认。工作班成员清理现场和废弃物，然后办理工作票终结手续。

6. 配合措施

（1）X 号机停机后定子绕组充分放电。

（2）将 X 号机所有盖板吊开以配合接线盒包裹锡箔纸工作。

（3）被试验设备的拆头、接头和恢复工作（X 号机发电机定子绕组出口及中性点连接），并保证 0.7m 以上的安全距离。

（4）发电机运行维护班在试验前对 X 号机发电机进行清扫，试验后对 X 号机发电机进行全面检查工作。

（5）自动化班配合将 X 号机发电机热电阻测量温度回路短接接地。

（6）试验现场保证有 5m×5m 以上的空旷平地以供试验设备摆放。

（7）试验范围内及附近区域非试验相关人员清场，指派专人配合看守、监护。

7. 安全风险因素辨识和控制措施

（1）该项目可能造成不良环境因素：废弃的电线电缆绝缘带等，采取的措施是工作完成后及时清理现场。

（2）该项目可能出现的危险源：高压试验时有人员闯入 X 号机发电机、水轮机内部；感应电危险；高处坠落。

（3）针对可能出现的危险源制定的控制措施：

试验前确认将 X 号机发电机其他工作票全部收回或中断，现场应设置临时围栏，并挂设"止步，高压危险"标示牌，并派专人进行看守；合闸前应大声通知区域内的各人员，由专人进行调压，并有专人进行监护；加压结束后应先充分放电。发电机定子盖板拆除后，工作人员禁止踩踏线棒及汇流排，注意脚下安全，防止踏空。工作班成员确保在试验时无工具、异物、锡箔纸碎屑掉入机组内部，试验结束后全面检查现场，做到工完场清。

二、发电机转子线圈动态交流阻抗测量试验措施（运行人员需熟悉）

（一）试验目的

根据安全性评价要求，调峰机组要在动态不同转速下对转子磁极绕组匝间绝缘进行检查，用以判断转子磁极绕组内部是否存在组装质量、匝间短路情况，并将试验数据存挡，留作日后参照比对。

（二）试验接线及步骤

1. 试验仪器

试验仪器有转子交流阻抗测试仪、调压器、电压表。

2. 试验接线

该次用交流阻抗法。

（1）拆除 X 号机励磁大线。

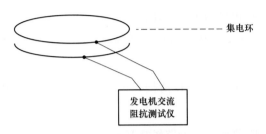

图 2-4-2　发电机转子动态匝
间短路监测试验接线

（2）在 X 号机集电环的任意一组上下碳刷处接入测试仪器的试验接线。发电机转子动态匝间短路监测试验接线图如图 2-4-2 所示。

3. 试验步骤

（1）完成试验接线连接如图 2-4-2 所示，在 X 号机集电环的任意一组上下碳刷处接入测试仪器的试验接线。

（2）由运行人员配合控制机组转速，机组从备用到空转开机至正常额定转速，5min 后，测量 100％额定转速下的转子交流阻抗，然后以 25％的额定转速为节点逐次递减，分别测量 75％、50％、25％的额定转速下的交流阻抗，每个节点停留时间以测完数据为限。为防止烧瓦，25％额定转速的时间尽量缩短，测量完成后将机组转速升至 100％额定转速再停机。

试验装置采用发电机交流阻抗测试仪，试验时所加电压为 220V，试验过程中读取仪器上的电流测量值，电压、电流需同时读取，读取数据必须准确，在每个节点详细记录一次测量数据。根据所测电压、电流值算出每次所测阻抗，看四种转速下是否有明显变化。

（3）试验结束后，待机组停机完成，拆除试验引线。试验接线的连接、拆除不得擅自进行，必须经工作负责人许可后，具备一定的安全措施方可进行。

4. 隔离措施

（1）拉开 X 号机断路器。

（2）拉开 X 号机隔离开关及交流、直流电源断路器。

（3）拆除 X 号机励磁大线并用绝缘材料包好（机组滑环侧）。

（4）拉开 X 号机起励交直流电源断路器。

三、大修前后定子绕组的绝缘电阻、吸收比或极化指数（运行人员仅需了解）

（一）试验目的

测量发电机定子绕组的绝缘电阻、吸收比或极化指数是发电机交接试验中十分重要的一项测试项目，发电机在交接时、大修前、大修后、小修时，都应进行该项试验。

（二）试验方法

（1）拆除定子中性点及引出线的连接铜板。

（2）对定子绕组充分放电。

（3）使用 5000V 电动绝缘电阻表对定子绕组各相分别测量绝缘电阻、吸收比或极化指数。

（4）每次试验前后对绕组充分放电。

（三）安全措施及注意事项

（1）绝缘电阻表接地端子应可靠接地，测量引线与接地部分保持足够的距离。

（2）测量后对试品充分放电。

（四）试验标准

（1）绝缘电阻值自行规定。在相近试验条件下，降低到历年正常值的 1/3 以下时应查明原因。

（2）各相绝缘电阻的差值不应大于最小值的 100%。

（3）吸收比不应小于 1.6 或极化指数不应小于 2.0。

四、大修前后定子绕组的泄漏电流和直流耐压试验（运行人员仅需了解）

（一）试验目的

直流耐压试验主要考核发电机的绝缘强度如绝缘有无气隙或损伤等，泄漏电流主要是反应线棒绝缘的整体有无受潮、有无劣化，也能反应线棒端部表面的洁净情况。

（二）试验方法

（1）断开机组中性点及引出线并做好隔离措施，将试验高压引线接至被测相绕组，其他非被测的绕组短路接地。

（2）记录绕组温度和环境湿度。

（3）按接线图准备试验，保证所有试验设备、仪表仪器接线正确、指示正确；先空载分段加压直至试验电压以检查试验设备绝缘是否良好、接线是否正确。

（4）确认一切正常后开始试验。

（5）直流试验电压 $2.0U_N$，按每级 $0.5U_N$ 分阶段升高，每阶段停留 1min，读取泄漏电流值。

（6）被测相试验完毕，将电压降为零，切断电源，必须充分放电后再进行其他操作。

（三）安全措施及注意事项

（1）高压引线应使用屏蔽线以避免引线泄漏电流对结果的影响，高压引线不应产生电晕，与接地部分保持足够的安全距离。

(2) 微安表应在高压端测量。

(3) 负极性直流电压下对绝缘的考核更严格，应采用负极性。

(4) 如果泄漏电流异常，应首先考虑环境的影响。

(5) 升降电压时速度不应过快。

(6) 放电须先经高电阻对地放电后，再对地充分放电。

（四）试验标准

(1) 在规定试验电压下，各相泄漏电流的差别不应大于最小值的 100%；最大泄漏电流在 20μA 以下者，相间差值与历次试验结果比较，不应有显著的变化；泄漏电流不随时间的延长而增大，否则应尽可能找出原因并消除，但并非不能运行。

(2) 泄漏电流随电压不成比例显著增长时，应注意分析。

(3) 任一级试验电压时，泄漏电流的指示不应有剧烈摆动。

思考与练习

(1) 电气一次设备大修前后为什么要做电气试验？

(2) 发电机转子线圈动态交流阻抗测量试验时发电机要做哪些隔离措施？

(3) 如何测量定子绕组的绝缘电阻？

第三节 模 拟 试 验

本节主要介绍机组电气一次设备检修后的各种模拟试验，包括 X 号机断路器合闸/切闸模拟试验、X 号机隔离开关模拟试验和 X 号机断路器同期假并车模拟试验。

一、X 号机断路器合闸/切闸模拟试验（运行人员需掌握）

试验目的：发电机断路器操作回路及本体工作后检验装置及回路是否动作正常。

（一）设备状态

X 号机内部检查及开关停役（或小修、或大修）。

（二）试验条件

(1) 联系相关工作票负责人，并得到允许。

(2) X 号机具备防止转动措施。

(3) X 号机 LCU 恢复正常。

(4) 投入 X 号机水导轴承备用润滑水。

(5) X 号机断路器本体（含操动机构）正常，开关室人员撤出。

（6）检查 X 号机励磁直流开关 XGS4 在拉开位置。

（7）检查 X 号机隔离开关及其交、直流电源开关在拉开位置。

（8）合上 X 号机断路器跳闸绕组 1 直流电源开关 XGS2、跳闸绕组 2 直流电源开关 XGS3。

（9）合上 X 号机断路器动力电源开关，检查油压、SF_6 压力是否正常。

（10）拉开 X 号机断路器内、外侧接地开关，检查 X 号机各"五防"点"无五防操作"。

（三）试验步骤

（1）X 号机断路器的远方/就地方式切换断路器 S10 放"就地"位置。

（2）就地合上 X 号机断路器正常（含机构及监控位置指示）。

（3）就地拉开 X 号机断路器正常（含机构及监控位置指示）。

（4）X 号机断路器的远方/就地方式切换断路器 S10 放"远方"位置。

（5）远方"检修方式"合上 X 号机断路器正常（含机构及监控位置指示）。

（6）远方"检修方式"拉开 X 号机断路器正常（含机构及监控位置指示）。

（四）措施恢复

（1）确知 X 号机具备合断路器内侧、外侧接地开关的条件。

（2）合上 X 号机断路器内侧、外侧接地开关。

（3）拉开 X 号机断路器动力电源开关（检修无要求则不拉开）。

（4）拉开 X 号机断路器跳闸绕组 1 直流电源断路器 XGS2、跳闸绕组 2 直流电源断路器 XGS3。

（5）复归 X 号机水导轴承备用润滑水。

（6）通知相关工作票负责人断路器模拟试验结束，措施已恢复。

二、X 号机隔离开关模拟试验（运行人员需掌握）

试验目的：发电机隔离开关检修后检查操作回路及本体是否动作正常。

（一）设备状态

（1）X 号机内部检查及断路器停役（或小修、或大修）。

（2）单元母线检修。

（二）试验条件

（1）联系相关工作票负责人，并得到允许。

（2）X 号机 LCU 恢复正常。

（3）检查 X 号机断路器在拉开位置，开关室无人工作。

（4）X 号机隔离开关本体（含操动机构）正常，闸刀室人员撤出。

（5）拉开 X 号机断路器外侧接地开关。

（6）拉开单元母线接地开关。

（7）合上 X 号机隔离开关操作交流电源隔离开关。

（8）合上 X 号机隔离开关操作直流电源断路器 XGS6。

（9）检查 X 号机各"五防"点无"五防操作"。

（三）试验步骤

（1）拉开 X 号机的隔离开关操动机构箱内的交流电源断路器。

（2）X 号机隔离开关手摇合闸、分闸正常。

（3）合上 X 号机隔离开关操动机构箱内的交流电源断路器。

（4）X 号机隔离开关远方/就地方式切换开关放"就地"位置。

（5）就地合上 X 号机隔离开关正常（含机构及监控位置指示）。

（6）就地拉开 X 号机隔离开关正常（含机构及监控位置指示）。

（7）X 号机隔离开关远方/就地方式切换断路器放"远方"位置。

（8）远方"检修方式"合上 X 号机隔离开关正常（含机构及监控位置指示）。

（9）远方"检修方式"拉开 X 号机隔离开关正常（含机构及监控位置指示）。

（10）合上 X 号机断路器，X 号机隔离开关闭锁正常。

（11）合上 X 号机断路器外侧接地开关，X 号机隔离开关闭锁正常。

（12）合上单元母线接地开关，X 号机隔离开关闭锁正常。

（四）措施恢复

（1）检查 X 号机断路器、隔离开关在拉开位置。

（2）检查 X 号机断路器外侧接地开关、单元母线接地开关在合上位置。

（3）拉开 X 号机的隔离开关操作交、直流电源断路器。

（4）通知相关工作票负责人开关模拟试验结束，措施已恢复。

三、X 号机开关同期假并车模拟试验（运行人员需掌握）

试验目的：检查发电机开关的同期回路相序接线是否正确。

（一）设备状态

X 号机防止转动措施、电气冷备用。

（二）试验条件

（1）X 号机撤销防止转动措施。

（2）确知 X 号机的隔离开关及其交流、直流电源断路器在拉开位置。

（3）合上 X 号机开关跳闸绕组 1 直流电源断路器 XGS2、跳闸绕组 2 直流电源断路器 XGS3。

（4）退出第一套保护差动 X 号机电流部件。

（5）退出第二套保护差动 X 号机电流部件。

（6）退出 X 号机复压过电流保护启动主变压器的总引出压板。

（7）投入 X 号机零升软压板。

（8）合上 X 号机微机同期交流电源开关 12KK。

（9）许可 X 号机同期假并车试验工作票。

（三）试验步骤

（1）X 号机假并车开机。

（2）X 号机同期核相正确。

（3）X 号机同期校转向正确。

（4）X 号机同期方式断路器 K6 放"自准"位置。

（5）X 号机同期电压断路器 K3 放"手准"位置，手动准同期假并车正常。

（6）拉开 X 号机断路器。

（7）投入 X 号机同期软压板。

（8）X 号机同期电压开关 K3 放"自准"位置。

（9）发 X 号机假并车开机命令，自动准同期假并车试验正常。

（10）X 号机停机。

（11）终结 X 号机同期假并车工作票。

（四）措施恢复

视实际情况：或将 X 号机恢复至防止转动措施、电气冷备用，或将 X 号机恢复至热备用。

 思考与练习

机组做隔离开关模拟时试验步骤是什么？

第五章 应 急 处 置

本章主要介绍机组电气一次设备的应急处置，包括 3 个培训小节。分别为故障现场处置，事故现场处置和典型案例解析等内容。

第一节 故障现场处置

本节主要介绍发电机断路器、隔离开关、电压互感器、单元母线、消弧线圈等一次设备的故障现场处置等内容，以提高运行人员故障现场处置能力，为现场的故障处置提供参考。

一、发电机断路器故障处置

（一）断路器操作回路故障

发生该故障，应到现场检查：

（1）检查断路器的操作电源是否正常。

（2）检查断路器的辅助接点转换是否良好。

（3）检查断路器的跳闸/合闸监视继电器是否正常。

（二）断路器三相拒绝合闸处理

（1）拉合一次断路器操作直流。

（2）将故障断路器的串联闸刀拉开。

（3）直流操作回路是否正常；油压、气压、弹簧储能装置是否正常。

（4）操动机构、辅助接点的转换接触动作是否正常。

查明原因后可根据不同情况进行处理，处理后应经断路器合闸/切闸试验正常，方可投入运行。

（三）断路器三相拒绝跳闸处理

（1）发现断路器拒绝跳闸，应先拉合一次断路器操作直流。

（2）随后到现场查明原因，手动跳开（操作前线路及主变压器应在空载状态）。

（3）若油压、气压不正常，则禁止手动跳开，应设法恢复油压、气压至正常压力。

（4）手动跳闸不成功时，应倒换运行方式，用串联断路器解列，并做好停电隔离措施，通知检修处理。

（四）运行中断路器自动跳闸

1. 判明原因

（1）操作直流两点接地。

（2）机构不良，振动所致。

（3）人员错误触碰，错误操作。

（4）保护错误动作，信号继电器发卡。

2. 处理

除属人员错误触碰、错误操作所致造成断路器跳闸，必须迅速将该断路器投入运行外，其余情况均应将故障断路器停用，查明原因后方可投入运行。

（五）开关六氟化硫（SF₆）压力或操作油压降低处理

1. 现象

（1）监控系统总光字牌"X 号机电气故障"亮，分光字牌"X 号机断路器油压降低闭锁合闸""X 号机断路器油压降低闭锁分闸"或"X 号机断路器 SF_6 密度降低闭锁分合闸"。

（2）报警表出现"X 号机电气故障"及具体的故障名称。

（3）现场检查断路器本体油压小于闭锁合闸压力［小于或等于（28±0.5）MPa］或小于闭锁分闸压力［小于或等于（25±0.5）MPa］，断路器有泄漏点，油泵未启动或虽启动但打不上压力，油箱油可能因漏油而降低甚至消失。

（4）现场检查断路器本体 SF_6 压力低于报警压力［小于或等于（640±5）kPa］或低于闭锁分合闸压力［小于或等于（600±7.5）kPa］，开关室 SF_6 气体报警灯闪烁。

2. 处理

（1）根据监控系统的信号，初步判断故障的性质、原因。

（2）汇报调度控制中心：发电机断路器操作油压或六氟化硫（SF₆）压力降低异常。

（3）立即转移该机组负荷，即将该机组有功功率、无功功率尽可能降到零，增加备用机组出力，保持系统频率在调度控制中心要求范围内。

（4）如果系油压降低（油压在 25～28MPa 区间）且比较稳定时（未发现明显的漏油点），机组可以继续运行，但应检查油泵电源是否正常，若属油泵电源异常应立即设法恢复电源启动油泵。

（5）如系 SF_6 气体泄漏使压力降低（压力在 600～640kPa 区间），应尽快转移负荷并停机处理；检查 SF_6 排风机自动启动正常，未启动时应立即手动启动 SF_6 排风机，检查时应戴正压式空气呼吸器。

（6）如系油压小于 25MPa 或虽然大于 25MPa 但仍继续较快下降时，则应立即拉开油泵电源，并不得重新启动油泵恢复压力，也不得进行手动建立压力；同时拉开该机组开关跳闸绕组 1、跳闸绕组 2 的直流电源，然后采用主变压器断路器解列的方法将机组解列。

（7）如果系 SF_6 气体泄漏使压力降低触发闭锁分合闸动作时，应立即拉开该机组开关跳闸绕组 1、跳闸绕组 2 直流电源断路器，然后采用主变压器断路器解列的方法将机组解列。

（8）采用主变压器解列停机方法的原则步骤：

1）将该机组所属单元的厂、配变负荷转移并改热备用。

2）调整主变压器中性点接地方式及 220kV 母线接线方式。

3）该单元其他机组负荷转移，然后解列（不停机）。

4）将该机组负荷降至空载，合上该单元主变压器的中性点闸刀，投入零升压板，励磁切至电流闭环（手动方式），拉开主变压器开关。

5）该机组励磁切至电流闭环（手动方式），减压到零后手动停机。

6）机组停机完成后做好防止转动措施，然后手动拉开发电机闸刀，并做好断路器检修措施。

7）该主变压器恢复运行，并将主变压器中性点及 220kV 母线接线方式、厂用变压器运行方式、配用变压器运行方式恢复正常，其他机组重新并网。

（9）向生产副厂长、总工、运行副总和其他相关副总、运行维护部、机电部、生产技术部及安质部主任（副主任）汇报，通知相关检修班组。

（10）根据检修人员要求做好隔离措施。

（11）向调度控制中心详细汇报，做好值班记录和异常情况记录。

（六）发电机停机过程中开关拒绝分闸故障处理

1. 现象

（1）停机令下达后，有功功率、无功功率已接近零，但机组开关未跳闸，导叶未全关保持在空载状态。

（2）可能同时出现监控系统油压或 SF_6 压力降低信号。

2. 处理

（1）根据监控系统的信号，初步判断故障的性质、原因。

（2）向调度控制中心汇报：发电机停机过程中断路器拒绝分闸。

（3）检查有功小于或等于 5MW（或导叶空载以下），无功功率小于或等于 $|\pm 5Mvar|$ 是否满足，否则手动帮助。

（4）若仍不能分闸，则复归该机停机回路（在机组 LCU 盘上按复归按钮），机组保持空载运行。

（5）检查断路器油压及 SF_6 气体压力、开关操作电源及远方/就地切换断路器位置是否正常。

（6）若断路器油压及 SF_6 气体压力不正常，则按照"发电机断路器 SF_6 或油压降低闭锁分合闸异常的处理预案"处理。

（7）若操作电源消失，则设法恢复。

（8）若油压及 SF_6 气体压力正常，又一时无法查明原因，则手动试拉发电机断路器（先远方，远方不成再就地），断路器拉开后停机。

（9）若手动试拉发电机断路器不成，可采用主变压器解列的方法将机组解列。

（10）向生产副厂长、总工、运行副总和其他相关副总、运行维护部、机电部、生产技术部及安质部主任（副主任）汇报，通知相关检修班组。

（11）根据检修人员要求做好隔离措施。

（12）向调度控制中心详细汇报，做好值班记录和异常情况记录。

二、发电机隔离开关故障处置

（一）误拉带负荷闸刀处理

（1）在电弧未熄灭前，迅速将误拉隔离开关合上，严禁继续拉开。

（2）若误拉开隔离开关已完全切开，禁止重新再合上。

（二）误合高压隔离开关处理

（1）任何情况下，不论是否发生短路或造成系统振荡，均不允许把误合的隔离开关拉开。

（2）误合隔离开关后只有在误合隔离开关用开关设备断开后，或将误合隔离开关的旁路后方可将误合闸刀拉开。

（三）隔离开关过热、触头发热处理

（1）立即设法减少一次电流。

（2）倒换运行方式、用其他隔离开关代替。

（3）加强监视，低谷时停电处理。

（四）隔离开关远方电动拉不开处理

（1）拉合一次直流。

（2）查明自动操作回路是否良好，操动机构是否有问题，处理后可继续操作几次；若还不能操作时，应拉开交流、直流操作电源，现场手动操作。

（3）现场手动操作时，应注意正确的方向，并不应当用很大的冲击力硬拉隔离开关，以防用力过猛，造成瓷瓶断裂。

（4）隔离开关操作后中途停止，拉不开合不上，造成放电时，应该设法用其他隔离

开关的旁路或倒换运行方式停电处理。

（五）隔离开关远方电动合不上处理

（1）拉合一次直流。

（2）远方电动操作隔离开关合不上时，可改为现场手动操作。

（3）现场手动操作隔离开关时，应注意正确的方向，合不上时，须查明原因，防止用力过猛合隔离开关导致设备损坏，此时可倒换运行方式，隔离故障隔离开关停电处理。

三、机组电压互感器故障处置

（一）机组1号电压互感器熔丝熔断故障处置

1. 现象

（1）监控系统总光字屏"X号机电气故障"光字牌亮，分光字屏"励磁装置故障（调节器报警）""励磁TV断线"光字牌亮。

（2）报警表显示"X号机电气故障"及具体的故障名称。

（3）监控显示该机定子电压正常（2号电压互感器的电压）。

（4）机组现地LCU显示定子电压正常（2号电压互感器的电压）。

（5）励磁装置如果在第一套主用，将自动切至以2号电压互感器的电压为基准值的调节器运行，并发TV断线信号；1号电压互感器的定子电压测量值、电压表也相应异常。

2. 处理

（1）根据监控系统的信号、数据，初步判断为发电机1号电压互感器故障或高压熔丝熔断。

（2）向调度控制中心汇报：X号机1号电压互感器故障或高压熔丝熔断。

（3）检查励磁盘信号动作情况及调节器是否已切换至以2号电压互感器的电压为基准值的调节器（B套或2号）运行。

（4）检查1号电压互感器的一次、二次设备是否有明显的不正常情况。

（5）条件允许时应启动备用机组，停机后逐相检查1号电压互感器的高压熔丝是否熔断。

（6）若条件不允许停机，则尽量转移发电机负荷，拉开1号电压互感器的隔离开关。电压互感器的高压侧验明三相无电后，戴绝缘手套取下1号电压互感器的高压熔丝，进行分相检查高压熔丝是否熔断。操作人在取、放高压熔丝时应注意验明无电和戴绝缘手套，并派专人监护。操作人不得站立操作，而应采用下蹲式姿势，保持与电压互感器的隔离开关的上桩头足够的安全距离（大于0.70m）。

（7）如果检查发现1号电压互感器的高压熔丝已经熔断，则更换同容量熔丝。合上

1 号的电压互感器的隔离开关，复归故障信号。

（8）如 1 号电压互感器已有明显故障，如遇冒烟、着火等情况，应立即停机处理，隔离电源后用干式灭火器灭火。

（9）向生产副厂长、总工、运行副总和其他相关副总、运行维护部、机电部、生产技术部及安质部主任（副主任）汇报，通知相关检修班组，必要时通知相关检修班组协助处理。

（10）根据检修人员要求做好隔离措施。

（11）向调度控制中心详细汇报，做好值班记录和异常情况记录。

（二）发电机 2 号电压互感器高压熔丝熔断故障处置

1. 现象

（1）监控系统总光字屏"X 号机电气故障""X 号机水轮机故障"光字牌亮，分光字屏"保护 TV 断线""励磁 TV 断线""励磁装置故障""2 号电压互感器二次侧开关跳闸"、"调速器故障"光字牌亮。

（2）报警表显示"X 号机电气故障""X 号机水机故障"及具体的故障名称。

（3）监控显示该机定子电压的一相电压明显降低（或接近为零），其他两相电压值正常；与熔断相关的线电压降低，与熔断相无关的线电压正常。

（4）机组现地 LCU 显示定子电压的一相电压明显降低（或接近为零），其他两相电压值正常；与熔断相关的线电压降低，与熔断相无关的线电压正常。

（5）发电机 RCS-985SS 保护装置面板"报警"灯亮，屏幕显示"发电机机端 TV 断线"。

（6）励磁装置自动切至以 1 号电压互感器电压为基准值的调节器运行（A 套或 1 号），并发 TV 断线信号；2 号电压互感器电压测量值、电压表也相应异常。

2. 处理

（1）根据监控系统的信号、数据，初步判断为发电机 2 号电压互感器故障或高压熔丝熔断或二次侧小开关跳闸。

（2）向调度控制中心汇报：X 号机 2 号电压互感器故障或高压熔丝熔断。

（3）即到现场查明保护信号动作情况及调速器是否正常。

（4）检查励磁盘信号动作情况及调节器是否已切换至以 1 号电压互感器的电压为基准值的调节器（A 套或 1 号）运行。

（5）检查 2 号电压互感器的保护二次侧电压开关（或总开关）是否跳闸。

（6）检查 2 号电压互感器的一次、二次设备是否正常。

（7）根据值长指令退出该机的复压过电流保护投入压板 2LP3。

（8）如果 2 号电压互感器的二次侧电压开关（或总开关）跳闸，可重新合上，如合上后又跳闸或机构不良造成合不上，则应停机处理。

（9）条件允许时应启动备用机组，停机后逐相检查2号电压互感器的高压熔丝是否熔断。

（10）若系统不允许停机，则尽量转移发电机负荷，拉开2号电压互感器的二次侧总开关，拉开2号电压互感器的隔离开关。验明电压互感器的高压侧三相无电，带上绝缘手套取下2号电压互感器的高压熔丝，分相检查高压熔丝是否熔断。操作人在取、放高压熔丝时应注意验明无电和戴绝缘手套，并派专人监护。操作人不得站立操作，而应采用下蹲式姿势，保持与电压互感器的隔离开关的上桩头足够的安全距离（大于0.70m）。

（11）如果检查发现2号电压互感器高压熔丝已经熔断，则更换同容量熔丝，如再次熔断应停机处理。

（12）如2号电压互感器已有明显故障，如冒烟、着火等情况，应立即停机处理，隔离电源后用干式灭火器灭火。

（13）向生产副厂长、总工、运行副总和其他相关副总、运行维护部、机电部、生产技术部及安质部主任（副主任）汇报，通知相关检修班组，必要时通知相关检修班组协助处理。

（14）故障处理结束后，投入复压过电流保护投入压板，其他措施恢复。如电压互感器更换还应做同期核相及假并车试验。

（15）根据检修人员要求做好隔离措施。

（16）向调度控制中心详细汇报，做好值班记录和异常情况记录。

（三）注意事项

（1）机组电压互感器故障时（冒烟、着火除外），可直接拉电压互感器的隔离开关进行隔离。

（2）电压互感器发生紧急异常情况（如冒烟、着火等），随时可能发生造成事故时，不得用拉开电压互感器的隔离开关的方法隔离，应停机处理。

（3）电压互感器的电压回路故障时，应迅速检查处理。如果是电压互感器的电压小开关跳闸，经检查无明显故障时，可重新合上电压小开关。

（4）机组1号电压互感器的电压回路故障时，应检查励磁装置切换是否正常。

（5）机组2号电压互感器的电压回路故障时应检查励磁装置切换是否正常，退出机组复压过电流（低压过电流）保护投入压板。如全厂满负荷发电时应尽可能保持负荷稳定；如全厂有旋转备用容量时，则应将该机组自动发电控制退出运行，并将其有功功率同步降低以抵消自动发电控制自动增加的其他机组有功功率，尽可能保持全厂总有功功率在故障前状态不变。

（6）如需检查、更换电压互感器的高压熔丝时，应尽可能在停机后进行。

四、母线故障处置

(一) 13.8kV 母线电压互感器高压熔丝熔断故障处置

1. 现象

(1) 监控系统总光字屏"X号主变压器故障""X号机水轮机故障"光字牌亮（同一单元机组），分光字屏"X号主变压器电压回路异常""X号母线单相接地""调速器故障"光字牌亮。

(2) 报警表显示"X号主变压器故障""X号机电气故障"及具体的故障名称。

(3) 监控显示该单元机组定子电压正常，而单元母线一相电压降低，另两相电压正常。

(4) 机组调速器画面显示"网频故障""调速器故障"。

(5) 机组 LCU 盘显示定子电压正常，而主变压器 LCU 盘显示单元母线电压不正常。

(6) 主变压器保护"报警"灯亮，面板显示主变压器的低压侧零序电压报警信息。

(7) 机组调速器画面显示"网频故障""调速器故障"。

2. 处理

(1) 根据监控系统的信号、数据，初步判断故障的性质、原因。

(2) 立即到现场查明机组保护、励磁无 TV 断线信号动作。

(3) 检查单元母线电压互感器的一次、二次设备是否正常。

(4) 向调度控制中心汇报：13.8kV 母线电压互感器的高压熔丝熔断。

(5) 如电压互感器无明显故障，则在单元母线不停电的情况下，拉开电压互感器二次电压开关和电压互感器的隔离开关（03 单元拉出电压互感器小车），电压互感器的高压侧验明三相无电后，戴绝缘手套取下电压互感器的高压熔丝，分相检查电压互感器的高压熔丝是否熔断。操作人在取、放高压熔丝时应注意验明无电和戴绝缘手套，并派专人监护。操作人不得站立操作，而应采用下蹲式姿势，保持与电压互感器的隔离开关的上桩头的安全距离（大于 0.70m）。

(6) 如电压互感器的本体有焦味、冒烟、着火等明显故障情况，则应立即拉开电压互感器的二次电压开关和电压互感器的隔离开关（03 单元拉出电压互感器小车），隔离电源后用干式灭火器灭火，停电处理。

(7) 电压互感器更换后应检查接线正确，并进行该单元机组、主变压器的同期核相试验。

(8) 向汇报生产副厂长、总工、运行副总和其他相关副总、运行维护部、机电部、生产技术部及安质部主任（副主任）汇报，必要时通知相关检修班组协助处理。

（9）根据检修人员要求做好隔离措施。

（10）向调度控制中心详细汇报，做好值班记录和异常情况记录。

（二）注意事项

（1）13.8kV 及以下电压互感器故障时（冒烟、着火除外），可直接拉开电压互感器的隔离开关进行隔离（对于小车式电压互感器故障时，可拉出小车电压互感器）。

（2）单元母线的电压互感器发生紧急异常情况（如冒烟、着火等），随时可能发生成为事故时，不得用拉开电压互感器的隔离开关的方法进行隔离，应采用拉开该单元全部开关的方法来切断电源，而后将其隔离，此时应注意调整主变中性点运行方式。

（3）对于 03 单元母线电压互感器，电压互感器柜运行中更换高压熔丝时，必须将该电压互感器柜抽出足够的位置，以保证与高压侧的安全距离，但应防止电压互感器柜完全滑脱，并应两人进行。

五、消弧线圈故障处置

当机组发生单相接地时需对消弧线圈进行以下检查、监视：

（1）消弧线圈温升不得超过 120K，否则必须立即停电。

（2）套管无闪络，本体无异声。

（3）检查时应穿绝缘靴，防止跨步电压。

（4）禁止操作消弧线圈的隔离开关。

思考与练习

（1）机组开关六氟化硫（SF_6）压力或操作油压降低有哪些现象？应如何处理？

（2）机组 2 号电压互感器熔丝熔断有哪些现象？应如何处理？

（3）单元母线电压互感器熔丝熔断有哪些现象？应如何处理？

第二节　事故现场处置

本节主要介绍发电机断路器（开关）发生严重泄漏或设备爆炸造成六氟化硫气体大量外逸的现场事故处置和注意事项等内容，为现场的事故处理提供参考。

一、发电机断路器（开关）发生严重泄漏或设备爆炸造成六氟化硫气体大量外逸的现场事故处置

当发电机开关发生严重泄漏或设备爆炸造成六氟化硫气体大量外逸时，现场所有人员应立即撤离现场，室内应立即开启排风机，人员应处于较高和上风处。事故发生后 4h

内，进入室内必须穿防护服，戴手套以及带备有氧气呼吸器的防毒面具（心、肺功能不正常者不得使用）。若发现有人被外逸 SF_6 气体侵袭时，应立即将中毒者移至空气新鲜处并送医院诊治。

（1）当发电机开关的 SF_6 气体压力不正常并已达到闭锁压力时，应将开关改非自动方式，并用串联开关解列。

（2）当发电机开关的油压降低时，应及时查明原因并恢复正常油压，恢复油压过程中尽可能将电流减小，无须做其他措施。如无法恢复，应将开关改非自动方式，用串联开关解列。

（3）发电机开关带电的情况下禁止就地手动合闸。

二、注意事项

（1）发电机开关事故跳闸达 4 次或事故跳闸后发电机开关发生异常情况，应立即通知检修人员进行检查。

（2）发电机开关操作合闸/分闸后，应间隔 5min 后再可进行下一次操作。

（3）发电机开关还应注意：

1）开关在切断额定短路电流后，应间隔 30min 才可重新合闸。

2）当开关闭锁装置的钥匙（24LA）取下后，严禁在合闸电磁阀门处进行合闸操作。

3）进入开关室之前，应手动启动开关室排风机通风 15min。

思考与练习

发电机断路器（开关）发生严重泄漏或设备爆炸造成六氟化硫气体大量外逸时应如何处理？

第三节　典型案例解析

本节主要介绍发电机一次设备相关的典型案例解析等内容。通过对典型案例的详细解析，为相关异常、故障、事故处理提供参考，提高运行人员的现场处置能力。

【案例】　7 号机开关 SF_6 密度降低触发闭锁分闸/合闸故障处置案例

一、背景

系统运行方式：220kV 母线双母并列运行；01、03 号主变压器中性点接地；9 号机检修，2、5 号机调相运行；其余机组热备用。全厂总有功功率为 3.03MW，总无功功率为 45.15Mvar。天气：晴。

二、现象

(1) 2015 年 4 月 10 日 22：25：41 监控系统报警，总光字屏"7 号机电气故障"亮，分光字屏"7 号机 SF_6 密度降低触发闭锁分闸/合闸"亮。

(2) 监控系统报警表报：7 号机 SF_6 密度降低触发闭锁分闸/合闸报警。

三、处理

(1) 根据监控系统报警，初步判断故障情况：7 号机 SF_6 密度降低触发闭锁分闸/合闸故障。

(2) 22：27 向调度控制中心汇报异常情况：7 号机 SF_6 密度降低触发闭锁分闸/合闸故障。

(3) 派值班人员戴正压式空气呼吸器赴现场检查，22：28 值班员现场检查汇报：远处听到 7 号机开关有明显漏气声。

(4) 22：29 值长令值班员启动 SF_6 排风机。

(5) 22：40 值班员检查汇报：7 号机开关油压正常（37MPa），开关 SF_6 气压540kPa，已降至闭锁分闸/合闸压力（闭锁分闸/合闸压力值为（600±7.5）kPa。

(6) 22：50 向调度控制中心汇报异常具体情况：7 号机开关油压正常（37MPa），开关 SF_6 气压 540kPa，已降至闭锁分闸/合闸压力。

(7) 通知机电部一次运行维护班到现场检查处理。

(8) 向生产副厂长、总工、电气副总，运行副总、生产技术部主任、安质部主任、运行维护部主任、机电部主任汇报。

(9) 23：09 根据异常具体情况：

1）向调度控制中心申请：7 号机退备 6h 处理故障，7 号机从热备用改为检修。

2）根据检修要求，通知操作人员将 7 号机开关由热备用改为检修，做好检修隔离措施。

(10) 04：27 检修人员汇报异常处理情况：本次异常是由于 7 号机开关的密度继电器接口密封圈不贴合，长期振动导致密封圈损坏漏气所致，现已更换新的密封圈，充气至 750kPa，开关经远方分闸/合闸模拟正常，可以投入运行。

(11) 向调度控制中心详细汇报异常处理全过程，7 号机恢复系统备用。

 思考与练习

请简述如何处理机组运行中开关 SF_6 密度降低闭锁触发分闸/合闸故障？

第三篇

发电机保护装置

　　本篇主要介绍发电机保护配置、巡回检查、设备操作、设备试验、应急处置等内容，包括五个章节。第一章主要介绍发电机保护装置说明、设备参数、运行方式等内容；第二章主要介绍发电机保护巡回检查的检查项目及标准、危险点分析等内容；第三章主要介绍发电机保护的故障查看及复归、参数查询、定值修改等内容；第四章主要介绍发电机保护的检修试验、模拟试验等内容；第五章主要介绍发电机保护的故障现场处置、事故现场处置、典型案例解析等内容。

第一章 保 护 配 置

本章主要介绍发电机保护装置说明、发电机保护装置的设备参数、发电机保护装置的运行方式等内容，包括 3 个培训小节。

第一节 发电机保护装置说明

本节主要介绍 RCS-985RS/SS 的保护构成、保护原理、保护范围及作用、保护配合。

一、保护构成

RCS-985RS/SS 保护配置：

（1）1～9 号机保护由 RCS-985RS 和 RCS-985SS 两个独立的保护装置组成，每个装置配置独立的跳闸回路。RCS-985RS/SS 保护配置见表 3-1-1。

表 3-1-1   **RCS-985RS/SS 保护配置**

RCS-985RS	RCS-985SS
纵联差动保护	横联差动保护
转子一点接地保护	复合电压过电流保护
定子过负荷保护	定子单相接地保护
负序过负荷保护	失磁保护
励磁后备保护	过电压保护
非电量保护	TV 断线、TA 断线判别
TA 断线判别	操作回路

（2）RCS-985RS 和 RCS-985SS 分别配置有两个完全独立的启动 CPU 和保护 CPU。启动 CPU 中的总启动元件动作后开放出口继电器正电源，并且不同保护采用不同的启动元件。任一元件损坏，保护装置也不会错误动作。

二、保护原理

（一）纵联差动保护原理

纵联差动保护包括差动速断和比率差动。

（1）差动速断：当任一相差动电流大于差动速断的整定值时瞬时动作于出口继电器。

（2）比率差动的动作特性如图 3-1-1 所示。

（3）比率差动保护的动作方程：

$$\begin{cases} I_\text{d} > K_\text{bl} \times I_\text{r} + I_\text{cdqd} & (I_\text{r} < nI_\text{e}) \\ K_\text{bl} = K_\text{bl1} + K_\text{blr} \times (I_\text{r}/I_\text{e}) \\ I_\text{d} > K_\text{bl2} \times (I_\text{r} - nI_\text{e}) + b + I_\text{cdqd} & (I_\text{r} \geqslant nI_\text{e}) \\ K_\text{blr} = (K_\text{bl2} - K_\text{bl1})/(2 \times n) \\ b = (K_\text{bl1} + K_\text{blr} \times n) \times nI_\text{e} \end{cases}$$

$$\begin{cases} I_\text{r} = \dfrac{|\dot{I}_1 + \dot{I}_2|}{2} \\ I_\text{d} = |\dot{I}_1 - \dot{I}_2| \end{cases} \tag{3-1-1}$$

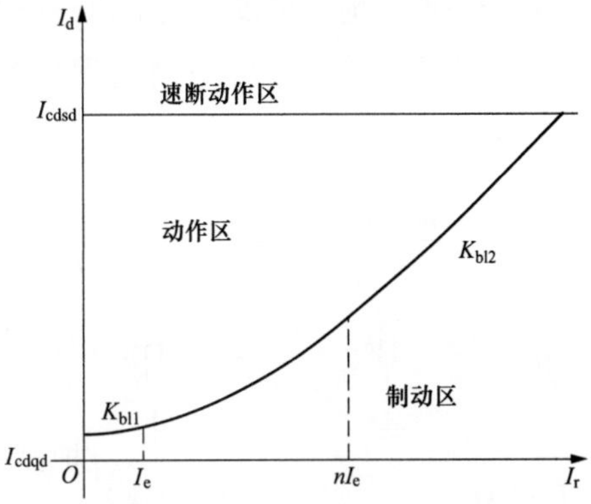

式中　I_d——差动电流；

I_r——制动电流；

I_cdqd——差动电流启动定值；

I_e——发电机额定电流。

（4）两侧电流定义：I_1、I_2 分别为机端、中性点侧电流。

（5）比率制动系数定义：K_bl 为比率差动

图 3-1-1　比率差动动作特性

制动系数，K_blr 为比率差动制动系数增量；K_bl1 为起始比率差动斜率，一般取 0.05；K_bl2 为最大比率差动斜率，一般取 0.5；n 为最大比率制动系数时的制动电流倍数，装置内部固定，无需用户进行整定。

（二）横联差动保护原理

（1）横联差动保护用于发电机定子绕组的匝间短路、分支开焊故障以及相间短路的主保护。由于横联差动保护采用了频率跟踪、数字滤波及全周傅氏算法，使得横联差动保护对三次谐波的滤除比在频率跟踪范围内达 100 以上，横联差动保护只反应基波分量。横联差动保护设高定值段和灵敏段。

（2）高定值段横联差动保护，相当于传统单元件的横联差动保护。

（3）灵敏段横联差动保护。

发电机保护装置采用相电流比率制动的横联差动保护原理，其动作方程为：

$$\begin{array}{ll} I_\text{d} > I_\text{hczd} & I_\text{MAX} \leqslant I_\text{ezd} \text{ 时} \\ I_\text{d} > \left(1 + K_\text{hczd} \dfrac{I_\text{MAX} - I_\text{ezd}}{I_\text{ezd}}\right) \times I_\text{hczd} & I_\text{MAX} > I_\text{ezd} \text{ 时} \end{array} \tag{3-1-2}$$

式中　I_{hczd}——横差电流定值；

　　I_{MAX}——机端三相电流中最大相电流；

　　I_{ezd}——发电机额定电流；

　　K_{hczd}——制动系数。

相电流比率制动横联差动保护能保证外部故障时不错误动作，内部故障时灵敏动作，由于采用了相电流比率制动，横联差动保护的电流保护定值只需按躲过正常运行时的不平衡电流进行整定，比传统单元件的横联差动保护定值大为减小，因此提高了发电机内部匝间短路时的灵敏度。

（三）转子一点接地保护原理

转子一点接地保护反应发电机转子对大轴绝缘电阻的下降。转子一点接地保护采用切换采样原理（乒乓式），工作电路如图 3-1-2 所示。

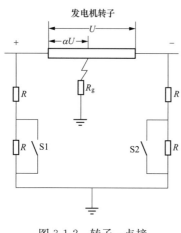

图 3-1-2　转子一点接地保护工作电路图

切换图中的 S1、S2 电子开关，得到相应的回路方程，通过求解回路方程，可以得到转子接地电阻 R_{g}，接地位置 α。

（四）复合电压过电流保护原理

（1）复合电压过电流（复合电压闭锁过电流）保护设复合电压过电流Ⅰ段、复合电压过电流Ⅱ段，并经低电压和负序电压闭锁。

（2）复合电压元件：复合电压元件由相间低电压和负序电压或门构成，有两个控制字（即过电流Ⅰ段经复压闭锁，过电流Ⅱ段经复压闭锁）来控制过电流Ⅰ段和过电流Ⅱ段经复合电压闭锁。当过电流经复压闭锁控制字为"1"时，表示本段过电流保护经过复合电压闭锁。

（3）电流记忆功能：对于自并励发电机，在短路故障后电流衰减变小，故障电流在过电流保护动作于出口继电器前可能已小于过电流定值。因此，复合电压过电流保护启动后，过电流元件需带记忆功能，使保护能可靠动作于出口继电器。控制字"自并励发电机"在保护装置用于自并励发电机时置"1"。对于自并励发电机，过电流保护必须经复合电压闭锁。

（4）TV 断线对复合电压闭锁过电流的影响：装置设有整定控制字（即 TV 断线保护投退原则）来控制 TV 断线时复合电压元件的动作行为。当装置判断出本侧 TV 断线时，若"TV 断线保护投退原则"控制字为"1"时，表示复合电压元件不满足条件；若"TV 断线保护投退原则"控制字为"0"时，表示复合电压元件满足条件，这样复合电压闭锁过电流保护就变为纯过电流保护。

（五）定子过负荷保护原理

定子过负荷保护反应发电机定子绕组的平均发热状况，保护配置延时发信号。定子过负荷保护动作量同时取发电机机端、中性点定子电流。

（六）定子单相接地保护原理

1. 零序电压定子接地保护：

（1）基波零序电压保护发电机 85%～95% 的定子绕组单相接地。

（2）基波零序电压保护反应发电机的零序电压大小。由于基波零序电压保护采用了频率跟踪、数字滤波及全周傅氏算法，使得零序电压对三次谐波的滤除比达 100 以上，基波零序电压保护只反应基波分量。

（3）基波零序电压保护，其动作方程为：

$$U_{n0} > U_{0zd} \tag{3-1-3}$$

式中　U_{n0}——发电机中性点零序电压；

　　U_{0zd}——零序电压定值。

（4）发电机中性点不接地或者经消弧线圈接地，发生定子接地时，如果发电机机端有零序 TA，该 TA 可以感受到零序电容电流，基波零序电压保护可以经零序电流闭锁，其动作方程为：

$$I_0 > I_{0zd} \tag{3-1-4}$$

式中　I_0——发电机机端的零序电容电流；

　　I_{0zd}——零序电流定值。

2. 三次谐波电压比率定子接地保护：

（1）三次谐波保护动作方程：

$$U_{3T}/U_{3N} > K_{3wzd} \tag{3-1-5}$$

式中　U_{3T}——发电机机端三次谐波电压值；

　　U_{3N}——发电机中性点三次谐波电压值；

　　K_{3wzd}——三次谐波电压比值整定值。

（2）三次谐波电压差动判据动作于信号。

（七）负序过负荷保护原理

（1）负序过负荷反应发电机转子表层的过热状况，也可反应负序电流引起的其他异常。负序过负荷保护动作量取发电机机端、中性点的负序电流。

（2）反时限保护由三部分组成：①下限启动；②反时限部分；③上限定时限部分。上限定时限部分设最小动作时间定值。

（3）当负序电流超过下限启动整定值时，反时限部分启动，并进行累积。反时限保护热积累值大于热积累定值保护发出跳闸信号。负序反时限保护能模拟转子的热积累过程，并能模拟散热。发电机发热后，若负序电流小于发电机长期运行允许负序电流（标幺值）时，发电机的热积累通过散热过程，慢慢减少；负序电流增大，超过发电机长期运行允许负序电流（标幺值）时，从现在的热积累值开始，重新热积累的过程。

（八）失磁保护原理

失磁保护反应发电机励磁回路故障引起的发电机异常运行。失磁保护由以下四个判据组合，组成需要的失磁保护方案。

（1）低电压判据：一般取母线三相电压，也可选择发电机机端三相电压。满足三相同时低电压，TV 断线时闭锁本判据。

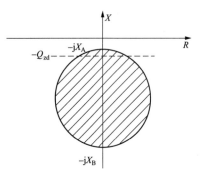

图 3-1-3　异步阻抗圆

R—阻抗　jX—电抗

注：纵坐标正半轴代表感抗，
　　负半轴代表容抗。

（2）定子侧阻抗判据：异步阻抗圆可以选择与无功功率反向判据结合，对于异步阻抗继电器，特性如图 3-1-3 所示，图 3-1-3 中阴影部分为动作区，虚线为无功功率反向动作边界。

（3）减出力判据：减出力采用有功功率判据，失磁导致发电机失步后，发电机输出功率在一定范围内波动，有功功率取一个振荡周期内的平均值。

（4）转子低电压判据：失磁故障时如转子电压突然下降到零，励磁低电压判据迅速动作（在发电机实际抵达静稳极限之前）。失磁故障将导致机组失步，失步后转子电压和发电机输出功率做大幅度波动，通常会使励磁低电压判据周期性地动作与返回，因此励磁电压元件在失步后（进入静稳边界）延时返回。

（九）励磁后备保护原理

励磁后备保护由定时限过负荷保护和反时限过负荷保护组成，反应励磁绕组的平均发热状况。励磁后备保护的动作量取励磁变压器电流、励磁机电流。对于励磁机，电流频率可以整定为 50、100Hz。

（十）过电压保护原理

（1）过电压保护用于保护发电机各种运行情况下引起的定子过电压。发电机定子过电压保护所用电压量的计算不受频率变化影响。

（2）过电压保护反应发电机机端相间电压的最大值，动作于跳闸出口继电器。

（十一）非电量保护原理

（1）从非电量保护来的接点，装置进行事件记录，发报警信号，并可经保护装置延时由 CPU 发出跳闸命令。保护装置配置了三路非电量备用。

（2）每种非电量保护均通过压板控制投入跳闸，跳闸方式由跳闸矩阵整定。

（3）跳闸延时：根据定值单设置延时，定值范围 0～6000s。

（十二）TA 断线判别原理

（1）TA 断线动作判据：

$$3I_0 > I_{th} + K_1 \times I_{max} \tag{3-1-6}$$

式中　I_{th}——固定门槛；

　　$3I_0$——零序电流；

　　I_{max}——最大相电流；

　　K_1——固定系数。

（2）满足条件，延时 10s 后发相应的 TA 异常报警信号；异常消失，延时 10s 自动返回。

（十三）TV 断线判别原理

（1）各侧三相电压回路 TV 断线报警动作判据：

1）正序电压小于 18V，且任一相电流大 $0.04I_n$。

2）负序电压 $3U_2$ 大于 8V。

（2）满足以上任一条件延时 10s 发相应 TV 断线报警信号；异常消失，延时 10s 后信号自动返回。

（十四）装置报警

（1）当 CPU（保护 CPU 或管理 CPU）检测到装置本身硬件故障时，发出装置闭锁信号，闭锁整套保护。硬件故障包括：内存出错、程序区出错、定值区出错、读区定值无效、光耦失电、DSP 出错和跳闸出口继电器报警等。

（2）当 CPU 检测到下列故障时：装置长期启动、不对应启动、装置内部通信出错、TA 断线或异常、TV 断线或异常、保护报警，发出装置报警信号。

二、保护范围及作用

（一）纵联差动保护

纵联差动保护包括差动速断和比率差动，作为发电机定子绕组及引线相间短路的主保护。瞬时跳闸发电机开关、停机、灭磁。

（二）横差保护

横联差动保护设高定值段和灵敏段，作为发电机定子绕组匝间短路的主保护。瞬时跳发电机开关、停机、灭磁（转子一点接地时延时动作）。

（三）复压过电流保护

复压过电流（复合电压闭锁过电流）保护设复压过电流 I 段、复压过电流 II 段，并经低电压和负序电压闭锁。作为发电机、主变压器、220kV母线及线路相间故障的后备保护，当发电机开关在分位时投入Ⅰ段保护，延时动作停机、灭磁；当发电机开关在合位时投入Ⅱ段保护，延时跳主变压器两侧所有开关，单元上所有机组停机、灭磁。复压过电流保护的过电流元件动作后具有电流记忆功能，2号电压互感器断线时的闭锁保护。

（四）过电压保护

过电压保护作为发电机甩负荷时，调速器失灵，转速升高和励磁调节器失灵的后备保护，过电压保护延时跳发电机开关、停机、灭磁。

（五）失磁保护

失磁保护设失磁Ⅱ段、失磁Ⅲ段，经异步圆阻抗、定子低电压、转子低电压、无功功率反向元件闭锁（2号电压互感器断线时闭锁定子低电压判据）。作为发电机运行中失去励磁时的保护，失磁保护延时动作跳发电机开关、停机、灭磁。

（六）励磁后备保护

励磁后备保护由定时限过负荷保护和反时限过负荷保护，作为励磁变压器高低压绕组、引线相间短路或励磁调节器失控时转子过热的保护，励磁后备保护延时动作跳发电机开关、停机、灭磁。

（七）励磁消失保护

为防止发电机运行中灭磁开关跳闸造成发电机无励磁运行，特设励磁消失保护。励磁消失保护由灭磁开关跳闸辅接点启动，瞬时跳发电机开关、停机、灭磁。

（八）定子单相接地保护

定子单相接地保护包括零序电压定子接地保护和三次谐波电压比率定子接地保护。零序电压保护85%～95%的定子绕组单相接地，零序电压来自发电机消弧线圈二次侧；三次谐波电压比率保护中性点25%左右的定子接地，三次谐波电压取自2号电压互感器开口三角和消弧线圈的二次侧。作为发电机及本单元13.8kV系统单相接地的监视，动作发信号。

（九）转子一点接地保护

转子一点接地保护设灵敏段和普通段。转子一点接地保护作为发电机励磁系统一点接地的监视，延时动作发信号。

（十）定子过负荷保护

定子过负荷保护作为发电机定子过负荷时的保护，延时动作发信号。

（十一）负序过负荷保护

为防止系统不对称短路或断线时，发电机的负序电流使转子产生高温，特设负序过负荷保护，延时动作发信号。

（十二）TA 断线保护

TA 断线保护作为发电机保护 TA 回路断线的监视，延时动作发信号。

（十三）TV 断线保护

TV 断线保护作为发电机 2 号电压互感器的电压回路断线的监视，延时动作发信号。

（十四）装置闭锁与报警

（1）当装置检测到本身硬件故障时，发出装置报警、装置闭锁及失电信号，闭锁整套保护，同时运行灯熄灭。硬件故障包括 RAM、EPROM、出口回路故障、CPLD 故障、定值出错、电源故障。当检测到下列故障时闭锁保护装置并报警：启动 CPU 电源故障、启动 CPU 定值错误、启动 CPU 通信错误。

（2）当出现 TV 断线或异常、TA 断线或异常、装置启动、启动 CPU 长期启动（超过 10s），动作发报警信号。

三、保护配合

（1）主保护：主保护是满足系统稳定和设备安全要求，能以最快速度有选择地切除被保护设备的保护。

（2）后备保护：后备保护是主保护或断路器（开关）拒绝动作时，用以切除故障的保护。后备保护可分为远后备和近后备两种方式。

1）远后备：当主保护或断路器（开关）拒绝动作时，由相邻电力设备的保护实现后备保护；

2）近后备：当主保护拒绝动作时，由该电力设备的另一套保护实现后备保护。

（3）运行中不允许将纵联差动保护和复压过电流保护同时停用。

（4）发电机保护有工作时，应将主变压器保护盘上的复压过电流启动主变压器总引出压板退出，本机相应压板不操作。

📖 思考与练习

（1）比率差动保护动作后果是什么？

（2）失磁保护有哪些判据？

（3）转子一点接地保护动作后，该怎么处理？

第二节　发电机保护装置设备参数

本节主要介绍 RCS-985RS/SS 保护装置设备参数，主要包括技术参数和版本号。

一、RCS-985RS/SS 技术参数

RCS-985RS/SS 保护技术参数见表 3-1-2。

表 3-1-2　　　　　　　　　　　　RCS-985RS/SS 保护技术参数

额定参数	直流电压（V）	220、110
	交流电压（V）	57.7、100、300
	交流电流（A）	5、1
	允许偏差	$-20\%\sim+15\%$
	频率（Hz）	50
	打印机工作电压(V)	交流 220
功耗	直流电源回路	＜50W（常态），＜75W（保护动作瞬间）
	交流电压回路	＜0.5VA/相
	交流电流回路	＜1VA/相（I_n＝5A）；小于 0.5VA/相（I_n＝1A）
交流回路过载能力	交流电压	$2U_n$—持续工作
	交流电流	$2I_n$—持续工作；$10I_n$—10s；$40I_n$—1s
输出接点容量	出口继电器接点最大导通电流	8A
装置内电源	工作电源	$+5V(\pm3\%),\pm15V(\pm3\%)$
	出口电源	$+24V(\pm5\%)$
环境条件	正常工作温度（℃）	0～40
	极限工作温度（℃）	$-10\sim50$
	储存及运输（℃）	$-25\sim70$
电磁兼容	辐射电磁场干扰实验	符合 GB/T 14598.9—2010《量度继电器和保护装置　第 22-3 部分：电气骚扰试验辐射电磁场抗扰度》的规定
	快速瞬变干扰实验	符合 GB/T 14598.10—2012《量度继电器和保护装置　第 22-4 部分：电气骚扰试验电快速瞬变/脉冲群抗扰度试验》的规定
	脉冲群干扰试验	符合 GB/T 14598.13—2008《电气继电器　第 22-1 部分：量度继电器和保护装置的电气骚扰试验 1 MHz 脉冲群抗扰度试验》的规定
	静电放电实验	符合 GB/T 14598.10—2012《量度继电器和保护装置　第 22-4 部分：电气骚扰试验电快速瞬变/脉冲群抗扰度试验》的规定
	射频场感应的传导骚扰抗扰度试验	符合 GB/T 17626.6—2017《电磁兼容试验和测量技术射频场感应的传导骚扰抗扰度》规定
	工频磁场抗扰度试验	符合 GB/T 17626.8—2006《电磁兼容试验和测量技术工频磁场抗扰度试验》的规定
	脉冲磁场抗扰度试验	符合 GB/T 17626.9—2011《电磁兼容试验和测量技术脉冲磁场抗扰度试验》的规定
通信接口	灵活的后台通信方式配有以太网通信接口、2 个 RS-485 通信接口	支持电力行业标准 DL/T 667—1999《IEC60870-5-103 通信规约基本要点》和 Modbus 通信规约

二、RCS-985RS/SS 保护版本号

（一）启动程序版本信息

RCS-985RS/SS 启动程序版本信息如图 3-1-4、图 3-1-5 所示。

```
启动程序版本信息
RCS-985RS
版本号：1.00
校验码：1CB3
2006-08-07 20:52
```

图 3-1-4　RCS-985RS 启动程序版本号

```
启动程序版本信息
RCS-985RS
版本号：1.00
校验码：1CB3
2006-08-07 20:52
```

图 3-1-5　RCS-985SS 启动程序版本号

（二）保护程序版本信息

RCS-985RS/SS 保护程序版本信息如图 3-1-6、图 3-1-7 所示。

```
保护程序版本信息
RCS-985RS
版本号：1.00
校验码：1358
2006-08-07 20:52
```

图 3-1-6　RCS-985RS 保护程序版本号

```
保护程序版本信息
RCS-985SS
版本号：1.00
校验码：1358
2006-08-07 20:52
```

图 3-1-7　RCS-985SS 保护程序版本号

（三）通信程序版本信息

RCS-985RS/SS 通信程序版本信息如图 3-1-8、图 3-1-9 所示。

```
通信程序版本信息
RCS-985RS
版本号：1.00
校验码：1358
2006-08-07 20:52
```

图 3-1-8　RCS-985RS 通信程序版本号

```
通信程序版本信息
RCS-985SS
版本号：1.00
校验码：1358
2006-08-07 20:52
```

图 3-1-9　RCS-985SS 通信程序版本号

 **思考与练习**

（1）出口继电器接点的最大导通电流是多少？

（2）RCS-985RS 保护程序校验码是多少？

第三节　发电机保护装置运行方式

本节主要介绍 RCS-985RS/SS 保护装置的运行方式，分为正常运行方式和异常运行方式。

一、正常运行方式

正常运行方式：机组 RCS-985RS/RCS-985SS 两套保护装置全部投入运行，各保护压板全部投入，保护装置无故障信号。

二、异常运行方式

机组运行及备用中需解除机组主保护时，应经分管总工程师批准（异常处理应先解除，然后向分管总工程师汇报申请批准）。

 **思考与练习**

（1）机组 RCS-985RS/SS 保护的正常运行方式是什么？

（2）机组运行及备用中需解除机组主保护时，应经谁批准？

第二章　巡　回　检　查

本章主要介绍发电机保护装置巡回检查的检查项目及标准、危险点分析等内容，包括 2 个培训小节。

第一节　检查项目及标准

本节主要介绍发电机保护装置巡回检查的检查项目及标准。

一、发电机保护装置巡回检查

（1）发电机保护装置运行灯亮、报警灯灭。机组运行或停机备用时：机组 RCS-985RS 发电机保护装置运行灯亮（绿色）、报警灯灭（灰色）、跳闸灯灭（灰色）；机组 RCS-985SS 发电机保护装置运行灯亮（绿色）、报警灯灭（灰色）、跳闸灯灭（灰色）、合位 1 灯灭（灰色）、跳位灯亮（绿色）、合位 2 灯灭（灰色）。

（2）发电机保护装置各开关、压板位置正常〔以下机组保护盘后开关均在合上位置：X 号机 SS 保护电压开关 2ZKK1，X 号机开关跳闸绕组 2 直流开关 4K2，X 号机开关跳圈 1 直流开关 4K1，X 号机 SS 保护直流开关 2K，X 号机失磁保护励磁电压开关 1K3，X 号机转子接地保护励磁电压开关 1K2，X 号机 RS 保护直流开关 1K1。机组保护盘前除 X 号机 RS 保护投检修压板（黄色）、X 号机 SS 保护投检修压板（黄色）和备用压板均在退出位置，其余压板正常机组运行或停机备用时均在投入位置〕。

（3）保护当前定值区在 01 区。

（4）人机对话显示正常，无异常信息。

（5）转子接地电阻 R_g 正常显示为 300kΩ（低于该值时显示实测值）。

注：①RCS-985RS 主画面信息含义：DIman 表示差动电流最大值、IFman 表示发电机机端电流最大值、INman 表示中性点电流最大值、ITman 表示励磁电流最大值、Iz 表示轴电流（不用）、Rg 表示转子接地电阻。

②RCS-985SS 主画面信息含义：IFman 表示机端电流最大值、IHC 表示横联差动电流、UPPman 表示相间电压最大值、UF0 表示机端零序电压、UN0 表示中性点零序电压、UZ0 表示纵向零序电压（不用）。

二、机组保护装置巡回检查项目、点检项目、定检项目及标准

（1）机组保护装置巡回检查项目及标准见表 3-2-1。

表 3-2-1 机组保护装置巡回检查项目及标准

序号	项目	周期	质量标准	项目来源
1	装置现场运行环境检查	1天	（1）环境温度为 5～30℃，湿度小于 75％。 （2）继电保护室通风、照明及消防设备应完好，无易燃、易爆物品。 （3）根据环境情况投入空调机、除湿机，防潮加热器，并对其工作情况进行检查	Q/GDW 46 10022.30—2018《机组保护运检导则》
2	装置面板及外观检查	1天	（1）保护装置、电压切换箱、操作箱、继电器的外壳应清洁，外盖无松动、破损、裂纹现象。 （2）保护装置、继电器工作状态应正常；液晶面板显示正常，无异常响声、冒烟、烧焦气味；面板无模糊，无异常报告现象。 （3）各类监视指示灯、表计指示正常。 （4）各二次回路断路器（开关）位置符合当前运行方式要求	Q/GDW 46 10022.30—2018《机组保护运检导则》
3	功能投入、退出检查	1天	各功能开关、方式开关（把手）、断路器（开关的压板投退情况应符合现场运行维护规程的规定	Q/GDW 46 10022.30—2018《机组保护运检导则》
4	信号及告警检查	1天	检查装置当前是否有告警灯亮、装置运行灯不亮、电源灯熄灭、人机界面死机、时间走死等异常现象	Q/GDW 46 10022.30—2018《机组保护运检导则》

（2）机组保护装置点检项目及标准见表 3-2-2。

表 3-2-2 机组保护装置点检项目及标准

序号	项目	周期	质量标准	项目来源
1	装置现场运行环境检查	1周	（1）环境温度为 5～30℃，湿度小于 75％。 （2）继电保护室通风、照明及消防设备应完好，无易燃、易爆物品。 （3）根据环境情况投入空调机、除湿机，防潮加热器，并对其工作情况进行检查	Q/GDW 46 10022.30—2018《机组保护运检导则》
2	装置面板及外观检查	1周	（1）保护装置、电压切换箱、操作箱、继电器的外壳应清洁，外盖无松动、破损、裂纹现象。 （2）保护装置、继电器工作状态应正常；液晶面板显示正常，无异常响声、冒烟、烧焦气味，面板无模糊，无异常报告现象。 （3）各类监视指示灯、表计指示正常。 （4）各二次回路断路器（开关）位置符合当前运行方式要求	Q/GDW 46 10022.30—2018《机组保护运检导则》

序号	项目	周期	质量标准	项目来源
3	功能投入、退出检查	1周	各功能开关、方式开关（把手）、断路器（开关）的压板投退情况应符合现场运行维护规程的规定	Q/GDW 46 10022.30—2018《机组保护运检导则》
4	信号及告警检查	1日	检查装置当前是否有告警灯亮、装置运行灯不亮、电源灯熄灭、人机界面死机、时间走死等异常现象	Q/GDW 46 10022.30—2018《机组保护运检导则》
5	保护通信状态	1周	检查与保护管理机及监控系统通信状态	Q/GDW 46 10022.30—2018《机组保护运检导则》
6	核对保护装置时钟	1周	GPS对时正常	Q/GDW 46 10022.30—2018《机组保护运检导则》

（3）机组保护装置定检项目及标准见表3-2-3。

表3-2-3　　　　　　　　　　机组保护装置定检项目及标准

序号	项目	周期	质量标准	项目来源
1	模拟量检查	1月	（1）对照一次系统潮流计算，查看各CPU模拟量通道的幅值及相位，外接及自产零序电压、电流，判断潮流方向的正确性；模拟量幅值、相位均在正常范围内，幅值与实际负荷相对应。 （2）进入差动保护菜单查看差动电流、制动电流，差动电流和电压、零序电流和电压接近于零值；一般情况下，通过保护装置面板查看，必要时使用钳形相位表测量。 （3）检查和分析每套保护在运行中反映出来的各类不平衡分量，从中找出薄弱环节和事故隐患，及时采取有效对策	Q/GDW 46 10022.30—2018《机组保护运检导则》
2	开关量检查	1月	采用查看、打印等方法检查装置的开关和现场实际运行情况是否一致；保护压板投入退出、转换开关状态与定值要求是否一致，应符合运行规程要求	Q/GDW 46 10022.30—2018《机组保护运检导则》
3	打印机设备检查	3月	检查打印纸是否充足、字迹是否清晰，负责加装打印纸及更换打印机色带	Q/GDW 46 10022.30—2018《机组保护运检导则》
4	故障录波装置进行录波检查	1月	对故障录波装置进行手动启动一次录波检查，检查装置录入的量正确，手动启动录波应保证后台机最终形成录波文件	Q/GDW 46 10022.30—2018《机组保护运检导则》
5	故障录波器数据清理	3月	保证故障录波器内存足够裕量	Q/GDW 46 10022.30—2018《机组保护运检导则》

三、机组保护装置运行时液晶显示说明

机组保护装置正常运行状态，液晶屏将循环显示主画面状态，即显示如图3-2-1～图

3-2-4 所示。

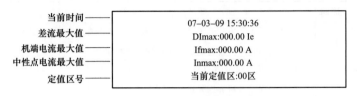

图 3-2-1 RCS-985RS 循环主画面 1

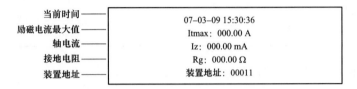

图 3-2-2 RCS-985RS 循环主画面 2

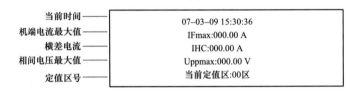

图 3-2-3 RCS-985SS 循环主画面 1

图 3-2-4 RCS-985SS 循环主画面 2

四、机组保护装置正常运行状态

机组保护装置运行状态信号灯说明如下：

"运行"灯为绿色，机组保护装置正常运行时点亮，熄灭表明装置不处于工作状态。

"报警"灯为黄色，保护发报警信号时点亮。

"跳闸"灯为红色，当保护动作并触发出口继电器时点亮，同时自保持；在保护返回后，只有按下"确定""信号复归"或远方信号复归后才熄灭。

五、运行工况及说明

（1）保护出口的投入、退出可以通过跳闸出口压板实现。

（2）保护功能可以通过屏上压板或内部压板、控制字单独投入/退出。

（3）机组保护装置始终对硬件回路和运行状态进行自检，当出现严重故障时（备注带"＊"），机组保护装置闭锁所有保护功能，并灭"运行"灯，否则只退出部分保护功能，发告警信号。

（4）过电流输出和转子低电压输出装置只发报文，不发报警信号（备注带"♯"）。

六、装置闭锁与报警

当检测到机组保护装置本身的硬件故障时，发出机组保护装置闭锁及失电信号（BSJ 继电器返回），闭锁整套机组保护。机组保护装置硬件故障包括：RAM、EPROM、出口回路故障、CPLD 故障、定值出错和电源故障。当检测到下列故障：启动 CPU 电源故障、启动 CPU 定值错、启动 CPU 通信错时，闭锁保护装置同时发出运行异常报警信号。当发生以上情况时请及时与厂家进行联系技术支持。

当检测到下列故障时，发出运行异常报警，需立即处理：TV 断线或异常、TA 断线或异常、启动 CPU 长期启动、保护报警。

 思考与练习

（1）转子接地电阻 R_g 正常显示为多少千欧？

（2）机组保护装置正常运行哪些压板在投入位置，哪些压板在退出位置？

（3）机组保护装置亮黄灯是说明什么？

（4）当机组保护装置检测到哪些故障时需立即处理？

第二节　巡回检查危险点分析

本节主要介绍发电机保护装置巡回检查的危险点分析。

发电机保护装置运行巡视检查危险点分析：

（1）发电机保护有工作时，应检查主变压器保护盘上的复压过电流启动主变压器总引出压板退出，本机相应压板不操作。

（2）运行中不允许将纵联差动保护和复压过电流保护同时停用。

（3）当转子回路摇绝缘电阻或耐压试验时，应拉开转子接地保护励磁电压开关 1K2 与失磁保护励磁电压开关 1K3。

（4）当保护装置动作跳闸后，可直接按屏上的打印按钮打印报告。两个装置共用一台打印机，可用切换开关切换。

（5）发电机保护上电（或复位）后有一段装置自检时间，保护短时退出。运行中不得随意使用复位按钮。

（6）RCS-985RS/SS 发电机保护装置的定值整定在 01 区。

（7）发电机保护装置的报警灯动作后在装置上不自保持，跳闸灯动作后自保持。

（8）RCS-985RS 发电机保护装置中的非电量保护是指主变压器 A 套保护动作全停、主变压器 B 套保护动作全停以及励磁消失保护。

（9）RCS-985RS/SS 发电机保护装置的投检修压板正常退出，放上时信息不上传监控系统。保护校验工作时投入，运行配合检修模拟试验时退出，模拟后退出。

 思考与练习

（1）运行中不允许将哪两个机组保护同时停用？

（2）RCS-985RS/SS 发电机保护装置的定值整定在几区？

第三章　设　备　操　作

本章主要介绍 RCS-985RS/SS 保护常见故障的查看及复归、参数查询、定值修改等内容，包括 3 个培训小节。

第一节　故障查看及复归

本节主要介绍 RCS-985RS/SS 机组保护装置常见故障的查看及复归、RCS-985RS/SS 保护的操作要点及注意事项。

一、RCS-985RS/SS 机组保护装置运行及报文说明

（一）RCS-985RS/SS 机组保护装置信号灯说明

（1）"运行"灯为绿色，机组保护装置正常运行时点亮，熄灭表明装置不处于工作状态。

（2）"报警"灯为黄色，机组保护发报警信号时点亮。

（3）"跳闸"灯为红色，当机组保护动作并触发出口继电器时点亮，并自保持；在机组保护返回后，只有按下"确定""信号复归"或远方信号复归后才熄灭。

（二）RCS-985RS/SS 机组保护运行工况及说明

（1）机组保护装置的保护出口的投入、退出可以通过跳闸出口压板实现。

（2）机组保护装置的保护功能可以通过屏上压板或内部压板、控制字单独投退。

（3）机组保护装置始终对硬件回路和运行状态进行自检，当出现严重故障时（备注带"＊"），机组保护装置闭锁所有保护功能，并灭"运行"灯，否则只退出部分保护功能，发告警信号。

（4）过电流输出和转子低电压输出装置只发报文，不发报警信号。

（三）RCS-985RS/SS 机组保护装置闭锁与报警

（1）当检测到机组保护装置本身硬件故障时，发出机组保护装置闭锁及失电信号（BSJ 继电器返回），闭锁整套保护。机组保护硬件故障包括：RAM、EPROM、出口回路故障、CPLD 故障、定值出错和电源故障。当检测到下列故障：启动 CPU 电源故障、启动 CPU 定值错、启动 CPU 通信错时，闭锁保护装置同时发出运行异常报警信号。当发生以上情况时请及时与厂家进行联系技术支持。

（2）当检测到下列故障时，发出运行异常报警，需立即处理：TV 断线或异常、TA 断线或异常、启动 CPU 长期启动、保护报警。

（四）机组保护装置显示信息说明及处理建议

（1）机组保护装置闭锁信息含义

机组保护装置闭锁信息含义见表 3-5-1。

（2）机组保护装置报警信息含义

一般机组保护报警信息含义见表 3-5-2，TA 断线、TV 断线报警信息含义见表 3-5-3，机组保护报警信息含义见表 3-5-4。

（3）机组保护装置动作信息含义

机组保护装置动作信息含义见表 3-5-5。

二、RCS-985RS/SS 机组保护装置故障及异常状态装置液晶显示说明

（一）RCS-985RS/SS 机组保护装置保护动作时液晶显示说明

当保护动作时，液晶屏幕自动显示最新一次保护动作报告，当保护有多个动作元件时，所有动作元件滚屏显示，动作报文格式如图 3-3-1 所示。

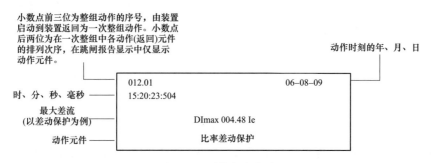

图 3-3-1　动作报文格式

（二）RCS-985RS/SS 机组保护装置保护运行异常时液晶显示说明

RCS-985RS/SS 机组保护装置运行中，液晶屏幕在硬件自检出错或系统运行异常时将自动显示最新一次异常报告，如有多个异常信息，所有异常信息滚屏显示，运行异常报文格式如图 3-3-2 所示。

图 3-3-2　运行异常报文

（三）RCS-985RS/SS 机组保护装置保护自检出错时液晶显示说明

RCS-985RS/SS 机组保护装置运行中，硬件自检出错将立即显示自检报告，当一次自检报告中有多个出错信息时，所有自检信息将滚屏显示，自检报文格式如图 3-3-3 所示。

图 3-3-3　自检报文

（四）RCS-985RS/SS 机组保护装置保护开关量变位时液晶显示说明

RCS-985RS/SS 机组保护装置运行中，液晶屏幕在任一开关量发生变位时将自动显示最新一次开关量变位报文，格式如图 3-3-4 所示。

图 3-3-4　变位报文

 **思考与练习**

（1）比率差动保护动作后液晶显示的各数据代表什么？

（2）发电机横联差动保护动作后，哪些指示灯会亮？

（3）转子一点接地保护动作后，该怎么处理？

第二节　参　数　查　询

本节主要介绍 RCS-985RS/SS 机组保护装置的保护液晶显示说明及各参数的查询方法。

一、RCS-985RS/SS 机组保护装置液晶显示说明

RCS-985RS/SS 机组保护装置保护运行时液晶显示说明：RCS-985RS/SS 机组保护装置正常运行状态时，液晶屏将循环显示主画面状态，即显示如图 3-3-5～图 3-3-8 所示的信息。

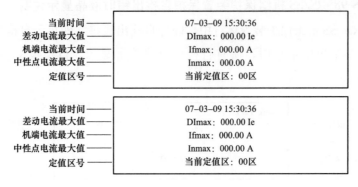

图 3-3-5　RCS-985RS 循环主画面 1

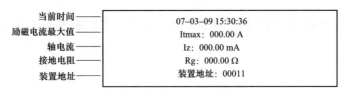

图 3-3-6　RCS-985RS 循环主画面 2

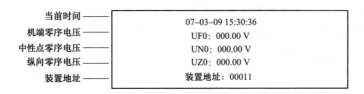

图 3-3-7　RCS-985SS 循环主画面 1

当前时间——　　　　07-03-09 15:30:36
机端零序电压——　　UF0：000.00 V
中性点零序电压——　UN0：000.00 V
纵向零序电压——　　UZ0：000.00 V
装置地址——　　　　装置地址：00011

图 3-3-8　RCS-985SS 循环主画面 2

二、命令菜单查询使用说明

命令菜单采用如图 3-3-9、图 3-3-10 所示的树形目录结构。

（一）状态显示：该命令菜单主要用来显示保护装置电流电压实时采样值和开入量状态，它全面地反映了该保护运行的环境，分为"启动采样显示""保护采样值显示""相角显示"和"开关量状态"四项。对于开入状态，"1"表示投入或收到接点动作信号，"0"表示未投入或没收到接点动作信号，显示如下：

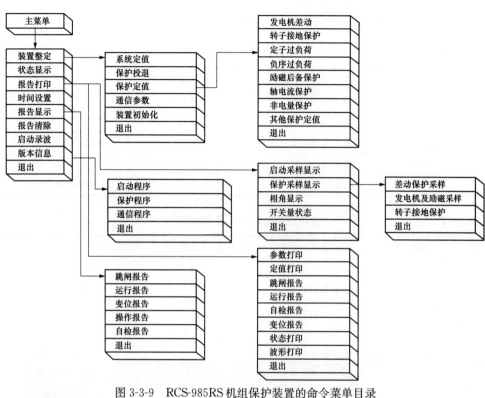

图 3-3-9 RCS-985RS 机组保护装置的命令菜单目录

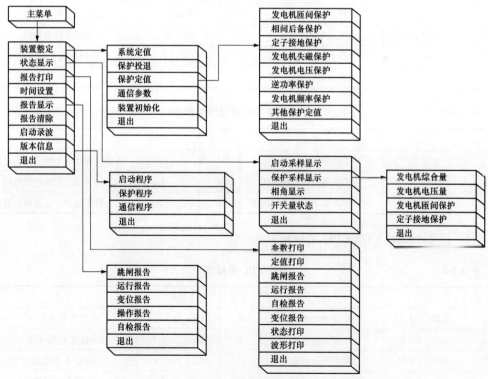

图 3-3-10 RCS-985SS 机组保护装置的命令菜单目录

（1）RCS-985RS 机组保护装置 CPU 采样见表 3-3-1～表 3-3-3。

表 3-3-1　　　　　　　　　　差动保护采样显示对照表

序号	名称	含义	序号	名称	含义
1	$DI\ A$	A 相差动电流	6	$I\ RC$	C 相制动电流
2	$DI\ B$	B 相差动电流	7	$DI\ A\_2W$	A 相差动电流二次谐波
3	$DI\ C$	C 相差动电流	8	$DI\ B\_2W$	B 相差动电流二次谐波
4	$I\ RA$	A 相制动电流	9	$DI\ B\_2W$	C 相差动电流二次谐波
5	$I\ RB$	B 相制动电流	10	$I\ e$	发电机额定电流

表 3-3-2　　　　　　　　　　发电机及励磁采样显示对照表

序号	名称	含义	序号	名称	含义
1	$I\ FA$	机端 A 相电流	12	$I\ N\_0$	中性点自产零序电流
2	$I\ FB$	机端 B 相电流	13	$I\ TA$	励 A 相电流
3	$I\ FC$	机端 C 相电流	14	$I\ TB$	励磁 B 相电流
4	$I\ F\_1$	机端正序电流	15	$I\ TC$	励磁 C 相电流
5	$I\ F\_2$	机端负序电流	16	$I\ z$	轴电流基波
6	$I\ F\_0$	机端自产零序电流	17	$I\ Z3w$	轴电流三次谐波
7	$I\ NA$	中性点 A 相电流	18	GFH	定子过负荷累积值
8	$I\ NB$	中性点 B 相电流	19	$FGFH$	负序过负荷累积值
9	$I\ NC$	中性点 C 相电流	20	$LGFH$	励磁过负荷累积值
10	$I\ N\_1$	中性点正序电流	21	UR_LE	失磁用转子电压
11	$I\ N\_2$	中性点负序电流			

表 3-3-3　　　　　　　　　　转子接地保护采样显示对照表

序号	名称	含义	序号	名称	含义
1	$UR+$	转子绕组正端对地电压	4	$UR2$	第二种状态下转子绕组电压
2	$UR-$	转子绕组负端对地电压	5	Rg	转子绕组对地绝缘电阻
3	$UR1$	第一种状态下转子绕组电压	6	α	转子绕组一点接地位置

（2）RCS-985RS 启动 CPU 采样见表 3-3-4。

表 3-3-4　　　　　　　　　　启动 CPU 采样表

序号	名称	含义	序号	名称	含义
1	$QD\_DI\ A$	A 相差动电流	8	$QD\_I\ NB$	中性点 B 相电流
2	$QD\_DI\ B$	B 相差动电流	9	$QD\_I\ NC$	中性点 C 相电流
3	$QD\_DI\ C$	C 相差动电流	10	$QD\_I\ TA$	励磁 A 相电流
4	$QD\_I\ FA$	机端 A 相电流	11	$QD\_I\ TB$	励磁 B 相电流

序号	名称	含义	序号	名称	含义
5	QD_IFB	机端 B 相电流	12	QD_ITC	励磁 C 相电流
6	QD_IFC	机端 C 相电流	13	QD_IZ	轴电流基波
7	QD_INA	中性点 A 相电流	14	QD_IZ3	轴电流三次谐波

（3）RCS-985RS 机组保护装置的相角显示采样见表 3-3-5。

表 3-3-5　　　　　　　　　　相角采样表

序号	名称	含义	序号	名称	含义
1	$\angle IFNA$	机端、中性点间 A 相电流间	7	$\angle INAB$	中性点 A、B 相电流间
2	$\angle IFNB$	机端、中性点间 B 相电流间	8	$\angle INBC$	中性点 B、C 相电流间
3	$\angle IFNC$	机端、中性点间 C 相电流间	9	$\angle INCA$	中性点 C、A 相电流间
4	$\angle IFAB$	机端 A、B 相电流间	10	$\angle ITAB$	励磁 A、B 相电流间
5	$\angle IFBC$	机端 B、C 相电流间	11	$\angle ITBC$	励磁 B、C 相电流间
6	$\angle IFCA$	机端 C、A 相电流间	12	$\angle ITCA$	励磁 C、A 相电流间

（4）RCS-985SS 机组保护装置的保护 CPU 采样见表 3-3-6～表 3-3-9。

表 3-3-6　　　　　　　　　发电机综合量采样显示对照表

序号	名称	含义	序号	名称	含义
1	IFA	A 相电流	6	Q	无功功率
2	IFB	B 相电流	7	$Z1$	发电机正序阻抗
3	IFC	C 相电流	8	F	发电机频率
4	IHC	横差电流	9	$Tlf1$	低频 I 段累积
5	P	有功功率	10	$Tlf2$	低频 II 段累积

表 3-3-7　　　　　　　　　发电机电压量采样显示对照表

序号	名称	含义	序号	名称	含义
1	UFA	A 相电压	9	$UFCA$	C、A 相间电压
2	UFB	B 相电压	10	$UF0$	机端零序电压
3	UFC	C 相电压	11	$UN0$	中性点零序电压
4	UF_1	正序电压	12	$UZ0$	纵向零序电压
5	UF_2	负序电压	13	$UF0\_3w$	机端零序电压三次谐波
6	UF_0	自产零序电压	14	$UN0\_3w$	中性点零序电压三次谐波
7	$UFAB$	A、B 相间电压	15	$UZ0\_3w$	纵向零序电压三次谐波
8	$UFBC$	B、C 相间电压	16	UM	母线电压

表 3-3-8　　　　　　　　　　匝间保护采样显示对照表

序号	名称	含义	序号	名称	含义
1	$I\,HC$	横差电流	5	$U2$	负序电压
2	$I\,HTA\,h$	横差电流门槛	6	$I\,2$	负序电流
3	$UZ0$	纵向零序电压	7	$DP2$	工频变化量负序功率
4	$UZ0t\,h$	纵向零序电压门槛	8		

表 3-3-9　　　　　　　　　　定子接地保护采样显示对照表

序号	名称	含义	序号	名称	含义
1	$I\,0$	零序电流	5	$UF0\_3w$	中性点零序电压三次谐波
2	$UF0$	机端零序电压	6	K_3w	三次谐波比率
3	$UN0$	中性点零序电压	7	$K3\_f$	三次谐波开放标志
4	$UF0\_3w$	机端零序电压三次谐波	8		

（5）RCS-985SS 机组保护装置的启动 CPU 采样见表 3-3-10。

表 3-3-10　　　　　　　　　　启动 CPU 采样表

序号	名称	含义	序号	名称	含义
1	QD_UFA	A 相电压	7	$QD\_I\,FA$	A 相电流
2	QD_UFB	B 相电压	8	$QD\_I\,FB$	B 相电流
3	QD_UFC	C 相电压	9	$QD\_I\,FC$	C 相电流
4	QD_UFAB	A、B 相间电压	10	$QD\_I\,HC$	横差电流
5	QD_UFBC	B、C 相间电压	11	$QD\_I\,0$	零序电流
6	QD_UFCA	C、A 相间电压			

（6）RCS-985SS 机组保护装置的相角显示见表 3-3-11。

表 3-3-11　　　　　　　　　　相角显示

序号	名称	含义	序号	名称	含义
1	$\angle UFAB$	A、B 相电压间	6	$\angle I\,FCA$	C、A 相电流间
2	$\angle UFBC$	B、C 相电压间	7	$\angle UI\,A$	A 相电压、电流间
3	$\angle UFCA$	C、A 相电压间	8	$\angle UI\,B$	B 相电压、电流间
4	$\angle I\,FAB$	A、B 相电流间	9	$\angle UI\,C$	C 相电压、电流间
5	$\angle I\,FBC$	B、C 相电流间			

（二）报告打印

（1）该菜单主要用来选择打印内容，其中包括参数、定值、跳闸报告、运行报告、自检报告、状态、波形的打印。

（2）报告打印功能可以方便用户进行定值核对、装置状态查看与事故分析。

（3）在发生事故时，建议用户妥善保存现场原始信息，将装置的定值、参数和所有报告打印保存以便于进行事后分析与责任确定。

（三）时间设置

按键"▲""▼""◀""▶"用来选择，"＋"和"－"用来修改。按键"取消"为不修改返回，"确认"为修改后返回。

（四）报告显示

该菜单显示跳闸报告、运行报告、变位报告、操作报告、自检报告。由于该保护自带报告掉电保持功能，不管断电与否，它能记忆上述报告各 64 次（变位报告 256 次）。该菜单的显示格式同上"液晶显示说明"，首先显示的是最新一次报告，按键"▲"显示前一个报告，按键"▼"显示后一个报告，按键"取消"退出至上一级菜单。

（五）报告清除

（1）在主画面状态下，按"▲"键可进入主菜单，通过"▲""▼""确认"和"取消"键选择该子菜单，输入正确的密码后，实现报告清除功能。

（2）注意：该功能是在机组保护装置投运前，为清除试验产生的报告提供的；如果机组保护装置投运后，系统发生故障，机组保护装置的动作出口继电器，或者机组保护装置发生异常情况，建议先将机组保护装置的报告信息妥善保存（可以将机组保护装置内保持的信息、监控后台的信息打印或者抄录），再做处理。

6. 版本信息

机组保护装置的液晶界面可以显示程序名称、版本、校验码以及程序生成时间。具体版本信息显示为准。

思考与练习

（1）QD_DIA 的含义是什么？

（2）怎样设置机组保护装置的时间？

（3）RCS-985SS 机组保护装置的循环主画面有哪些参数？

（4）RCS-985RS 机组保护装置怎么打印报告？

第三节　定　值　修　改

本节主要介绍 RCS-985RS/SS 机组保护装置的保护的定值介绍及修改操作。

一、定值介绍

（一）整定注意事项

（1）系统参数整定：定值区号一般整定为 0，如需 4 套定值切换，可以分别在 0～3

区号下整定，根据运行方式人工切换。

（2）保护定值整定：计算保护定值时，仔细阅读保护原理说明，并对照保护定值单以及相关注意事项，定值单由调度控制中心下发，请勿擅自更改。

（二）RCS-985RS 机组保护装置的发电机保护定值单

RCS-985RS 机组保护装置的通信参数定值单见表 3-3-12。

表 3-3-12　　　　　　　　　RCS-985RS 机组保护装置通信参数定值

序号	定值名称	定值范围	整定值
1	口令	00～99	—
2	装置地址	0～65535	—
3	IP1 子网高位地址	0～254	—
4	IP1 子网低位地址	0～254	—
5	IP2 子网高位地址	0～254	—
6	IP2 子网低位地址	0～254	—
7	IP3 子网高位地址	0～254	—
8	IP3 子网低位地址	0～254	—
9	掩码地址 3 位	0～255	—
10	掩码地址 2 位	0～255	—
11	掩码地址 1 位	0～255	—
12	掩码地址 0 位	0～255	—
13	以太网通信规约	0～1	"1" 表示 103 规约
14	串口 1 通信规约	0～2	"1" 表示 103 规约
15	串口 2 通信规约	0～2	"2" 表示 Modbus 规约
16	1 号 RS485 串口波特率	"0" 表示 4800bit/s;	
17	2 号 RS85 串口波特率	"1" 表示 9600bit/s; "2" 表示 19200bit/s;	—
18	打印波特率	"3" 表示 38400bit/s	

相关说明：

（1）通信参数可以由调试人员根据现场情况整定。

（2）装置地址：装置地址是装置的定位表征，全站的装置地址必须唯一。

（3）请根据实际的网口配置情况整定相应的子网地址，未曾使用的可不整。

2. 系统参数定值单

（1）保护总控制字。保护功能总控制字包括各个保护功能的投入控制字、装置额定电流的选择、保护调试状态的选择。对于某一种保护功能，如果保护投入控制字置"1"，相应保护定值、控制字才有效，RCS-985RS 保护功能总控制字见表 3-3-13。

表 3-3-13 **RCS-985RS 保护功能总控制字**

序号	定值名称	定值范围
1	发电机差动保护	0～1
2	转子接地保护	0～1
3	定子过负荷保护	0～1
4	负序过负荷保护	0～1
5	励磁过电流保护	0～1
6	轴电流保护	0～1
7	非电量保护	0～1
8	其他定值	0～1

（2）系统参数。系统参数分为定值区号、发电机系统参数和励磁系统参数。发电机系统参数包括发电机额定频率、容量、电压等级、TV 及 TA 变比；励磁系统参数包括励磁机或励磁变压器参数、励磁机频率、TA 变比，RCS-985RS 系统参数定值见表 3-3-14。

表 3-3-14 **RCS-985RS 系统参数定值**

序号	定值名称	定值范围	整定步长
1	定值区号	0～3	1
2	发电机容量	(0～300.00)MW	0.01MW
3	发电机功率因数	0.00～1.00	0.01
4	发电机一次额定电压	kV	0.01kV
5	机端 TA 原边	0～30 000A	1A
6	机端 TA 副边	1A，5A	1A
7	中性点 TA 原边	(0～30 000.00)A	1A
8	中性点 TA 副边	1A，5A	1A
9	励磁机频率	50Hz，100Hz	
10	励磁 TA 原边	(0～30 000.00)A	1A
11	励磁 TA 副边	1A，5A	1A

3. 发电机保护定值单

发电机差动保护定值单见表 3-3-15～表 3-3-22。按需要整定发电机保护相应定值，不使用的发电机保护功能只需将相应的控制字整定为"0"。

表 3-3-15 **发电机差动保护定值**

序号	定值名称	定值范围	整定步长
1	比率差动保护启动定值	(0.05～1.20)I_e	0.01I_e
2	差动速断保护定值	(3.00～10.00)I_e	0.01I_e
3	比率差动保护起始斜率	0.05～0.50	0.01

序号	定值名称	定值范围	整定步长
4	比率差动保护最大斜率	0.50～0.80	0.01
5	差动保护电流报警门槛	(0.00～1.00)Ie	0.01Ie
6	差动保护跳闸控制字	0000～1FFF	1
以下是运行方式控制字整定'1'表示投入，'0'表示退出			
1	差动速断保护投入	0/1	
2	比率差动保护投入	0/1	
3	TA断线闭锁比率差动保护	0/1	

注 Ie 为额定电流。

表 3-3-16 发电机转子接地保护定值

序号	定值名称	定值范围	整定步长
1	一点接地灵敏段电阻定值	0.10～100.00kΩ	0.01kΩ
2	一点接地电阻定值	0.10～100.00kΩ	0.01kΩ
3	一点接地延时	0.10～10.00s	0.01s
4	两点接地延时定值	0.10～10.00s	0.01s
5	转子接地跳闸控制字	0000～1FFF	1
以下是运行方式控制字整定"1"表示投入，"0"表示退出			
1	一点接地灵敏段信号投入	0/1	
2	一点接地信号投入	0/1	
3	一点接地跳闸投入	0/1	
4	两点接地保护投入	0/1	

表 3-3-17 发电机定子过负荷保护定值

序号	定值名称	定值范围	整定步长
1	定时限电流定值	0.10～100.00A	0.01A
2	定时限延时定值	0.00～10.00s	0.01s

表 3-3-18 发电机负序过负荷保护定值

序号	定值名称	定值范围	整定步长
1	定时限电流定值	0.10～100.00A	0.01A
2	定时限延时定值	0.00～10.00s	0.01s
3	定时限报警电流定值	0.10～100.00A	0.01A
4	定时限报警延时	0.00～10.00s	0.01S
5	反时限启动负序电流	0.10～10.00A	0.01A
6	长期允许负序电流	0.10～10.00A	0.01A

序号	定值名称	定值范围	整定步长
7	反时限上限延时	0.00～10.00s	0.01s
8	负序转子发热常数	0.10～100.00	0.01
9	负序过负荷定时限控制字	0000～1FFF	1
10	负序过负荷反时限控制字	0000～1FFF	1

表 3-3-19　　　　　　　　　　励磁后备保护定值

序号	定值名称	定值范围	整定步长
1	定时限 I 段电流定值	0.00～100.00A	0.01A
2	定时限 I 段延时定值	0.00～10.00s	0.01s
3	定时限 II 段电流定值	0.00～100.00A	0.01A
4	定时限 II 段延时定值	0.00～10.00s	0.01s
5	定时限报警电流定值	0.00～100.00A	0.01A
6	报警延时定值	0.00～10.00s	0.01s
7	励磁定时限 I 段控制字	0000～1FFF	1
8	励磁定时限 II 段控制字	0000～1FFF	1

表 3-3-20　　　　　　　　　　轴电流保护定值

序号	定值名称	定值范围	整定步长
1	轴电流报警定值	0.00～100.00mA	0.01mA
2	轴电流报警延时	0.00～10.00s	0.01s
3	轴电流跳闸定值	0.00～100.00mA	0.01mA
4	轴电流跳闸延时	0.00～10.00s	0.01s
5	轴电流跳闸控制字	0000～1FFF	1
以下是运行方式控制字整定，"1"表示投入，"0"表示退出			
1	三次谐波分量投入	"0"表示基波分量；"1"表示二次谐波分量	

表 3-3-21　　　　　　　　　　延时非电量保护定值

序号	定值名称	定值范围	整定步长
1	非电量 1 保护延时定值	0.00～6000.00s	0.1s
2	非电量 2 保护延时定值	0.00～6000.00s	0.1s
3	非电量 3 保护延时定值	0.00～6000.00s	0.1s
4	非电量 1 控制字	0000～1FFF	1
5	非电量 2 控制字	0000～1FFF	1
6	非电量 3 控制字	0000～1FFF	1

表 3-3-22　　　　　　　　　　　　　其他保护定值

序号	定值名称	定值范围	整定步长
1	转子低电压定值	0.10～300.00V	0.01V
2	大电流闭锁定值	0.10～100.00A	0.01A
3	大电流闭锁控制字	00～FF	1
4	电制动闭锁保护选择	00～FF	1
5	TA 极性定义选择	00～FF	1
以下是运行方式控制字整定，"1"表示投入，"0"表示退出			
1	转子低电压输出投入	0/1	

（三）RCS-985SS 发电机保护定值单

1. RCS-985SS 发电机保护装置通信参数定值单

RCS-985SS 发电机保护装置通信参数定值单见表 3-3-23。

表 3-3-23　　　　　　　　　RCS-985SS 发电机保护装置通信参数定值

序号	定值名称	定值范围	整定值
1	口令	00～99	
2	装置地址	0～65535	
3	IP1 子网高位地址	0～254	
4	IP1 子网低位地址	0～254	
5	IP2 子网高位地址	0～254	
6	IP2 子网低位地址	0～254	
7	IP3 子网高位地址	0～254	
8	IP3 子网低位地址	0～254	
9	掩码地址 3 位	0～255	
10	掩码地址 2 位	0～255	
11	掩码地址 1 位	0～255	
12	掩码地址 0 位	0～255	
13	以太网通信规约	0/1	"1"表示 103 规约
14	串口 1 通信规约	0～2	"1"表示 103 规约；
15	串口 2 通信规约	0～2	"2"表示 Modbus 规约
16	1 号 RS485 串口波特率	"0"表示 4800bit/s；	
17	串口 2 通信规约	"1"表示 9600bit/s；	
18	打印波特率	"2"表示 19200bit/s； "3"表示 38400bit/s	

相关说明：

（1）RCS-985SS 发电机保护装置的通信参数可以由调试人员根据现场情况整定。

（2）RCS-985SS 发电机保护装置地址：装置地址是装置的定位表征，全站的装置地址必须唯一。

（3）请根据实际的网口配置情况整定相应的子网地址，未曾使用的可不整。

2. 系统参数定值单

（1）保护功能总控制字。保护功能总控制字包括各个保护功能的投入控制字、装置额定电流的选择、保护调试状态的选择。对于某一种保护功能，如果保护投入控制字置"1"，相应保护定值、控制字才有效，保护功能总控制字见表 3-3-24。

表 3-3-24　保护功能总控制字

序号	定值名称	定值范围
1	发电机匝间保护	0/1
2	发电机相间后备保护	0/1
3	发电机定子接地保护	0/1
4	发电机失磁保护	0/1
5	发电机电压保护	0/1
6	发电机逆功率保护	0/1
7	发电机频率保护	0/1
8	其他保护定值	0/1

（2）发电机系统参数定值。发电机系统参数包括定值区号、发电机额定频率、容量、电压等级、TV 及 TA 变比，发电机系统参数定值见表 3-3-25。

表 3-3-25　发电机系统参数定值

序号	定值名称	定值范围	整定步长
1	定值区号	0.00～3.00	1
2	发电机功率因数	0.00～1.00	0.01
3	一次额定电压	(0.00～300.00)kV	0.01kV
4	机端 TV 原边	(0.00～300.00)kV	0.01kV
5	机端 TV 副边	57.74V，100.00V	
6	机端 TV 零序副边	33.3V，57.74V，100.00V	
7	中性点 TV 原边	0.00～300.00kV	0.01kV
8	中性点 TV 副边	0.00～100.00V	0.01V
9	发电机 TA 原边	0.00～3000.00A	1A
10	横差 TA 原边	0～30 000A	1A
11	横差 TA 副边	1A，5A	1A

3. 发电机匝间保护定值单

发电机匝间保护定值单见表 3-3-26～表 3-3-33。

表 3-3-26 　　　　　　　　　　　发电机匝间保护定值

序号	定值名称	定值范围	整定步长
1	横联差动电流定值	(0.001～50.000) A	0.001A
2	横联差动电流高定值	(0.100～50.000) A	0.001A
3	横联差动延时（转子一点接地后）	(0.00～10.00)s	0.01s
4	纵向零序电压定值	(0.100～10.000)V	0.01V
5	纵向零序电压高定值	(0.100～10.000)V	0.01V
6	纵向零序电压保护延时	(0.100～10.000)s	0.01s
7	匝间跳闸控制字	0000～1FFF	1
以下是运行方式控制字整定，"1"表示投入，"0"表示退出			
1	横联差动保护投入	0/1	
2	横联差动保护高定值段投入	0/1	
3	零序电压投入	0/1	
4	零序电压高定值段投入	0/1	
5	DPFC方向匝间保护投入	0/1	

表 3-3-27 　　　　　　　　　　发电机复合电压过电流保护定值

序号	定值名称	定值范围	整定步长
1	负序电压定值	1.00～20.00V	0.01V
2	低电压定值	10.00～100.00V	0.01V
3	过电流Ⅰ段定值	0.10～100.00A	0.01A
4	过电流Ⅰ段延时	0.10～10.00s	0.01S
5	过电流Ⅱ段定值	0.10～100.00A	0.01A
6	过电流Ⅱ段延时	0.10～10.00s	0.01S
7	过电流Ⅰ段控制字	0000～1FFF	1
8	过电流Ⅱ段控制字	0000～1FFF	1
以下是运行方式控制字整定，"1"表示投入，"0"表示退出			
1	过电流Ⅰ段经复合电压闭锁	0/1	
2	过电流Ⅱ段经复合电压闭锁	0/1	
3	TV断线保护投入、退出原则	0/1	
4	自并励发电机	0/1	

表 3-3-28 　　　　　　　　　　　发电机定子接地保护定值

序号	定值名称	定值范围	整定步长
1	零序电压定值	0.10～20.00V	0.01V
2	零序电流定值	0.00～10.00A	0.001A
3	零序保护延时	0.00～10.00s	0.01s

序号	定值名称	定值范围	整定步长
4	三次谐波比率定值	0.50～5.00	0.01
5	三次谐波保护延时	0.00～10.00s	0.01s
6	定子接地跳闸控制字	0000～1FFF	1
以下是运行方式控制字整定，"1"表示投入，"0"表示退出			
1	零序电压保护报警投入	0/1	
2	零序电流保护报警投入	0/1	
3	零序电压保护跳闸投入	0/1	
4	零序电流保护跳闸投入	0/1	
5	三次谐波电压保护报警投入	0/1	
6	零序电压经零序电流闭锁	0/1	

表 3-3-29　　　　　　　　　　　发电机失磁保护定值

序号	定值名称	定值范围	整定步长
1	阻抗定值 Z_1	0.00～100.00Ω	0.01Ω
2	阻抗定值 Z_2	0.00～100.00Ω	0.01Ω
3	无功功率反向定值	1.00%～50.00%	0.01%
4	低电压定值	10.00～100.00V	0.01V
5	减出力有功功率定值	10.00%～100.00%	0.01%
6	Ⅰ段延时	0.10～10.00s	0.01s
7	Ⅱ段延时	0.10～10.00s	0.01s
8	Ⅲ段延时	0.10～3000.00s	0.1s
9	失磁Ⅰ段跳闸控制字	0000～1FFF	1
10	失磁Ⅱ段跳闸控制字	0000～1FFF	1
11	失磁Ⅲ段跳闸控制字	0000～1FFF	1
以下是运行方式控制字整定，"1"表示投入，"0"表示退出			
1	Ⅰ段阻抗判据投入	0/1	
2	Ⅰ段减出力判据投入	0/1	
3	Ⅰ段转子电压判据投入	0/1	
4	Ⅱ段低电压判据投入	0/1	
5	Ⅱ段阻抗判据投入	0/1	
6	Ⅱ段转子电压判据投入	0/1	
7	Ⅲ段阻抗判据投入	0/1	
8	信号投入	0/1	
9	阻抗圆特性选择	0/1	"0"表示静稳圆； "1"表示异步圆
10	无功功率反向判据投入	0/1	
11	低电压判据电压选择	0/1	"0"表示母线电压 "1"表示机端电压

表 3-3-30   发电机电压保护定值

序号	定值名称	定值范围	整定步长
1	过电压定值	10.00～170.00V	0.01V
2	过电压延时	0.10～10.00s	0.01s
3	低电压定值	0.10～100.00V	0.01V
4	低电压延时	0.10～10.00s	0.01s
5	过压控制字	0000～1FFF	1
6	低电压控制字	0000～1FFF	1

表 3-3-31   发电机逆功率保定值

序号	定值名称	定值范围	整定步长
1	逆功率定值	0.50%～10.00%	0.01%
2	逆功率信号延时	0.10～300.00s	0.1s
3	逆功率跳闸延时	0.10～300.00s	0.1s
4	程序逆功率定值	0.50%～10.00%	0.01%
5	程序逆功率延时	0.10～300.00s	0.1s
6	逆功率控制字	0000～1FFF	1
7	程序逆功率控制字	0000～1FFF	1

表 3-3-32   发电机频率保护定值

1	低频Ⅰ段频率定值	45.00～50.00Hz	0.01Hz
2	低频Ⅰ段延时	0.10～300.00min	0.01min
3	低频Ⅱ段频率定值	45.00～50.00Hz	0.01Hz
4	低频Ⅱ段延时	0.01～300.00s	0.01s
5	过频频率定值	50.00～60.00Hz	0.01Hz
6	过频保护延时	0.01～300.00s	0.01 s
7	低频跳闸控制字	0000～1FFF	1
8	过频跳闸控制字	0000～1FFF	1
以下是运行方式控制字整定，"1"表示投入，"0"表示退出			
1	低频Ⅰ段投入信号	0/1	
2	低频Ⅰ段投入跳闸	0/1	
3	低频Ⅱ段投入信号	0/1	
4	低频Ⅱ段投入跳闸	0/1	
5	过频保护投入信号	0/1	
6	过频保护投入跳闸	0/1	

表 3-3-33　　　　　　　　　　　　发电机其他保护定值

序号	定值名称	定值范围	整定步长
1	机端开关大电流闭锁定值	0.10～100.00A	0.01A
2	闭锁选跳控制字	0000～1FFF	1
3	电制动闭锁保护选择	0000～1FFF	1

二、定值修改

定值修改操作：

（1）按键"▲""▼"用来滚动选择要修改的定值，按键"◀""▶"用来将光标移到要修改的那一位，"＋"和"－"用来修改数据，按键"取消"为不修改返回，按"确认"键完成定值整定，在运行灯灭后需复位保护装置（密码由继保人员保管）。

（2）注意：查看定值无需密码，如果修改定值需要输入密码，密码不正确有提示信息。

　思考与练习

（1）控制字为"1"表示什么？

（2）完成定值整定后需要做什么？

第四章 设 备 试 验

本章主要介绍发电机保护检修试验、模拟试验等内容，包括 2 个培训小节。

第一节 检 修 试 验

本节主要介绍 RCS-985RS/SS 保护全部校验、部分校验、传动试验（保护带开关）的周期及质量标准。

一、RCS-985RS/SS 保护全部校验（运行人员仅需了解）

RCS-985RS/SS 保护全部校验见表 3-4-1。

表 3-4-1 保护全部校验

序号	项目	类别	周期	质 量 标 准
1	检验前准备工作	全部检验	6 年	(1) 与实际设备状况一致的图纸，标准的检修作业指导书。 (2) 上次检验的记录，最新定值通知单。 (3) 准备实施的异动方案、所要投入/退出的回路。 (4) 合格的仪器仪表、备品备件及工具、连接导线等设备。 (5) 检修人员和检修项目的确定
2	TA、TV 二次回路检验	全部检验	6 年	(1) 电流互感器：检查电流互感器二次绕组所有接线的正确性及端子排引线螺钉压接的可靠性；检查电流二次回路的接地点与接地状况。 (2) 电压互感器：检查电压互感器二次绕组、三次绕组所有接线的正确性及端子排引线螺钉压接的可靠性；检查串联在电压回路中的熔断器（自动开关）、隔离开关及切换设备触点接触的可靠性；测量计算电压二次回路的压降，其值不超过额定电压的 3%
3	继电器校验	全部校验	6 年	(1) 外部检查：继电器外壳应清洁无灰尘；外壳、玻璃应完整，嵌接应良好；外壳与底座结合应紧密牢固，防尘密封应良好，安装要端正；继电器端子接线应牢固可靠。 (2) 内部和机械部分检查：继电器内部应清洁，无灰尘和油污；继电器可动部分应动作灵活；焊接头应牢固可靠，无虚焊脱焊；触点的固定要牢固，并无折损和烧损；动断触点的接触要紧密可靠并且有足够的压力，动、静接点接触时应中心相对；继电器背部出线端子引线连接可靠，端子编号应清晰正确并与图纸相符。

序号	项目	类别	周期	质　量　标　准
3	继电器校验	全部校验	6年	（3）绝缘检查：应用1000V绝缘电阻表（额定电压100V及以上者）或500V绝缘电阻表（额定电压100V及以下）测定绝缘电阻值：①全部端子对底座的绝缘不应小于50MΩ；②各线圈对触点及各触点检的绝缘电阻不小于50MΩ；③各绕组间的绝缘电阻不应小于10MΩ。 （4）绕阻直流电阻检查：继电器直流电阻实测值不应超过制造厂规定的±10%。 （5）继电器动作返回电压值测试：应仔细观察继电器触点的动作情况，应无抖动、黏住或出线火花等异常现象。动作电压应不大于60%额定电压，返回电压不应小于10%额定电压，动作及返回时间不大于0.06s
4	二次回路绝缘检查	全部检验	6年	（1）检验条件。将保护装置的交流、出口继电器、切换继电器及电源插件等插入机箱，拔出执行元件等集成电路插件；保护屏各连片置投入位置；在保护屏端子排内侧分别短接交流电流、电压回路、保护直流回路、控制直流回路、信号回路的端子。 （2）二次回路绝缘电阻测试。用1000V绝缘电阻表测量各回路之间及各回路对地的绝缘电阻（对开关量输入回路端子采用500V绝缘电阻表）。要求绝缘电阻大于1MΩ
5	装置外观及接线检查清扫	全部检验	6年	（1）检查保护装置的配置，标注及接线等应符合图纸要求。 （2）保护屏：配线正确整齐、接地可靠、清洁、无污垢。 （3）电缆固定良好、标志清楚正确；电缆屏蔽层可靠接地。 （4）各插件插入正确位置，与后座插接可靠，无松动现象；插件上的各元件焊接可靠、无漏焊、虚焊等现象；插件外观完好无损，无断裂现象。接线螺钉压接可靠，无松动，断线、短路等现象。 （5）压板、按钮安装牢固，接触良好，标志清楚正确。 （6）信号继电器、光字牌：名称标志清楚正确，信号（含音响）发出正确完整，通过信号可判断出装置的状态。 （7）二次设备及接线清扫、检查、紧固螺钉
6	装置上电检查	全部检验	6年	（1）保护装置通电自检：保护装置通电后，先进行全面自检。自检通过后，装置运行灯亮。除可能发"TV断线"信号外，应无其他异常信息。此时，液晶显示屏出现短时的全亮状态，表明液晶显示屏完好。 （2）软件版本核对：保护装置正常运行情况下，分别查找到装置的软件版本号和校验码，核对此软件版本与设计图纸（或整定书）上要求一致。应核对程序校验码全部正确。 （3）检验键盘：在保护装置正常运行状态下，分别操作"←""→""＋""－""↓""↑""确认"及"取消"键等，以检验这些按键的功能正确
7	逆变电源检查	全部检验	6年	（1）直流电源缓慢上升时的自启动性能检验：插入全部插件，合上保护装置电源，试验直流电源由零缓慢升至80%额定电压，此时各插件上的电源指示灯正常。 （2）拉合直流电源测试：直流电源分别调至80%额定电压断开、合上电源，电源指示正常

序号	项目	类别	周期	质　量　标　准
8	模数变换系统检验	全部检验	6年	（1）零点漂移检验：进行该项目检验时要求保护装置不输入交流量。检验零点漂移时，要求在一段时间（3min）内的零点漂移值稳定在规定范围内。 （2）模拟量幅值线性度检验：用同时加三相电流、电压方法检验采样数据，要求保护装置采样显示与外部表计误差应小于3%。 （3）模拟量相位特性检验：用同时加三相电流、电压相位120°和0°进行测试。要求装置显示值与表计测量值应不大于3°
9	开关量输入回路检查	全部检验	6年	进入"保护状态"中的"开入量状态"子菜单，依次进行开入量的输入和断开，同时监视液晶屏幕上显示的开入量变位情况。保护装置面板显示及指示灯显示应完全正确
10	整定值的整定及检验	全部检验	6年	整定值的整定及检验是指将装置各有关元件的动作值及动作时间按照定值通知单进行整定后的试验。该项试验在屏柜上每一元件检验完毕后才可进行
11	输出触点及输出信号检查	全部检验	6年	在装置屏柜端子排处，按照装置技术说明书规定的试验方法，依次观察装置已投入使用的输出触点及输出信号的通断状态
12	整组试验	全部检验	6年	（1）整组试验时，根据原理图在保护屏对应电压电流端子上，加入模拟故障电压和电流，本线路断路器处于合闸位置；并检查在保护屏至监控、故障录波器的公共端均已恢复（工作前实施的其他安全措施应保留）。 （2）整组试验时应检查各保护之间的配合、装置动作行为、断路器动作行为、保护启动故障录波信号、监控信息等正确无误。 （3）整组试验时应将装置接到实际的断路器回路中，进行必要的跳闸、合闸试验，以检验各有关跳闸、合闸回路、防止断路器跳跃回路及气（液）压闭锁等相关回路动作的正确性。 （4）动作时间测量：本试验是测量从模拟故障至断路器跳闸回路动作的保护整组动作时间以及从模拟故障切除至断路器合闸回路动作的重合闸整组动作时间（A相、B相和C相分别测量）。 （5）中央信号检查：检查保护动作信号及中央信号是否和模拟的故障一致
13	与厂站自动化系统、继电保护及故障信息管理系统配合检验	全部检验	6年	（1）厂站自动化系统：各种继电保护的动作信息和告警信息的回路正确及名称正确。 （2）继电保护及故障信息管理系统：各种保护的动作信息、告警信息、保护状态信息、录波信息及定值信息正确无误

续表

序号	项目	类别	周期	质 量 标 准
14	装置投运	全部检验	6 年	(1) 工作无漏试验项目。 (2) 装置定值与有效定值单一致。 (3) 试验数据、试验结论完整正确。 (4) 拆除在试验时使用的试验设备、仪表及一切连接线，清扫现场。 (5) 所有拆接二次线已恢复试验前状态。 (6) 所有保护信号已复归，保护装置无出口继电器信号

二、RCS-985RS/SS 保护部分校验（运行人员仅需了解）

RCS-985RS/SS 保护部分校验见表 3-4-2。

表 3-4-2　　　　　　　　　　RCS-985RS/SS 保护部分校验

序号	项目	类别	周期	质 量 标 准
1	检验前准备工作	部分检验	2～4 年	(1) 与实际设备状况一致的图纸，标准的检修作业指导书。 (2) 上次检验的记录，最新定值通知单。 (3) 准备实施的异动方案、所要投退回路。 (4) 合格的仪器仪表、备品备件及工具、连接导线等设备。 (5) 检修人员和检修项目的确定
2	TA、TV 二次回路检验	部分检验	2～4 年	(1) 电流互感器：检查电流互感器二次绕组所有接线的正确性及端子排引线螺钉压接的可靠性；检查电流二次回路的接地点与接地状况。 (2) 电压互感器：检查电压互感器二次绕组、三次绕组所有接线的正确性及端子排引线螺钉压接的可靠性；检查串联在电压回路中的熔断器（自动开关）、隔离开关（闸刀）及切换设备触点接触的可靠性；测量计算电压二次回路的压降，其值不超过额定电压的 3%
3	二次回路绝缘检查	部分检验	2～4 年	(1) 检验条件。将保护装置的交流、出口继电器、切换继电器及电源插件等插入机箱，拔出执行元件等集成电路插件；保护屏各连片置投入位置；在保护屏端子排内侧分别短接交流电流、电压回路、保护直流回路、控制直流回路、信号回路的端子。 (2) 二次回路绝缘电阻测试。用 1000V 绝缘电阻表测量各回路之间及各回路对地的绝缘电阻（对开关量输入回路端子采用 500V 绝缘电阻表）。要求绝缘电阻大于 1MΩ
4	装置外观及接线检查清扫	部分检验	2～4 年	(1) 检查保护装置的配置，标注及接线等应符合图纸要求。 (2) 保护屏：配线正确整齐、接地可靠、清洁、无污垢。 (3) 电缆固定良好、标志清楚正确；电缆屏蔽层可靠接地。

序号	项目	类别	周期	质 量 标 准
4	装置外观及接线检查清扫	部分检验	2～4 年	（4）各插件插入正确位置，与后座插接可靠，无松动现象；插件上的各元件焊接可靠、无漏焊、虚焊等现象；插件外观完好无损，无断裂现象。接线螺钉压接可靠，无松动，断线、短路等现象。 （5）压板、按钮安装牢固，接触良好，标志清楚正确。 （6）信号继电器、光字牌：名称标志清楚正确，信号（含音响）发出正确完整，通过信号可判断出装置的状态。 （7）二次设备及接线清扫、检查、紧固螺钉
5	装置上电检查	部分检验	2～4 年	（1）保护装置通电自检：保护装置通电后，先进行全面自检。自检通过后，装置运行灯亮。除可能发"TV 断线"信号外，应无其他异常信息。此时，液晶显示屏出现短时的全亮状态，表明液晶显示屏完好。 （2）软件版本核对：保护装置正常运行情况下，分别查找到装置的软件版本号和校验码，核对此软件版本与设计图纸（或整定书）上要求一致。应核对程序校验码全部正确。 （3）检验键盘：在保护装置正常运行状态下，分别操作"←""→""＋""—""↓""↑""确认"及"取消"键等，以检验这些按键的功能正确
6	逆变电源检查	部分检验	2～4 年	（1）直流电源缓慢上升时的自启动性能检验：插入全部插件，合上保护装置电源，试验直流电源由零缓慢上升至 80％额定电压，此时各插件上的电源指示灯正常。 （2）拉合直流电源测试：直流电源分别调至 80％额定电压断开、合上电源，电源指示正常
7	模数变换系统检验	部分检验	2～4 年	（1）零点漂移检验：进行该项目检验时要求保护装置不输入交流量。检验零点漂移时，要求在一段时间（3min）内零点漂移值稳定在规定范围内。 （2）模拟量幅值线性度检验：用同时加三相电流、电压方法检验采样数据，要求保护装置采样显示与外部表计误差应小于 3％。 （3）模拟量相位特性检验：用同时加三相电流、电压相位 120°和 0°进行测试。要求装置显示值与表计测量值误差不应大于 3°
8	开关量输入回路检查	部分检验	2～4 年	进入"保护状态"中的"开入量状态"子菜单，依次进行开入量的输入和断开，同时监视液晶屏幕上显示的开入量变位情况。保护装置面板显示及指示灯显示应完全正确
9	整定值的整定及检验	部分检验	2～4 年	整定值的整定及检验是指将装置各有关元件的动作值及动作时间按照定值通知单进行整定后的试验。该项试验在屏柜上每一元件检验完毕后才可进行
10	整组试验	部分检验	2～4 年	各保护之间的配合、装置动作行为、断路器（开关）动作行为、保护启动故障录波信号、调度自动化系统信号、中央信号、监控信息等正确无误

续表

序号	项目	类别	周期	质　量　标　准
11	与厂站自动化系统、继电保护及故障信息管理系统配合检验	部分检验	2～4 年	（1）厂站自动化系统：各种继电保护的动作信息和告警信息的回路正确及名称正确。 （2）继电保护及故障信息管理系统：各种及诶都能保护的动作信息、告警信息、保护状态信息、录波信息及定值信息正确无误
12	装置投运	部分检验	2～4 年	（1）工作无漏试验项目。 （2）装置定值与有效定值单一致。 （3）试验数据、试验结论完整正确。 （4）拆除在试验时使用的试验设备、仪表及一切连接线，清扫现场。 （5）所有拆接二次线已恢复试验前状态。 （6）所有保护信号已复归，保护装置无出口继电器信号

三、RCS-985RS/SS 保护传动校验（运行人员仅需了解）

RCS-985RS/SS 保护传动试验，模拟差动保护动作，发电机侧加入 2A 电流，出口继电器动作；手动跳开灭磁开关励磁消失保护联跳机组开关。RCS-985RS/SS 保护传动试验见表 3-4-3。

表 3-4-3　　　　　　　　　　　　RCS-985RS/SS 保护传动试验

机组保护动作		灭磁开关动作
机组开关	灭磁开关	机组开关
√	√	√

思考与练习

（1）机组保护全部校验周期是多少？

（2）传动试验（保护带开关）需要做哪些项目？

第二节　发电机保护装置模拟试验

本节主要介绍发电机保护装置模拟试验。

机组保护带开关模拟试验：（运行人员需掌握）

模拟试验目的：检查发电机保护动作跳开关回路是否正常及监控信号显示是否正确。

一、设备状态

机组内部检查及开关停役（或小修、或大修）（下文用 X 号机举例）。

二、试验条件

（1）联系相关工作票负责人，并得到允许。

（2）X 号机防止转动措施、检查 X 号机复压过电流保护启动主变压器总引出压板在"退出"位置。

（3）X 号机 LCU 恢复正常。

（4）投入 X 号机水导轴承备用水。

（5）合上 X 号机励磁直流开关 XGS4，开关跳闸绕组 1 直流电源开关 XGS2、跳闸绕组 2 直流电源开关 XGS3。

（6）检查 X 号机隔离开关及其交流电源、直流电源在"拉开"位置。

（7）X 号机断路器正常、开关室无人，并经开关工作负责人同意。

（8）拉开 X 号机断路器内侧、外侧接地开关。

（9）检查 X 号机各"五防"点"无五防操作"，合上 X 号机断路器。

（10）X 号机灭磁开关正常并在"合上"位置。

三、试验步骤

X 号机保护模拟跳闸发电机开关、灭磁开关动作正常（含保护盘动作信号及监控信号）。

四、措施恢复

（1）检查 X 号机断路器在"拉开"位置。

（2）合上 X 号机灭磁开关。

（3）拉开 X 号机直流电源开关 XGS2、XGS3、XGS4、XGS5。

（4）确知 X 号机具备合开关接地开关条件。

（5）合上 X 号机断路器内侧、外侧接地开关。

（6）复归 X 号机水导轴承备用水。

（7）通知相关工作票负责人模拟结束，措施已恢复。

思考与练习

发电机机组保护进行带开关模拟试验前要做什么？

第五章　应　急　处　置

本章主要介绍发电机保护装置应急处置的故障现场处置、事故现场处置、典型案例解析等内容，包括 3 个培训小节。

第一节　故障现场处置

本节主要介绍发电机保护装置应急处置的故障现场处置。

一、发电机保护故障处理

（一）现象

（1）监控系统：总光字屏"X 号机电气故障"亮，分光字牌"X 号机保护装置故障"亮。

（2）根据不同的故障，可能同时出现"X 号机 RCS-985RS（SS）保护装置报警"、"X 号机 RCS-985RS（SS）保护装置闭锁""X 号机保护 TV（TA）断线""X 号机保护开关空气开关跳闸""X 号机 2 号电压互感器（压变）二次侧开关跳闸""X 号机开关控制回路断线"等信号。

（3）报警表出现："X 号机电气故障"及具体的故障名称。

（4）X 号机分光字牌画面中的"保护信号"中具体的故障名称亮。

（二）现场

（1）发电机保护装置"报警"灯亮，"运行"灯可能灭（当此故障闭锁保护时运行灯熄灭）。

（2）发电机保护装置显示屏显示具体的故障信息。

（3）如发电机保护装置电源模块故障，则面板所有指示灯熄灭，人机对话暗屏。

（4）发电机保护装置可能有焦味、烟雾、火光。

（三）处理

（1）根据监控系统的信号，初步判断故障的性质、原因。

（2）向调度控制中心汇报：发电机保护异常。

（3）立即到现场判明情况。

（4）经调度控制中心同意，根据值长指令，退出该机组复压过电流启动主变压器总引出压板（保护电压或电流回路故障时）。

（5）启动备用机组或增加旋转备用出力，保频率、电压在正常范围。

（6）该机组停机。

（7）拉开机组保护的直流电源。若已经有焦味、烟雾、火光，应密切监视火情，当火势不能自行熄灭时，则应立即用 1211 或二氧化碳灭火器灭火，并报告消防部门。

（8）向生产副厂长、总工、运行副总和其他相关副总、运行维护部、机电部、生产技术部及安质部主任（副主任）汇报，通知相关检修班组。

（9）根据检修人员要求做好保护隔离措施。

（10）向调度控制中心详细汇报，做好值班记录和异常情况记录。

二、发电机保护故障处理注意事项

（1）2 号电压互感器高压熔丝熔断或电压开关跳闸时，应将复压过电流保护投入压板退出。

（2）纵联差动保护的 TA 回路断线时，差动保护可能错误动作，应检查 TA 回路有无异常。当保护未跳闸时，应立即降负荷停机处理。当故障消除后，RCS-985RS 保护需要复位，故障信号才能消失。

（3）RCS-985RS/SS 型保护当出现闭锁保护装置的故障时，应退出故障保护装置（RCS-985RS 或 RCS-985SS）的出口压板，即该保护的事故停机压板、跳开关及灭磁开关 TQ1、TQ2 压板。有条件时需要停机处理。

（4）保护装置闭锁与报警：当保护装置检测到本身硬件故障时，发出保护装置报警、保护装置闭锁及失电信号，闭锁整套保护，同时运行灯熄灭。硬件故障包括 RAM、EPROM、出口回路故障、CPLD 故障、定值出错、电源故障。当检测到启动 CPU 电源故障、启动 CPU 定值错误、启动 CPU 通信错误等故障时，闭锁保护装置并报警。

 思考与练习

机组保护装置报什么故障时需将机组复压过电流启动主变压器的总引出压板退出？

第二节　事故现场处置

本节主要介绍发电机保护装置应急处置事故现场处置。

一、机组差动保护动作

（1）现象：总光字屏、信号返回屏"X 号机组事故"光字牌亮，根据不同的事故，

分光字屏具体的事故光字牌亮（差动保护）。

（2）检查机组事故停机正常并向调度控制中心汇报，经同意启动备用机组。

（3）现场检查找故障点，予以隔离。

（4）机组改检修状态，通知检修处理。

二、发电机电气事故（未着火）处理预案

（一）现象

（1）总光字牌"X 号机电气事故"光字牌亮，分光字牌具体的事故光字牌亮（指纵联差动保护、横联差动保护、过电压、复压过电流、励磁后备保护、失磁保护、励磁消失保护、保护动作事故停机、保护动作跳开关、保护动作跳灭磁开关），信号返回屏"X 号机事故"光字牌亮。

（2）报警一览表显示"X 号机电气事故"及具体的事故名称。

（3）根据不同的事故，可能同时出现"X 号机电气故障"及相应的故障名称（指定子单相接地、转子一点接地、负序过负荷）。

（4）监控显示该机开关在"分闸"位置，机组在停机过程中。

（5）RCS-985RS 和 RCS-985SS 机组保护装置面板"跳闸"灯及"跳位"灯亮，屏幕显示具体的事故名称。

（6）机组有冲击声。

（7）导叶全关、调速器紧急停机电磁阀投入，开关在"分闸"位置。

（8）可能有焦味、烟雾，但无火光。

（二）处理

（1）根据监控系统的信号，初步判断事故的性质、原因。

（2）立即向调度控制中心汇报：机组电气事故跳闸。

（3）启动备用机组或增加备用出力，确保频率、电压在正常范围。

（4）立即到现场查明机组保护装置动作是否正常（跳开关、停机、灭磁），发电机开关、灭磁开关及事故停机等自动装置动作是否正常。

（5）迅速查明机组是否有绝缘焦味，内部有无烟雾、火星（可打开下风洞盖板并在观察窗查看）。

（6）监视机组停机正常，机组停稳后，按 LCU"复归"按钮复归事故回路，并做好防止转动措施，电气改冷备用。

（7）向生产副厂长、总工、运行副总和其他相关副总、运行维护部、机电部、生产技术部及安质部主任（副主任）汇报，通知相关检修班组。

（8）根据检修人员要求做好隔离措施。

（9）如查明确实由于保护错误动作引起，则消除错误动作原因并测量发电机定子、转子绝缘电阻正常后，可重新开机并网运行。

（10）未查明原因前，不得开机。

（11）确知发电机内部着火，应按发电机内部着火处理预案执行。

（12）向调度控制中心详细汇报，做好值班记录和异常情况记录。

三、机组保护装置出现异常、动作时，值守人员的处理思路

根据该机组保护装置的现场运检规程进行处理，立即向负责生产的领导汇报，及时通知运行维护负责人和运行维护班组检查处理。机组保护装置动作后，值守人员应按要求做好记录，记录主要内容如下：

（1）跳闸开关名称、编号、跳闸相别。

（2）机组保护的出口继电器动作信号和启动信号。

（3）启动的故障录波器信号。

（4）机组保护装置打印报告及故障录波器录波报告，并按报告记录机组保护动作情况。

（5）电网中电压、电流、频率等参数的变化情况。

四、事故处置要点

（1）根据监控显示和设备异常现象判断事故确已发生。

（2）进行必要的前期处理，限制事故发展，解除对人身和设备的危害。

（3）在发生事故保护动作跳闸机组开关导致机组停机时，应密切监视机组停机流程，防止事故扩大。

（4）分析事故原因，做出相应处理决定。

五、基本处置流程

（1）值守人员负责第一时间的事故应急处置，完成下列任务并及时通知运行维护负责人进行后续事故处理。当现场事故范围较大或条件复杂时，运行维护负责人应汇报运行维护部负责人（或值班主任）。对严重及以上缺陷，运行维护负责人应向分管领导汇报，同时向运行维护部负责人汇报，并组织制定缺陷消除计划、落实责任人。

（2）尽快解除对人身和设备的威胁，限制事故发展，消除事故根源。

（3）确保运行系统的设备继续安全运行。

（4）调整运行方式，尽可能恢复设备正常运行方式。

（5）处理停电事故时，应首先恢复厂用电系统和直流系统。

 **思考与练习**

（1）机组事故的处置要点有哪些？

（2）机组保护事故动作后值守人员要做好哪些记录？

第三节　典型案例解析

本节主要介绍发电机保护装置应急处置典型案例解析。

一、发电机保护装置闭锁信息含义

发电机保护装置闭锁信息含义见表 3-5-1。

表 3-5-1　　　　　　　　　　装置闭锁信息含义

序号	信息	含义	处理建议	备注
1	定值出错	定值内容出错	通知厂家处理	
2	电源故障	直流电源异常	通知厂家处理	
3	CPLD 故障	CPLD 芯片损坏	通知厂家处理	
4	RAM 出错	RAM 内容被破坏	通知厂家处理	
5	ROM 出错	ROM 内容被破坏	通知厂家处理	
6	启动 CPU 定值错	启动定值区内容被破坏	通知厂家处理	
7	启动 CPU 通信错	启动 CPU 与主 CPU 通信异常	通知厂家处理	
8	启动 CPU 电源故障	启动 CPU 直流电源异常	通知厂家处理	

注　本表所有告警均闭锁保护。

二、发电机保护装置报警信息含义

一般发电机保护报警信息含义见表 3-5-2。

表 3-5-2　　　　　　　　一般发电机保护报警信息含义

序号	信息	含义	处理建议	备注
1	启动	装置启动	无须处理或打印报告	
2	QDCPU 长期启动	启动 CPU 的启动时间超过 10s	检查二次回路接线，定值	

TA 断线、TV 断线报警信息含义见表 3-5-3。

表 3-5-3　　　　　　　　　　　TA 断线、TV 断线报警信息含义

序号	信息	含义	处理建议	备注
1	励磁 TA 异常	此 TA 回路异常或采样回路异常	检查采样值、二次回路接线，确定是二次回路原因还是硬件原因	
2	横差 TA 异常	同上	同上	
3	发电机 TA 异常	同上	同上	
4	发电机差动 TA 断线	同上	同上	
5	发电机差动差动电流异常	同上	同上	
6	发电机机端 TV 断线	此 TV 回路断线或异常	同上	
7	转子电压回路断线	同上	同上	

发电机保护报警信息含义见表 3-5-4。

表 3-5-4　　　　　　　　　　　发电机保护报警信息含义

序号	信息	含义	处理建议	备注
1	逆功率保护信号	异常元件动作，同信息	按运行要求处理	
2	失磁保护信号	异常元件动作，同信息	按运行要求处理	
3	过负荷信号	异常元件动作，同信息	按运行要求处理	
4	负序过负荷信号	异常元件动作，同信息	按运行要求处理	
5	励磁过负荷信号	异常元件动作，同信息	按运行要求处理	
6	过电流输出	发电机开关电流大于允许	按运行要求处理	
7	定子接地零序电压信号	定子 95％接地保护报警元件动作，同信息	按运行要求处理	
8	三次谐波电压比率信号	定子中性点附近接地保护报警元件动作，同信息	按运行要求处理	
9	工频变化量匝间保护信号	发电机匝间保护报警，同信息	按运行要求处理	
10	转子一点灵敏接地保护信号	异常元件动作，同信息	按运行要求处理	
11	转子一点接地保护信号	异常元件动作，同信息	按运行要求处理	
12	转子两点接地保护投入	转子一点接地后装置延时	还需经转子两点接地保护	
13	低频保护Ⅰ段信号	异常元件动作，同信息	按运行要求处理	
14	低频保护Ⅱ段信号	异常元件动作，同信息	按运行要求处理	
15	过频保护Ⅰ段信号	异常元件动作，同信息	按运行要求处理	
16	非电量 1 保护开入信号	异常元件动作，同信息	按运行要求处理	
17	非电量 2 保护开入信号	异常元件动作，同信息	按运行要求处理	
18	非电量 3 保护开入信号	异常元件动作，同信息	按运行要求处理	
19	电制动闭锁	异常元件动作，同信息	按运行要求处理	
20	转子低电压输出	异常元件动作，同信息	按运行要求处理	

发电机保护动作信息含义见表 3-5-5。

表 3-5-5　　　　　　　　　　发电机保护动作信息含义

序号	信息	含义	处理建议	备注
1	发电机差动保护	保护元件动作，同信息	按运行要求处理	
2	发电机差动速断保护	保护元件动作，同信息	按运行要求处理	
3	横联差动保护	保护元件动作，同信息	按运行要求处理	
4	横联差动保护高定值段	保护元件动作，同信息	按运行要求处理	
5	匝间保护	保护元件动作，同信息	按运行要求处理	
6	匝间保护高定值	保护元件动作，同信息	按运行要求处理	
7	工频变化量匝间保护	保护元件动作，同信息	按运行要求处理	
8	定子零序过电压保护	定子95%接地保护元件动作，同信息	按运行要求处理	
9	定子零序电流保护	保护元件动作，同信息	按运行要求处理	
10	转子一点接地保护	保护元件动作，同信息	按运行要求处理	
11	转子两点接地保护	保护元件动作，同信息	按运行要求处理	
12	定时限负序过负荷保护	保护元件动作，同信息	按运行要求处理	
13	反时限负序过负荷保护	保护元件动作，同信息	按运行要求处理	
14	复合电压过电流保护Ⅰ段	保护元件动作，同信息	按运行要求处理	
15	复合电压过电流保护Ⅱ段	保护元件动作，同信息	按运行要求处理	
16	过电压段保护	保护元件动作，同信息	按运行要求处理	
17	低电压保护保护	保护元件动作，同信息	按运行要求处理	
18	低频保护Ⅰ段	保护元件动作，同信息	按运行要求处理	
19	低频保护Ⅱ段	保护元件动作，同信息	按运行要求处理	
20	过频保护Ⅰ段	保护元件动作，同信息	按运行要求处理	
21	失磁保护Ⅰ段	保护元件动作，同信息	按运行要求处理	
22	失磁保护Ⅱ段	保护元件动作，同信息	按运行要求处理	
23	失磁保护Ⅲ段	保护元件动作，同信息	按运行要求处理	
24	逆功率保护	保护元件动作，同信息	按运行要求处理	
25	程序逆功率保护	保护元件动作，同信息	按运行要求处理	
26	断路器（开关）过电流闭锁选跳	开关电流大于开关允许电流，选跳其他开关	按运行要求处理	
27	励磁过电流保护Ⅰ段	保护元件动作，同信息	按运行要求处理	
28	励磁过电流保护Ⅱ段	保护元件动作，同信息	按运行要求处理	
29	非电量1跳闸	保护元件动作，同信息	按运行要求处理	
30	非电量2跳闸	保护元件动作，同信息	按运行要求处理	
31	非电量3跳闸	保护元件动作，同信息	按运行要求处理	

 **思考与练习**

发电机机组保护装置哪些报警信号会闭锁机组保护?

第四篇

水轮发电机组自动化设备

　　本篇主要介绍水轮发电机组自动化设备的结构原理、巡回检查、设备操作、设备试验、应急处置等内容，包括五个章节。第一章主要介绍水轮发电机组自动化设备的结构原理相关内容；第二章主要介绍水轮发电机组自动化设备巡回检查的相关内容；第三章主要介绍水轮发电机组自动化设备操作的相关内容；第四章主要介绍水轮发电机组自动化设备试验的相关内容；第五章主要介绍水轮发电机组自动化设备应急处置的相关内容。

第一章 结 构 原 理

本章主要介绍现地控制单元（LCU）结构原理、自动化元件结构原理等内容，包括2个培训小节。

第一节 现地控制单元（LCU）结构原理

本节主要介绍机组现地控制单元（LCU）装置配置、操作流程、保护和作用。

一、现地控制单元（LCU）装置配置

（1）LCU 完成输入输出 I/O 采集，水力机械自动控制、机组保护、负荷调节，自动准同期并网，励磁系统操作、故障发信，发电机保护发信，发电机开关、隔离开关控制，过程数据处理存储和网络通信等功能。

（2）LCU 是一套完整的计算机控制系统，与上位机系统联网时，作为系统的一部分，实现远方监控功能；而当与上位机系统脱机时，则能独立运行，实现 LCU 的现地监控功能。

（3）LCU 由主用 PLC（型号 AK1703 ACP）、紧停 PLC（型号 TM1703 mis）、现地监控计算机（以下称触摸屏）、交换机、同期装置、交流采样模块（型号 AI-6303）、转速测量装置、电源转换器等设备构成。

（4）为确保水力机械保护的可靠性，保护采用冗余配制，除主用 PLC 外，LCU 另配置了一套紧停 PLC。主用 PLC 能完成水力机械全部自动控制、机组保护；紧停 PLC 仅实现电气过速、机械过速、事故低油压、事故低油位、振摆过大、急停按钮、电气保护事故停机及加闸功能。

（5）主用 PLC（型号 AK1703 ACP）采用双电源模块、双网络通信模块、多处理器体系结构。装置配两块中央 CPU 模块（型号 CP-2017），一块协同处理 CPU 模块（型号 CP-2010）。两块中央 CPU 模块相互冗余，协同处理 CPU 模块负责中央 CPU 模块之间的切换管理及与发电机保护、调速器的通信。

（6）主用 PLC、紧停 PLC 分别经交换机（冗余配制）通过光纤与上位机通信，主用 PLC 或紧停 PLC 的任一套装置故障不会影响另一套装置运行。

（7）LCU 配置一台触摸屏，实现现地监视和操作功能。触摸屏经交换机通过光纤与

上位机通信，在触摸屏关机情况下，不影响远方监视和操作。

（8）LCU 设备控制权可由 LCU 控制方式选择开关进行切换，正常放"远方"位置。LCU 上送信息不受切换开关位置的影响。

（9）LCU 数据采集和处理：

1）电气量采集：通过交流采样模块，采集并处理机组三相线电压、三相相电压、三相电流、有功功率、无功功率、频率、功率因数等实时参数。

2）机组温度量采集：通过主 PLC 温度量采集模块采集并处理定子线圈、空气冷却器冷热风、推力轴承、上导轴承和冷却水等温度；

3）冷却水流量、水压、油槽油位等数据的采集和处理。

（10）机组振动、摆度监测系统由振动摆度上位机和现地振动摆度监测装置（型号 SJ-90B）组成。振动摆度上位机包括数据服务器和 WEB 服务器，其中数据服务器与监控系统通信，实现监控系统对机组振动、摆度数据的采集、在线监视和越限报警功能；WEB 服务器与厂内网相连，用于厂内网计算机对机组摆度、振动监测系统的访问。现地振动摆度监测装置（型号 SJ-90B）除对振动摆度的监测外，另具有振动摆度保护功能，装置输出二副开关量信号，通过 LCU 作用于事故停机。

（11）机组并网由微机同期装置自动控制完成，微机同期装置故障时，手动准同期装置能够实现并网功能。

（12）LCU 采用交直流双路供电，分别来自机旁盘和厂房继保室直流盘。

二、现地控制单元（LCU）操作流程

（1）触摸屏操作：

1）查看运行状态、运行参数、事件记录等信息，切换画面同操作员站。

2）需操作设备时，LCU 控制方式切换开关 S80 放"现地"位置（主用、备用水投切除外），用户登录，设备操作方法同操作员站。

（2）遇事故动作时机组需保持空载状态运行的操作：

1）按机旁盘"复归"按钮，复归事故停机及落门回路。

2）检查工作门在全开位置或摇工作门至全开。

3）复归紧急停机电磁阀。

4）打开导水叶至"空载"位置，机组升速至额定转速。

5）检查机组各部正常。

（3）机组开关、开停机以远方操作为主，遇主用 PLC 与上位机通信故障，可切换到触摸屏操作，但必须经分管总工同意，特别是机组开机后，远方无法监视，应加强现场监视。触摸屏其他设备操作应经值长同意。

（4）触摸屏操作相关设备无网门、地线等"五防"闭锁；触摸屏只能操作该 LCU 相关设备，并且仅判别该 LCU 相关设备的闭锁，如操作流程中涉及其他 LCU 中设备闭锁点，则不能操作。

（5）监控操作命令发出后，如流程遇阻，会发超时报警，应查明流程遇阻原因。需复归超时报警信号后，方能再次发出操作命令。

（6）在 LCU 交直电源同时拉合或重新启动后，水力机械保护软压板将恢复默认状态（零升压板退出，其余保护压板投入）。因此，LCU 交流电源、直流电源恢复或重新启动后，应检查各软压板位置，原退出的保护压板应退出。

（7）触摸屏热启动，监控应用程序"SCADA Server""SCADA Client"会自动启动。如自启动不成功，需人为启动，则先启动"SCADA Server"，完成后再启动"SCADA Client"（点桌面快捷方式）。

（8）压油泵、漏油泵正常由主用 PLC 自动控制启动、停止，如主用 PLC 未上电，压油泵、漏油泵应切换到常规方式运行。

（9）按机旁盘"复归"按钮，可以复归主 PLC、紧停 PLC 事故保护回路和停机回路，也可以复归落门回路；操作员工作站或触摸屏"主用 PLC 事故复归"按钮，仅复归主 PLC 事故保护回路和水机、电气事故光字牌。

（10）遇下列情况之一者，值班人员可按"紧急停运"按钮：

1）确知发电机内部着火时。

2）机组转速上升到额定转速的 140% 以上，过速保护未动作或导水叶不能关闭时。

3）发电机转动部分发出持续的特大异常声音时。

4）轴瓦温度迅速上升，并超过 70℃，而轴承温度过高保护未动作时。

5）有严重危及人身和设备安全的情况时。

三、现地控制单元（LCU）保护和作用

1. 电气过速保护

电气过速保护的作用是在机组甩负荷时，且遇调速系统故障，为防止机组转速异常升高。瞬时跳闸发电机开关，投入紧急停机电磁阀，事故停机关工作门。

2. 机械过速保护

机械过速保护的作用是在机组甩负荷时，遇自动装置失灵或失电情况下，为防止机组转速异常升高。瞬时跳闸发电机开关，投入紧急停机电磁阀，事故停机关工作门。

3. 115% 过速保护（经发电机开关分位判断）

115% 过速保护的作用是在机组甩负荷时，遇调速器主配压阀拒绝动作，为防止机组转速异常升高，投入紧急停机电磁阀，事故停机关工作门。115% 过速保护在发电机

开关合闸时不起作用。1、2、3 号机的 115％过速保护动作后，投入紧急停机电磁阀，事故停机，动作事故配压阀。

4. 事故低油压保护

事故低油压保护的作用是防止调速系统油压过低，导致调速器失去控制能力。瞬时跳闸发电机开关，投入紧急停机电磁阀，事故停机关工作门。

注：压油泵运行方式切换开关放"常规"，该保护不能动作（主 PLC）。

5. 事故低油位保护

事故低油位保护的作用是防止压油槽油位过低，调速器失去控制能力。事故低油位保护瞬时跳闸发电机开关，投入紧急停机电磁阀，事故停机关工作门。

6. 导叶剪断销剪断保护

导叶剪断销剪断保护的作用是防止蜗壳内进入杂物造成导水叶发卡。机组运行中发故障信号，停机过程中，事故停机关工作门。

7. 急停按钮（包括中控室）

急停按钮的作用是严重危及设备和人身安全的情况下的紧急停机。瞬时跳闸发电机开关，投入紧急停机电磁阀，事故停机关工作门。

注：调速器面板"急停投入"按钮，仅紧急关闭导水叶。

8. 推力轴承、上导轴承瓦温度过高保护

推力轴承、上导轴承瓦温度过高保护的作用防止机组推力轴承、上导轴承温度严重升高。延时 30s 跳发电机开关，投入紧急停机电磁阀，事故停机。

注：推力（上导）轴承任两点瓦温度过高时该保护动作。

9. 水导轴承润滑水中断保护

水导轴承润滑水中断保护的作用是防止水轮机水导轴承润滑水中断。5s 后跳闸发电机开关，投入紧急停机电磁阀，事故停机。

10. 振动摆度过大保护

振动摆度过大保护的作用是防止机组振动摆度过大导致机械部分损坏。延时 30s 跳闸发电机开关，投入紧急停机电磁阀，事故停机。振动摆度过大保护在发电机开关分闸时不起作用。

11. 消防保护

消防保护的作用是作为机组内部着火的保护。瞬时跳闸发电机开关，灭磁，投入紧急停机电磁阀，事故停机。

注：任两个烟气传感器和任两个温度传感器报火警且任一定子温度超过 120℃时，消防保护动作。

12. 水淹厂房保护

水淹厂房保护的作用是当机组引水钢管破裂等异常的发生，为防止水淹厂房导致事故扩大。瞬时关工作门，跳闸发电机开关，投入紧急停机电磁阀，事故停机。

注：每台机两套水位信号器中的每一套水位信号器两副低水位接点分别并联后再串联，直接动作落工作门；两套水位信号器高水位接点串联后送至 LCU，启动机组事故停机。

13. 高转速加闸保护

高转速加闸保护的作用是防止机组正常运行中高转速误加闸导致设备损坏。瞬时跳闸发电机开关，撤销风闸，投入紧急停机电磁阀，事故停机。

14. 调速器失电关机保护

调速器失电关机保护的作用是防止调速器电源消失导致机组异常情况发生。当调速器交流电源、直流电源同时失电时，失电关机电磁阀动作将导叶关闭，导叶空载以下跳闸发电机开关，投入紧急停机电磁阀，事故停机。

15. 调相失电改发电保护

调相失电改发电保护的作用是作为调相机组失去电源的保护。自动改发电。

16. 105％过速保护

105％过速保护的作用是在机组自动开机时，遇调速器电气异常，防止机组转速异常升高。投入紧急停机电磁阀，事故停机。

17. 机组蠕动保护

机组蠕动保护的作用是在机组停机时因导叶漏水大发生蠕动，防止水导轴承磨损大。投入水导轴承备用润滑水。

18. 下列保护发信号

轴承温度升高，冷、热风温度升高，油槽油位不正常，推力、上导油槽油混水、备用压油泵启动，压油槽油压过高，停机未完成，备用润滑水投入，顶盖水位过高，水导轴承水压升高，转速装置故障，推力、上导、空气冷却器冷却水中断，风闸未下落，导叶剪断销剪断，调速器事故、故障，同期装置故障，开机条件不具备，机组自转，油泵控制器故障，自动滤水器差压过高、减速机故障，振动摆度增大、调速器、LCU 交、直流电源消失等。

 **思考与练习**

请简要阐述现地控制单元（LCU）主用 PLC 的故障处理步骤。

第二节　自动化元件结构原理

本节主要介绍机组自动化元件的结构原理、作用。

自动化元件包括油混水控制器、流量开关、流量计、压力开关、压力变送器、液位计、液位开关、自动补气装置、测速装置、自动准同期、手动准同期、振动摆动装置等。自动化元件的具体结构原理、作用如下：

一、推力轴承、上导的轴承油混水控制器

推力轴承、上导轴承的油混水控制器用于监测推力轴承、上导轴承油槽油中的含水量。

油混水控制器的工作原理是依据电容值在其他条件不变，只有两板间介质的介电常数变化时，电容随介电常数的变化而变化。油混水控制器由探头外壳、内芯构成电容两极，当两极间油中混水后将改变介电常数，从而引起电容值的变化，通过微电路设定油混水比例（5%），当达到油混水比例设定值时，控制器输出报警接点信号。

二、推力轴承、上导轴承、水导轴承、总冷却水流量开关

流量开关用于机组供水系统断水保护，用于测量经管路的液体流动状态。

流量开关的工作原理是通过调节螺栓，设定流速的动作点，当流体按指示方向流过管道时，流体推动挡板偏转，偏转到指定位置时，微动开关动作，输出开关信号。

三、推力轴承、上导轴承、水导轴承流量计

流量计用于测量推力轴承、上导轴承、水导轴承、总冷却水流量。

流量计测量的原理是基于法拉第电磁感应定律，当导电液体流过围在磁场中的测量管时，在与流向和磁场二者相垂直的方向就会产生与平均流速成正比的感应电动势。流量计由传感器和转换器两部分组成。转换器传输励磁电流到传感器内部的线圈，从而在传感器测量管内产生磁场，然后流过测量管的导电液体因切割磁力线而产生感应电动势；而固定在测量管管壁两侧的电极接受并通过信号电缆将该感应电动势传输给转换器，转换器将信号进行滤波、放大、运算、变换后，得出被测介质的流量值；最后，转换器输出与流量测量值成正比的标准电流信号或频率信号。

四、压力开关

压力开关用于水、气、油等的压力控制。

压力开关的工作原理是当压力大于整定值时，压力作用使得恒力弹簧产生形变，使得微动开关动作，输出接点信号，从而实现报警及控制。

五、压力变送器

压力变送器能将测压元件感受到的气体、液体等物理压力参数转换成标准电信号，以供给指示报警仪、记录仪、调节器等二次仪表进行测量、指示和过程调节。

压力变送器的工作原理：过程压力直接作用于测量膜片，使膜片产生弹性位移。从衬底电极和膜片电极之间可以检测到与位移成正比的电容变化量，电容的变化值经激光微调电路放大，输出高达 $1000\sim4000\text{mV}$ 的电压信号，再通过变送器转换成 $4\sim20\text{mA}$ 的电流输出。

六、推力轴承、上导轴承的油槽液位计

油槽液位计用于测量推力轴承、上导轴承的油槽油位高低，自诊断油位异常报警输出。

油槽液位计的工作原理：磁束单元放置于浮球内部，而顶装式磁束单元通过顶杆与浮球相连，当浮球连带磁单元随液位变化时，磁束单元沿由一系列磁感应模块组成的液位传感器运动，在磁束单元的作用下，液位传感器内的磁感应模块就会发生对点动作，从而输出变化电阻信号，再经过变送器把电阻信号转换成 $4\sim20\text{mA}$ 的电流信号输出，同时可以通过石英管直观的观测到当前液位，而磁记忆开关在对应的液位点进行动作，从而进行报警及控制输出。

七、压油槽液位计

压油槽液位计用于测量压油槽油位高低及输出油位异常报警。

旁路磁性翻柱式液位计采用连通器原理使液体等高引入主体内，主体内漂浮一带永久磁性的浮子，由浮子带动的磁性能无阻隔地传出主体，并始终定位在液体的表面。液位计现场测量的液面位置指示利用了附靠在主体外同样带磁性体的两个半不同色的翻柱来实现，当液面上升时，翻柱被主体内液面处的磁场推动 $180°$，由白色变为红色；当液面下降时，翻柱又被主体内液面处的磁场推回 $180°$，由红色又变为白色，达到了液面检测的目的。

八、顶盖水位液位开关

顶盖水位液位开关用于顶盖水位过高报警。

顶盖水位液位开关分接线盒、连杆、浮球等部分。在不锈钢连杆内对应每个控制液

位点均装有一个磁性开关，浮球内置只在某一个层面产生强磁的特殊磁束单元，当浮球随液位变化时，磁束单元吸合对应的磁性开关输出接点信号。

九、自动补气装置

自动补气装置用于压油槽自动补气。

自动补气装置的工作原理：自动补气装置采用进口电动球阀门、单向阀门、两通手动球阀、消声器及过滤器等组成。自动补气装置的工作原理图如图 4-1-1 所示。

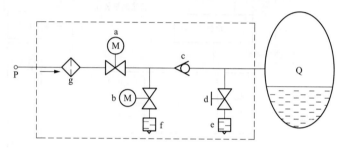

图 4-1-1　自动补气装置工作原理图

a、b—进口电动球阀；c—单向阀；d—两通手动球阀；e、f—消声器；

g—过滤器；P—气源；Q—压油槽；箭头—补气方向

自动补气和停止：两通手动球阀 d 关闭。当满足自动补气条件时，自动关闭电动球阀 b，打开电动球阀 a，高压气从进气口按 P->电动球阀 a->单向阀 c>到压油槽 Q 的流动顺序进行补气；当满足停止补气条件时，自动关闭电动球阀 a，停止补气。打开电动球阀 b，压油槽 Q 的气压被单向阀 c 阻断，停止补气。电动球阀 a 与单向阀 c 之间的管段通过电动球阀 b 被排空至常压，单向阀 c 的密封性增强，同时防止电动球阀 a 渗漏造成过补气。

十、可编程微机测速装置

可编程微机测速装置采用工业用 PLC 作为核心控制元件，配以先进的测量元件（旋转齿盘和感应开关）构成新一代水轮发电机转速测量及保护控制装置。可编程微机测速装置采用旋转齿盘输入，同时还保留传统的残压（或永磁机）输入，根据选型的不同，可以最多组合成六种工作模式以供现场使用，是集测量、显示、输出和控制于一体的高性能转速测量装置。

可编程微机测速装置的工作原理：可编程微机测速装置采用先进的测量元件构成转速测量单元，将发电机的机械旋转速度转换成脉冲信号，这就使得转速的测量与控制变得简单、可靠，从根本上解决了常规测速的缺陷和不足，真正做到了全范围测速。

工作原理示意图如图 4-1-2 所示。

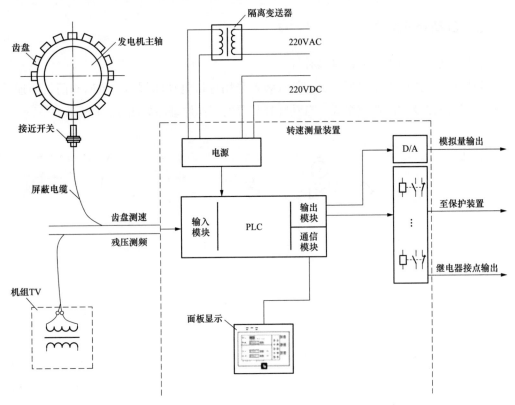

图 4-1-2　工作原理示意图

十一、自动准同期装置

自动准同期装置用于发电机差频并网。在发电机并网过程中，按模糊控制理论的算法，对机组频率及电压进行控制，确保最快最平稳地使频率差及电压差进入整定范围，实现更为快速的并网。

自动准同期装置工作原理：自动准同期装置进入正常工作模式后，首先进行自动准同期装置自检，如果自检不通过，自动准同期装置报警并进入闭锁状态；自检通过后输入量检查，如果开入量或电压不满足条件，自动准同期装置报警并进入闭锁状态；如果输入量符合进入同期过程要求，自动准同期装置会输出"就绪"信号，此时如果有"启动同期工作"信号输入，自动准同期装置自动进入同期过程；进入同期过程后，先判定同期模式，在确定同期模式后，进入同期过程。在同期过程中，如果出现某种使自动准同期装置不能自动完成同期操作的情况，自动准同期装置报警并进入闭锁状态；当符合同期合闸条件时，自动准同期装置发出合闸令，完成同期操作；在发电机同期时，如果

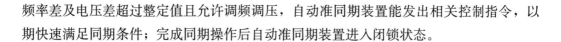

频率差及电压差超过整定值且允许调频调压，自动准同期装置能发出相关控制指令，以期快速满足同期条件；完成同期操作后自动准同期装置进入闭锁状态。

十二、手动准同期装置

手动准同期装置集同步表和同期闭锁继电器于一体，用于手动同期相位角指示，及手动同期和自动同期闭锁功能。

手动准同期装置有 12 个同期闭锁继电器，每个同期闭锁继电器可单独整定闭锁角，在外部输入同频或差频并网类别开入量时，被选中的同期闭锁继电器将自动设置与并网性质相对应的同期闭锁角整定值。如果两侧电压存在固有相角差，可通过对每个并列点的系统侧电压单独设置转角进行修正。当电压差或频率差超过允许值时，闭锁继电器自动闭锁合闸回路。同步表对电压差、频率差、相角差及功率角实现了四重闭锁，确保手动同期操作或自动同期操作的绝对安全，但手动准同期装置不是同期装置，不具备实现频率差同期时捕捉零相角差合闸的功能。

十三、振动摆度装置

振动摆动装置使用 SJ9000 型机组在线监测系统，主要设备包括 SJ90B 型现地监测屏、90B 型系统、IN-081 型一体化电涡流传感器、9200 型低频振动加速度传感器及附件等。

现地监测分析系统主要由振动摆度探头、机旁数据采集装置、数据预处理单元、人机界面、电源、网络设备、软件及屏柜等组成。现地在线监测屏置于水轮机层，负责对机组的振动、摆度信号进行数据采集、处理、分析，以图形、图表、曲线等直观的方式在显示器上显示，同时对相关数据进行特征参数提取，得到机组状态数据，完成机组故障的预警和报警。每台机组安装 10 个振动传感器，用于测量上机架、顶盖、定子机座 X、Y 向的水平和垂直振动。传感器供电电源均为直流-24V，取自现地屏的电源插箱，由前面板的 I/O 供电开关控制。

 思考与练习

请简要阐述转速装置各转速点的含义及用途。

第二章 巡 回 检 查

本章主要介绍水轮发电机组自动化设备巡回检查的检查项目及标准、危险点分析等内容，包括机组 LCU 检查、同期装置检查、制动控制柜检查、压油泵与漏油泵控制箱检查、动力电源柜检查 5 个培训小节。

第一节 机组 LCU 检查

本节主要介绍水轮发电机组 LCU 的巡回检查的检查项目及标准、危险点分析。

一、机组 LCU 检查项目及标准

（1）各电源开关在合上位置（除标有备用标识的开关外所有开关都在"合上"位置），切换开关位置正确（LCU 控制方式选择开关切到"远方"位置，压油泵以及漏油泵的控制选择开关切到"LCU"位置）；各端子接线完好，无松动；各通信接口及接插线接插良好，引线接头不松动，交换机"Power"灯亮，"Alarm"灯灭。

（2）各电源转换器"DC OK"灯亮。

（3）PLC 各模块"RY（运行）"灯亮，"ER（出错）"灭灯。

（4）触摸屏画面切换、数据刷新正常。

（5）电气转速装置显示正常（触碰屏幕唤醒屏幕，通常放百分比模式显示），无故障信号。

（6）仪表盘各电源开关在"合上"位置，电源指示灯亮；振动摆度装置电源箱各指示灯亮，PLC 电源模板"OK"灯亮，其他各模板"R"闪烁，"F"灯灭，显示器振摆数据显示正常。

二、机组 LCU 巡视危险点分析

（1）LCU 采用交流、直流电源双路供电，交流、直流电源分别来自机旁盘和厂房继保室直流盘。

（2）上位机有功功率的给定通过 LCU 以通信方式送至调速器，如遇通信故障，有功功率将不能调节，只有切至"开度模式"后，方能正常调节。

（3）115％过速保护（经发电机开关分位判断），该保护发电机开关合闸时不起

作用。

（4）推力（上导）轴承任二点轴承瓦温度过高时，机组推力轴承、上导轴承的轴承瓦温度过高保护动作，延时 30s 跳闸发电机开关，投入紧急停机电磁阀，事故停机。

（5）振动摆度过大保护在发电机开关分闸时不起作用。

（6）105％过速保护仅在机组自动开机时，遇调速器电气异常，机组转速异常升高时动作。

（7）紧停按钮用于在严重危及设备和人身安全的情况下的紧急停机。瞬时跳发电机开关，投入紧急停机电磁阀，事故停机关工作门。调速器面板"紧停"投入按钮，仅用于紧急关闭导水叶。

（8）1～9 号机消防保护软压板现在退出位置。

（9）LCU 控制方式选择开关正常应处于"远方"位置，检修状态放"检修"位置，如设备需要现地操作，则放"现地"位置。

（10）遇下列情况之一时，应投入零升压板：

1）单独带厂用电系统运行时。

2）当发电机开关合上做零起升压（升流）或发电机做假并车。

3）当降压解列或发电机短路干燥时。

（11）遇下列情况之一时，应退出过速保护（机械过速除外）压板：

1）电气转速装置有工作时。

2）机组运行时，电气转速装置故障或错误动作时。

3）机组调相时遇电气转速装置故障或错误动作时，应退出调相失去电源保护压板。

（12）机组机械过速、事故低油压、事故低油位、导叶剪断销剪断，轴承过热保护等错误动作时，应解除其相应的保护压板。

（13）在机组自动启动过程中，如遇自动元件动作不良，应查明原因后，再进行启动；如时间不允许，可手动开机。

（14）在机组自动停机过程中，如遇自动元件动作不良，应手动停机；停机后，须查明原因，联系处理。

（15）现地振动摆度监测装置（型号 SJ-90B）除对振动摆度的监测外，另具有振动摆度保护功能。振动摆度监测装置装置输出两副开关量信号，通过 LCU 作用于事故停机。

（16）当运行机组振动、摆度超过允许值时，应及时降低机组出力，同时测量振动、摆度是否减弱，否则联系停机处理；在未经处理前，机组投入运行应经总工程师批准。

请简述机组 LCU 的巡回检查的检查项目及标准、危险点分析。

第二节　同期装置检查

本节主要介绍水轮发电机组同期装置检查项目及标准、危险点分析。

一、同期装置检查项目及标准

（1）机组同期装置的电源开关（F06）在合上位置、切换开关位置正常（同期方式选择开关切自动、合闸控制开关切 0 位置）。

（2）机组同期装置信号灯指示及屏幕显示正常（发电机开关在合位时，同步指示器的指示灯应在 12 点、装置电源灯亮、闭锁灯亮、报警灯亮、面板显示"断路器合状态"）。

（3）机组同期装置的同期压板位置正常。

（4）当机组开关同期并列后，屏幕显示"断路器在合"，同期角停在 0°位置，并且闭锁灯（SL）以及报警灯（ALM）点亮。停机后同期角停在 180°位置，仍显示"断路器在合"，闭锁及报警灯亮。

（5）交流采样模块信号灯指示正常，RY 灯亮，ER 灯灭。

二、同期装置巡视危险点分析

（1）机组并网由微机同期装置自动控制完成。微机同期装置故障时，手动准同期装置能够实现并网功能。

（2）手动准同期并列人员必须经过严格培训，熟悉掌握多种开关性能及同期并列操作注意事项，经运行维护部主任主持考核，总工程师批准后方可担任。

（3）准同期并列时，电压差最大不得大于 10%，频率差以同步表均匀缓慢转动为原则（要求并列时尽量减小电流冲击），否则应予调整或查明原因，防止非同期并列。

（4）手动准同期并列注意事项：

1）同步表指针转动太快、跳动、停止、发卡时，均不得并列。

2）握住待并开关的操作把手时，另一只手严禁进行其他设备操作。

（5）当采用手动准同期并列方式时，应严格掌握同期并列条件及操作步骤，防止非同期并列。

（6）任一同期点的同期回路工作［同期电压互感器（压变）一、二次回路变动、同期装置校验等］之后，其自动及手动准同期装置的同期电压必须与同期点另一侧的正确的同期电压进行核相，在校验同期 12 点及转向正确无误，并且假并车试验正常后，方可进行同期并列。

（7）机组同期装置输出"就绪"信号，此时如有"启动同期工作"信号输入，机组同期装置自动进入同期过程。机组同期装置发出合闸指令后，进入闭锁状态，同时显示信息"同期成功"。如未检测到开关辅助接点合上，机组同期装置的会提示信息"断路器未合上"。

 **思考与练习**

请描述机组同期装置的检查项目及标准、危险点分析。

第三节　制动控制柜检查

本节主要介绍水轮发电机组制动控制柜检查标准、危险点分析。

一、制动控制柜检查标准

（1）装置的电源开关在合上位置。

（2）制动加闸装置各指示灯正常。

（3）制动控制系统各切换开关位置正确，阀门位置正确，管路无漏气，压力表指示正确。

（4）切换阀门位置正确、手动换向阀门位置正确（9号机）。

二、制动控制柜巡视危险点分析

（1）正常时，制动用风与调相用风管路经止回阀与机组加闸装置制动用风管路连接，且制动用风应优先于调相用风。

（2）机组制动风压在 0.5MPa 以下时，不得进行停机操作（凡继续运行会造成扩大事故者例外）。

（3）机组停机过程中，当制动风压及调相用风压均低于 0.5MPa 时，应及时复归停机及加闸回路。如遇制动电磁阀已动作，则应立即复归制动电磁阀，机组保持空载状态运行，待制动风压恢复正常后再进行停机操作。

（4）机组停机过程中，如制动装置发生故障不能加闸时，应采取措施，保持机组继续运行，待制动系统恢复后再行停机。机组事故停机时，制动系统故障不能加闸时，允许惰性停机，但一年内不得超过 3 次。

（5）水轮发电机组因故发生高转速加闸后，应立即解除风闸，做好安全措施。联系检修人员对风闸、制动环进行全面检查，无异常后方可投入运行。

（6）因故关工作门停机时，应将水导轴承备用润滑水投入，并检查水压正常；当转

209

速降至 15‰～20‰额定转速时，手动加闸。

（7）机组制动系统单个风闸发生故障可以退出运行，最多可退出两个。

（8）机组遇下列情况之一者，应关 308 阀，改手动加闸：

1）电气转速装置故障。

2）电气转速装置校验后。

3）自动加闸回路故障或制动电磁阀故障。

4）机组制动系统单个风闸发生故障可以退出运行，最多退出两个。

（9）风闸顶起或下落时，检查风闸下落动作良好、不发卡，风闸顶起/下落位置信号灯亮。

（10）机组经过大修、小修或风闸系统检修后，必须进行加闸试验。手动投入风闸后，检查风管路有无漏风，风闸全部顶起，阀门开关位置是否正确；撤销风闸后，检查风闸全部落下，现场风闸实际位置应和行程开关位置相对应。

思考与练习

（1）机组制动系统单个风闸发生故障可以退出运行，最多可退出多少个。

（2）机组事故停机时，制动系统故障不能加闸时，允许惰性停机，但一年内不得超过多少次。

（3）何时应关 308 阀，改手动加闸？

第四节　压油泵、漏油泵控制箱检查

本节主要介绍水轮发电机组的压油泵、漏油泵控制箱的检查要求、危险点分析。

一、压油泵、漏油泵控制箱检查要求

（1）装置软启动控制器正常，无告警信号。

（2）各切换开关位置正确（两台油泵一台"自动"、另一台"备用"）、指示灯正常。

二、压油泵、漏油泵控制箱巡视危险点分析

（1）两台压油泵正常应一台主用运行，另一台备用运行，处于机组 LCU 控制方式。

（2）漏油泵在调速器油系统未排油时应在自动运行，并处于机组 LCU 控制方式。

（3）机组 LCU 停电或故障，压油泵、漏油泵应转换至常规控制方式。

（4）允许在运行或备用机组上进行一台压油泵的缺陷处理，但应尽量避免；若是运

行机组压油泵需进行缺陷处理，则应停止该机组的负荷调节。

（5）压油泵软启动器设有缺相、过电流、三相不平衡、欠压等保护动作停泵，1号机通过软启动器显示窗查看故障信息，2～8号机软启动器故障灯"GENERAL FAULT"（一般故障）或"EXTERNAL FAULT"（外部故障）亮。故障复归需切合电源开关。

（6）压油泵手、自动启动过程中（20s），切勿停机，以免控制器损坏。

（7）如两台油泵都不能启动时，应检查电源开关位置是否正确，软启动器是否有故障。

（8）两台油泵都有故障而不能恢复时，立即联系检修处理。监视压油槽油位，必要时联系调度控制中心停机处理。

（9）若油泵主用电源失去，可切换至备用电源（先拉后合）。

 **思考与练习**

请简述水轮发电机组的压油泵、漏油泵控制箱的检查项目及标准、危险点分析。

第五节　动力电源柜检查

本节主要介绍水轮发电机组的动力电源柜检查要求、危险点分析。

一、动力电源柜检查要求

各电源开关在合上位置、切换开关位置正确、指示灯正常、电压表正常。

二、动力电源柜巡视危险点分析

（1）各机组动力柜电源可分别由厂用Ⅰ段、Ⅲ段、Ⅳ段供电，正常情况下1、3、5、7、9号机动力柜由厂用Ⅰ段供电；2、4、8号机动力柜由厂用Ⅳ段供电；6号机动力柜由厂用Ⅲ段供电；正常情况03号厂用变压器供厂用Ⅲ段和Ⅳ段。

（2）严禁将动力柜厂用Ⅰ段、Ⅲ段（或Ⅳ段）电源的切换隔离开关同时合上。

 **思考与练习**

水轮发电机组的动力电源柜的检查项目及标准、危险点分析。

第三章 设 备 操 作

本章主要介绍水轮发电机组自动化设备人机界面操作、转速装置定值查看并修改、手动准同期操作，包括 3 个培训小节。

第一节 人机界面操作

操作员工作站开机（停机、发电到调相、调相到发电、解列、并网、同期退出）操作命令，机组冷备用到空转（热备用至空转、空载到空转、冷备用到空载、热备用到空载、空转到空载）的操作命令通过现地 LCU 同样可以执行，现地 LCU 执行操作时需要输入密码，密码由运行维护自动化班人员掌握，本节主要列举水轮发电机组自动化设备一些重要的人机界面操作的内容及注意事项。

一、人机界面（现地 LCU）操作

（一）现地 LCU 自动开机和停机操作

具体内容请参照第一篇第三章第二节。

（二）现地 LCU 发电改调相运行的自动操作

（1）有功功率减至零。

（2）监视调相气压正常（大于 0.6MPa）。

（3）LCU 控制方式选择开关放"现地"。

（4）触摸屏点击发电机图标，选择"发电转调相"命令后执行。

（5）监视机组自动器具动作正常，各部分无异常。

（6）检查充气、复归及漏气情况正常，有功功率进相值正常。

（7）若发现大量漏气及有功功率进相太大，应转发电运行。

（三）现地 LCU 调相改发电运行的自动操作

（1）LCU 控制方式选择开关放"现地"。

（2）触摸屏点击发电机图标，选择"调相转发电"命令后执行。

（3）监视机组自动器具动作正常，各部分无异常。

（4）调整负荷，注意无功功率、定子电流。

（四）LCU 关工作门操作

（1）按机组 LCU 盘"落门"按钮关工作门。

（2）监视自动器具动作和工作门下落情况正常。

（3）检查工作门全关指示正常。

（五）LCU 提工作门操作

（1）按 LCU 触摸屏"提门"按钮。

（2）监视油泵启动、运行和工作门提升情况正常，监视钢管充水正常。

（3）工作门全开后，监视油泵停止正常，工作门全开指示正常。

二、手动操作

（一）手动开机和停机

具体内容请参照第一篇第三章第四节与第五节。

（二）手动加闸

（1）检查机组导水叶已关闭。

（2）检查制动气压合格（大于 0.5MPa）。

（3）加闸装置改"手动"方式，监视机组转速下降至 18%～20% 额定转速时进行手动加闸：

对于 1～8 号机，三只电磁阀拔出改"手动"方式，切换阀切至"加闸"位置加闸。

对于 9 号机，切换阀 A、切换阀 B 切"手动"位置，手动换向阀切"手动制动"位置加闸。

（4）监视机组停机正常，停稳后延时 2min 手动撤闸。撤风闸后，检查风闸全部落下，机组无蠕动现象。

（三）发电改调相运行的手动操作

（1）机组有功功率减至零。

（2）调速器切"手动"方式。

（3）关闭机组导水叶，机组由发电改调相运行。

（4）操作调相电控阀，手动充气（气压大于 0.6MPa）。

（5）充气结束后，复归电控阀。

（四）调相改发电运行的手动操作

（1）调速器切"手动"方式。

（2）操作调速器打开导水叶到空载，机组由调相改发电运行。

（五）紧停按钮

在遇到下列危急情况时可按下紧停按钮停机：

（1）有焦味、冒烟或着火。

（2）有剧烈振动或窜动，将危机电动机的安全时。

（3）轴承或外壳温度过高，超过规定温升时。

（4）机组转速降低并有异常鸣声时。

（5）其带动的机械部分有损坏时。

按下紧停按钮即进入事故停机流程、跳闸发电机开关、投入紧急停机电磁阀（剪断销剪断保护动作不投入紧急停机电磁阀）、落工作门、灭磁、停机。

三、操作注意事项

（1）现地控制单元（LCU）操作需要输入密码，密码由运行维护自动化班人员掌握。

（2）现地控制单元（LCU）控制方式选择开关正常放"远方"位置。在现地控制方式下，LCU只接受通过现地级人机界面、现地操作开关、按钮等发布的控制及调节命令。

（3）正常情况下机组状态改变、断路器、隔离开关等均应在上位机的操作员工作站进行，只有当上位机与下位机通信故障或其他原因造成操作员工作站无法操作时，经总工同意后方可将LCU切至现地方式操作。

（4）注意现地方式操作时均不经"五防"闭锁，机组LCU设备之间的闭锁条件不起作用，可能造成无法操作（触摸屏操作相关设备无网门、地线等"五防"闭锁；触摸屏只能操作该LCU相关设备，并且仅判别该LCU相关设备的闭锁，如操作流程中涉及其他LCU中设备闭锁点，则不能操作）。

（一）开机、停机操作注意事项

（1）现地控制单元（LCU）执行自动开、停机操作时，需将LCU控制方式选择开关放"现地"位置。

（2）自动开机时需关注调速器面板的机开限以及机组转速防止过速。

（3）如剪断销剪短保护动作落门停机时，机组停稳后顶起的风闸不得撤除。

（二）调相改发电、发电改调相操作注意事项

发电改调相需具备下述条件：

（1）调相浮筒1、3号阀门开，2、4号阀门关，或反之。

（2）调相电控阀控制气阀门开，317阀开，操作电源隔离开关8DK合上（水轮机端子箱内）。

（3）调相气压大于0.6MPa。

若发电改调相运行后发现大量漏气及有功功率进相太大，应转发电运行。

（三）LCU落、提工作门操作注意事项

LCU提工作门需具备下述条件：

（1）检查泵站工作门控制方式切换开关切"自动"位置。

（2）检查 148 阀开，工作门控制箱 24V 总电源、各分路电源开关合上。

工作门的正常操作应采用远方自动提升方式为主，现地自动提升方式作为后备。工作门只有在其两侧水压差小于 0.05MPa 时方可提升操作，工作门定期启动、关闭试验应在机组备用时进行，并经调度控制中心许可。按机组 LCU "复归"按钮可复归关工作门回路；反之，按住"复归"按钮，保护动作后，关工作门回路将不会动作。提门无法正常提升时，可按"复归"按钮复归落门回路后提门。

（四）手动加闸

电气转速装置故障、电气转速装置校验后、自动加闸回路故障或制动电磁阀故障时应关 308 阀，改手动加闸。

思考与练习

（1）LCU 操作与上位机操作有何区别？

（2）请问遇到什么情况可以使用紧停按钮停机？

（3）如何做工作门定期启动、关闭试验？

第二节　转速装置定值查看与修改

本节主要介绍转速装置定值查看与修改，新安江电厂转速装置为克拉克（深圳）自动化技术有限公司 CIP31 可编程微机测速装置。

一、控制面板说明

CIP31 可编程微机测速装置控制面板示意图如图 4-3-1 所示。

图 4-3-1　CIP31 可编程微机测速装置控制面板示意图

二、菜单操作说明

（一）初始化页

在检查接线正确之后，接上电源，按下后面板上的电源开关，系统上电即进行自检，显示屏显示画面初始化页如图 4-3-2 所示。当自检不成功时，可触发"强制运行"按钮强制进入测量显示页，维护参数设置，但不能正确的测量；成功自检后自动进入通道实时值显示页。

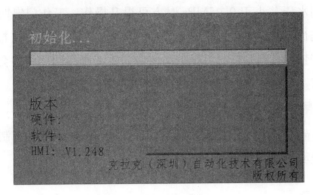

图 4-3-2　初始化页

（二）机组实时值显示页

图 4-3-3　机组实时值显示页

机组实时值显示页如图 4-3-3 所示，可显示测量模式、机组的测量值（转速值、百分比、频率值）、当前接点状态、当前运行状态（不平衡、超速、丢速故障）。在点击每个〈单位〉键时，单位在"百分比→转速值→频率值→百分比"间循环切换，同时实时数据随之更改为相应单位的数值。

点击〈通道值〉键时，可切换至通道实时值显示页（见图 4-3-4）。

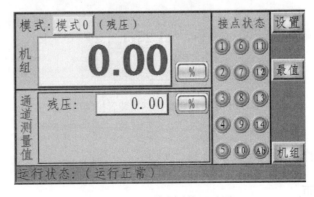

图 4-3-4　通道实时值显示页

（三）接点设置数据查看页

接点设置数据查看页如图 4-3-5 所示，可显示每个接点（转速开关）的状态、输出方式、输出值等。

点击〈返回〉按钮时，退回至机组实时值显示页（如图 4-3-3 所示）。

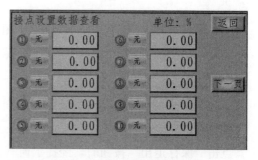

图 4-3-5　接点设置数据查看页

（四）设置显示页操作流程

1. 密码输入页

密码输入页如图 4-3-6 所示，该页显示的项目有：密码的掩码显示。点击"密码输入框"位置时，会在显示屏上弹出一个数字软键盘，可直接在软键盘上触屏输入 6 位密码，完成后按软键盘上的回车键〈ENTER〉确认。

图 4-3-6　密码输入页

如果输入的密码正确则转入参数设置主菜单页，如图 4-3-7 所示。

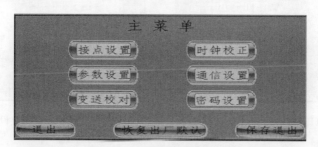

图 4-3-7　参数设置主菜单页

点击"退出"按钮时，退回至实时值显示页，如图 4-3-3 所示。

2. 参数设置主菜单页

参数设置主菜单页如图 4-3-7 所示，该页显示的项目有：6 个选择项（接点设置、参数设置、变送校对、时钟校正、通信设置、密码设置）。在点击各相应的选项位置时，

217

图 4-3-8　退出提示窗

可分别进入各选项相应的设置状态。

点击"退出"按钮时，经提示窗（见图 4-3-8）确认后，退回至实时值显示页（见图 4-3-3）。

点击"恢复出厂默认"按钮时，经提示窗（见图 4-3-9）确认后，所有的参数恢复出厂设置，该按键请慎用。

点击"保存退出"按钮时，经提示窗（见图 4-3-10）确认后，保存所有参数退回至实时值显示页（见图 4-3-3）。

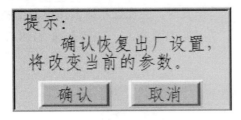

图 4-3-9　恢复出厂默认提示窗

图 4-3-10　保存退出提示窗

3. 接点设置页

接点设置页如图 4-3-11 和图 4-3-12 所示，可显示每个接点的输出方式、输出值及回差值等。

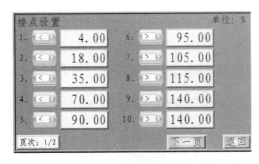

图 4-3-11　接点设置页 1

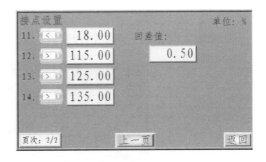

图 4-3-12　接点设置页 2

在点击每个"输出方式"键时，输出方式在"（无）-> （<）-> （>-> 无）"间循环切换。

输出方式："（无）"表示该接点无输出；"（<）"表示该接点小于输出值时开出，大于输出值＋回差值时复归；"（>）"表示该接点大于输出值时开出，小于输出值-回差值时复归。

仅第 14 报警接点可作为蠕动输出，在"（无）-> （<）-> （>）->蠕动->（无）"

间循环切换，单位为％。

例：当第 14 报警接点可作为蠕动输出时，其值设置成 4.00％额定转速。当机组停机转速为 0％额定转速开始计时，5s 后开始检测有无蠕动，如果机组有小于 4.00％额定转速的转速，并且该值持续时间为 40s 以上时，蠕动报警动作；当机组转速为 0％额定转速或大于 4％额定转速时，蠕动报警复位。

点击每个输出值，可弹出数字小键盘输入数据，按〈ENTER〉键确认输入。

点击"返回"按钮时，可退出当前页返回到参数设置主菜单页，如图 4-3-7 所示。

思考与练习

如何修改转速装置参数？

第三节　手动准同期操作

本节主要介绍水轮发电机组手动准同期的操作内容及注意事项。

一、手动准同期

将发电机组投入到电力系统并列运行的操作统称为发电机的同期并列操作。手动准同期是由运行人员根据同期表计的指示对发电机的频率、电压调整以及合闸操作进行手动操作。采用微机同期装置的机组，手动准同期只宜作为备用。

二、手动准同期操作

（1）调整待并网系统的电压、频率与系统接近。

（2）同期方式选择开关放"手动"位置。

（3）检查允许合闸灯亮。

（4）待同步表均匀缓慢旋转一圈后，根据发电机开关的合闸时间，选择适当的提前量，操作合闸控制开关进行手动准同期并列。

（5）手动准同期完成后，同期方式选择开关放"自动"。

三、操作注意事项

手动准同期并列人员必须经过严格培训，熟悉掌握多种开关性能及同期并列操作注意事项，经运行维护部主任主持考核，总工程师批准后方可担任。

准同期并列时，电压差最大不得大于 10％，频率差以同步表均匀缓慢转动为原则（要求并列时尽量减小电流冲击），否则应予调整或查明原因，防止非同期并列。

手动准同期并列注意事项：

（1）同步表指针转动太快、跳动、停止、发卡时，均不得并列。

（2）握住待并开关的操作把手时，另一只手严禁进行其他设备操作。

严禁在监控系统的人机界面上用直接合开关的方法来进行同期并列，以防止非同期。正常情况下均应由同期装置自动完成同期并列。当同期装置故障时，机组可用手动准同期并列。

 思考与练习

（1）机组手动准同期如何操作？

（2）机组手动准同期有何注意事项？

第四章　设　备　试　验

本章主要介绍自动化设备的定期试验、模拟试验等内容，包括 2 个培训小节。

第一节　定　期　试　验

本节主要介绍新安江电厂机组自动化设备的定期试验。

水导轴承备用润滑水投入与终止试验主要验证水轮机在运行时，水导轴承备用润滑水终止后，事故停机保护回路是否正常（运行人员需掌握）。

一、试验条件

（1）机组停机备用；LCU 工作正常。

（2）水导轴承备用润滑水电控阀 23DDF 开、关动作正常。

二、注意事项

（1）复归紧急停机电磁阀前，应检查调速器"自动"和"停机等待"状态；或调速器中间接力器的行程为零。

（2）事故动作后，如复归事故回路时间较长时，可能风闸已加闸，应撤销风闸。

（3）遇设备动作异常停止试验，查明原因后再进行。

三、操作步骤

（1）合上导叶 DKW-3 接点短接开关。

（2）检查水导轴承备用润滑水是否投入。

（3）检查水导轴承示流信号器指示正常，水压、流量正常。

（4）拉开水导轴承备用润滑水 23DDF 电源隔离开关后，按电磁阀 23DDF 上的"关"按钮，复归备用水。

（5）检查水导轴承断水事故停机动作，紧急停机电磁阀投入。

（6）检查监控系统上位机事故信号正常。

（7）拉开导叶 DKW-3 接点短接开关，检查监控"导叶打开 信号消失"。

（8）复归事故停机回路。

221

（9）检查调速器在自动。

（10）检查调速器在"停机等待"状态；或调速器中间接力器的行程为零。

（11）复归紧急停机电磁阀。

（12）检查风闸下落，开机条件具备。

（13）合上水导轴承备用润滑水 23DDF 电源隔离开关。

（14）检查水导轴承备用润滑水 23DDF 在关闭状态，无动作。

 **思考与练习**

请简要阐述水导轴承备用润滑水投入与终止试验的操作步骤。

第二节 模 拟 试 验

本节主要介绍新安江电厂机组自动化设备的模拟试验。

一、静态模拟试验（运行人员需熟悉）

通过静态模拟试验，检验机组无水情况下的自动化控制与保护回路动作是否正确。

（一）静态模拟试验条件

（1）自动化设备检修工作完成。

（2）现地控制单元 LCU 工作正常。

（3）现地控制单元 LCU 控制方式切"远方"位置。

（4）压油系统充油充压。

（5）机组无事故信号。

（二）静态模拟试验项目

1. 主用水 21DDF、备用水 23DDF 远方投退模拟试验

主用水 21DDF、备用水 23DDF 远方投退模拟试验的试验内容是检查水系统各阀门位置正确，由运行人员联系中控室远方投退 21DDF、23DDF，现场检查水系统各压力表计、示流器、流量计指示正确，各阀门位置正确，监控显示电动阀位置、水压流量及各表计指示正常。

2. 水导轴承备用润滑水中断保护模拟试验

水导轴承备用润滑水中断保护模拟的试验步骤是合上导叶接点短接开关DKW-3（模拟导叶打开状态）观察水导轴承备用润滑水是否正确自动投入；待备用润滑水投入后，拉开电源隔离开关 23DDF，手动退出备用水，检查水导轴承备用润滑水断水保护是否动作正常。

3. 压油泵主备用泵启动、停止定值及信号模拟试验

油泵主备用泵启动、停止定值及信号模拟试验的试验内容是检查压油泵动力电源、操作电源正常，检查一台压油泵在主用，另一台压油泵在备用，压油泵控制方式在"LCU"；开 105 阀排油或开 310 阀排气，检查主用油泵是否在 2.0MPa 左右启动，在 2.2MPa 左右停止油泵，正常后将主用油泵控制方式放"手动"位置。

继续开 105 阀排油或开 310 阀排气，检查备用油泵是否在 1.85MPa 左右启动，在 2.0MPa 左右停止油泵，正常后将备用油泵控制方式放"手动"位置。

4. 事故低油压保护模拟试验

事故低油压保护模拟试验的试验内容是 2 台压油泵控制方式放"手动"位置，开 105 阀排油或开 310 阀排气，观察事故低油压保护动作时的油压是否在 1.55MPa 左右，主用 PLC、紧停 PLC 事故低油压信号点动作，监控输出事故信号正确。试验结束后，将压油槽油压打至正常值，并复归事故动作信号。

5. 高油压报警模拟试验

高油压报警模拟试验的试验内容是手动启动压油泵，观察高油压报警时，压力变送器示数是否在 2.3MPa，监控动作是否正常。

6. 接力器锁锭投入/退出模拟试验

接力器锁锭投退模拟试验的试验内容是检查接力器锁锭电源隔离开关 4DK 是否在合上位置，检查接力器锁锭进油阀是否在打开位置，检查发电机开关是否在拉开位置，检查导叶是否在全关位置。从中控室远方操作接力器锁锭投入与拔出，检查接力器锁锭现场的实际位置，监控显示是否正确。

7. 风闸模拟试验

风闸模拟的试验内容是机械安装调试已完毕，检查加闸风回路是否正常；手动加闸、撤闸，检查风闸的位置信号是否正确。

8. 工作门模拟试验

工作门模拟试验的试验内容是检查检修门落下，工作门改自动，检查操作员工作站远方提工作门条件满足。工作门模拟试验的步骤：

（1）按下坝顶油压启闭机室闸门控制箱"快速落门"按钮。

（2）观察工作门下落后，LCU 盘复归按钮复归落门回路。

（3）按下 LCU 盘"落门"按钮。

（4）观察工作门下落后，LCU 盘复归按钮复归落门回路。

（5）按下 LCU 盘"提门"按钮。

（6）观察工作门提门正常，坝顶闸门控制盘内相关单元泵站控制方式切换开关改变

位置复归提门回路，LCU 盘按复归按钮复归提门程序。

(7) 按下 LCU 盘"急停"按钮（模拟事故落门）。

(8) 观察工作门落到全关位置，且位置信号正确。

(9) 联系中控室，远方提工作门。

(10) 观察工作门提至全开位置，且位置信号正确。

(11) 联系中控室，远方落工作门至全关位置。

9. 钢管排水阀模拟试验

钢管排水阀模拟试验的试验内容是机械钢管排水阀检修工作结束，检查钢管排水阀在关。远方操作启动、停止钢管排水阀，检查位置信号是否正确。

检查钢管排水阀是否在打开位置，检查接力器锁锭是否投入，紧急停机电磁阀是否投入，操作关、停钢管排水阀，检查位置信号是否正确。

10. 长柄阀模拟试验

长柄阀模拟试验的试验内容是机械长柄阀检修工作结束，检查长柄阀是否在关闭位置，检查 1 号井水泵放检修方式、钢管排水阀开、钢管水压零，远方操作开、停长柄阀，检查位置信号是否正确。

检查长柄阀在开，远方操作关、停长柄阀，检查位置信号正确。

11. 漏油泵模拟试验

漏油泵模拟试验的试验内容是检查漏油泵切换开关 S21 是否放在"LCU"位置，33QK 放"自动"位置，当拨动浮子到启动油位时，油泵启动；当油面下降至下限时油泵应停止。

12. 调速器静态模拟试验

调速器静态模拟试验的试验内容是：

(1) 电柜上电前接线检查。

(2) 上电检查。

(3) 远方信号校验检查。

(4) 开关量输入（digital input，DI）检查。

(5) 开关量输出（digital output，DO）检查。

(6) 模拟量输入转换（analog/digital，A/D）检查。

(7) 模拟量输出转换（digital/analog，D/A）检查。

(8) 指示灯检查。

(9) 继电器检查。

(10) 接力器电气反馈调整试验。

(11) 测频回路试验。

（12）模拟操作试验。

（13）插值运算参数校核试验。

（14）静态特性试验。

（15）人工频率死区校验。

（16）事故低油位关闭导叶试验。

二、动态模拟试验（运行人员需熟悉）

通过动态模拟试验，检验机组动水情况下自动化控制与保护回路动作正确。

（一）动态模拟试验条件

（1）LCU 装置试验、调速器静态特性试验均已结束。

（2）工作门模拟试验正常。

（3）静态特性试验中所拆除的接线和试验接线均应恢复正常运行状态。

（4）机组在调速器纯机械手动方式下充水启动正常。

（二）动态模拟试验项目

1. 调速器动态模拟

（1）自动开、停机试验。自动开、停机试验的试验内容是由中控室发"开机指令"，导叶先开到启动开度Ⅰ，经数秒钟后，当机端频率 f_i 大于 45Hz 时导叶开度应关到启动开度Ⅱ，机组到空载状态。在机组启动过程中，严密观察机组转速及各部分状态，观察记录开机过程曲线，计算机组转速超调量和开机时间。机组稳定空载运行 30min 后，检查各部分状态。

由中控室发"停机指令"，机组进入停机过程至停机等待状态，观察并记录停机过程曲线，计算停机时间。

（2）空载摆动试验。空载摆动试验的试验内容是设置 B_p、B_t、T_d、T_n（K_p、K_i、K_d）为扰动试验运行参数，$f_g=50.00$Hz。机组在空载自动状况下运行；调速器处于"频率调节"模式，使调速器跟踪 50.00Hz；记录机组频率在 3min 的波形曲线，计算频率摆动值，连续测量 3 次，取三次平均值空载频率摆动合格（大中型调速器小于±0.15%，小型调速器小于±0.25%）。

（3）空载扰动试验。空载扰动试验的试验内容是机组稳定运行于空载无异常现象。改变频率给定，使机组频率在 48～52Hz 之间扰动，频率给定改变过程为：50Hz→52Hz→48Hz，48Hz→52Hz→50Hz；观察并记录空载扰动波形，分别置四组不同的 B_t、T_d、T_n 数值，记录空载扰动波形，取超调量和调整时间最优的一组参数作为运行参数（调整时间小于 40s，超调量不大于 35%）。

（4）带负荷试验。带负荷试验的试验内容是机组发电运行稳定，无任何异常现象；

分别在"频率模式""功率模式""开度模式"下，按"增加""减少"键，或者通过中控室（LCU）发"增、减负荷"命令，改变机组有功功率。试验过程中对调速器有功功率值和监控实发有功功率进行标定，采取限负荷措施防止机组有功功率超过额定功率。观察并记录试验过程波形，在负荷升降过程中，机组运行应稳定，机组负荷处理波动无明显变化，接力器应无来回摆动现象。

（5）甩负荷试验。甩负荷试验的试验内容是机组并网带负荷稳定运行 30min，无任何异常现象；按额定负荷的 25%、50%、75%、100%分四次进行甩负荷试验；观察并记录每次甩负荷波形，分析每次的最高频率、调整时间和蜗壳压力上升率。如有异常，应立即停止试验，重新核对开关机时间是否满足调节保证计算要求。

（6）事故低油压试验。事故低油压试验的试验内容是机组并网带 100%负荷运行，压油泵切手动，使油压逐渐降低至触发事故低油压保护动作，紧急停机电磁阀投入，机组紧急停机，导叶应可靠关闭。

2. 同期试验

（1）假并车试验。假并车试验的试验步骤如下：检查机组隔离开关在拉开位置，同期电压选择和方式选择均切至自动准同期装置，从上位机发开机指令。机组开机，建压，机组同期投入，从上位机发撤同期令。机组同期退出，从上位机发并网令，机组同期重新投入。当转速和电压均达到要求时，同期并网，开关合上，经 10s 延时，自动准同期退出（调速器要做好措施，防止导叶开至最大）。拉开发电机开关。将同期电压选择方式均切至手准位置，增减转速，观察手准整步表指示转动方向与机组增减转速方向是否相同，如检查均正常，则将转速调整至额定进行手准同期试验。当条件符合时，用 LCU 盘上合闸开关将发电机开关合上，此时，整步表指针最好指在 12 点位置，拉开发电机开关，机组停机。

（2）真并车试验。真并车试验的试验步骤如下：检查发电机开关在拉开位置，合上发电机隔离开关，同期选择放自准方式，从上位机发开机令，机组开机、建压；当转速与电压接近额定时，自动准同期投入，并合上发电机开关；观察开关合上机组受冲击程度，经 10s 延时，自动准同期退出，拉开发电机开关，将同期选择切至手准方式，用手准方式进行同期合闸试验。

3. 自动发电控制（AGC）试验

AGC 功能验证正确性。AGC 全厂成组功能投入，将该机组成组投入并优先调节；观察该机组有功功率变化，确认 AGC 功能正确性。

4. 一次调频试验

（1）一次调频死区测量试验。

1）以 50Hz 为基准频率，先后由仿真仪阶跃输出高于基准频率 0.047、0.048、

0.049、0.05、0.051、0.052、0.053Hz、…的频率信号，观察导叶动作情况，直到导叶向关闭方向有明显动作，此时的阶跃频率即调速器一次调频上阶跃迟频率死区。

2）以 50Hz 为基准频率，先后由仿真仪阶跃输出低于基准频率 0.047、0.048、0.049、0.05、0.051、0.052、0.053Hz、…的频率信号，观察导叶动作情况，直到导叶向开启方向有明显动作，此时的阶跃频率即调速器一次调频上阶跃迟频率死区。

3）由以上两步得出一次调频死区（一次调频死区一般为 0.05Hz）。

（2）一次调频响应行为试验。

1）以 50Hz 为基值，由试验仪阶跃输出低于基值 0.1Hz 的频率信号，观察导叶开度和机组功率动作情况，并录波。

2）以 50Hz 为基值，由试验仪阶跃输出高于基值 0.1Hz 的频率信号，观察导叶开度和机组功率动作情况，并录波。

3）由以上两步试验我们可以得出，一次调频的响应延迟时间。

（3）一次调频转速不等率测量。

1）以 50Hz 为基值，由试验仪阶跃输出低于基值 0.15Hz 的频率信号，观察导叶开度和机组功率动作情况，并录波。

2）以 50Hz 为基值，由试验仪阶跃输出高于基值 0.15Hz 的频率信号，观察导叶开度和机组功率动作情况，并录波。

3）对于 0.1Hz 和 0.15Hz 上下阶跃的每个波形图，在其上分别于频率阶跃前和频率阶跃后机组负荷稳定时的位置取点 f_1、f_2，读出每一点对应的导叶开度和机组功率，并将读数填表。假定频率点 f_1 对应的导叶开度为 y_1，机组功率 p_1；频率点 f_2 对应的导叶开度为 y_2，机组功率 p_2。计算本次频率阶跃试验得到的永态转差 B_p 和功率转差 E_p，并将结果填入表 4-4-1。

表 4-4-1　　　　　　　　　　　　　计算结果

频率差 Δf(Hz)	功率差 Δ_1(MW)	转速不等率 σ(%)	迟缓率 Δ_2(%)	迟缓转速 ε(Hz)	响应时间 (s)	稳定时间 (s)	图号
+0.1							
−0.1							
+0.15							
−0.15							
+0.20							
−0.20							

频率差 Δf(Hz)	功率差 Δ_1(MW)	转速不等率 σ(%)	迟缓率 Δ_2(%)	迟缓转速 ε(Hz)	响应时间 (s)	稳定时间 (s)	图号
+0.25							
−0.25							
平均值							

4）试验结果处理，对于上述计算结果，B_p 应该为 3.8%～4.2%，E_p 应该为 3%～5%。

（4）一次调频限负荷测试。

1）以 50Hz 为基值，由试验仪阶跃输出低于基值 0.25Hz 的频率信号，观察导叶开度和机组功率动作情况，并录波。

2）以 50Hz 为基值，由试验仪阶跃输出低于基值 0.25Hz 的频率信号，观察导叶开度和机组功率动作情况，并录波。

3）考察机组在正常带负荷进行一次调频时，机组负荷的调节幅度不大于 10% 的要求。

 思考与练习

请简要阐述水导轴承备用润滑水中断保护模拟的步骤。

第五章 应 急 处 置

本章主要介绍水轮发电机组自动化设备的故障现场处置、事故现场处置以及典型案例解析等内容，包括 3 个培训小节。

第一节 故障现场处置

本节主要介绍水轮发电机组自动化设备故障现场处置。

一、机组 LCU 通信故障现场处置

（一）现象

（1）监控系统上位机 X 号机通信故障。

（2）就地控制单元（LCU）既不能向上位机上传信息，上位机也不能向就地控制单元（LCU）下达操作指令。

（3）监控系统上位机画面的参数不刷新。

（二）处理

（1）向调度控制中心汇报：X 号机 LCU 通信故障，要求停止调频。

（2）机组停止有功功率、无功功率的调节。派员到现场加强就地控制单元（LCU）及设备的巡查。当必须调节机组的有功功率、无功功率时，LCU 运行方式切"现地"位置，在触摸屏上单步增减有功功率、无功功率；两个交换机均故障时，调速器切"手动"位置进行有功功率调节；手动调节无功功率时，应到励磁盘的人机对话框（ABB 励磁在手操器上）进行操作。

（3）通知检修人员，尽快恢复 LCU 的正常运行。

（4）无法恢复 LCU 的正常运行，系统允许时经调度控制中心许可后停机。LCU 运行方式切换开关切"现地"，在触摸屏发停机令（操作同上位机），监视机组停机正常。

（5）向运行维护部、机电部、生产技术部及安质部主任（副主任）汇报，并通知相关检修班组。

（6）向调度控制中心详细汇报，做好值班记录和异常情况记录。

二、机组 LCU 故障现场处置

（一）现象

（1）现地控制单元（LCU）不能向上位机上传信息，上位机也不能向就地控制单元（LCU）下达操作指令。

（2）监控系统上位机参数不刷新。

（3）主 PLC 双 CPU "RY（运行）" 灯灭。

（二）处理

（1）压油泵、漏油泵运行方式切 "常规" 位置。

（2）检查主用 PLC 电源及各模板指示灯是否正常。

（3）主用 PLC 电源消失，应检查 AK1703 机架、DI 板、DO 板电源开关是否合上。

（4）如双 CPU、DI 板、DO 板电源无法恢复或双 CPU、任一 DI、DO 板模块 "RY（运行）" 灯不亮，则机组手动停机。

（5）立即向调度控制中心汇报：因机组 LCU 双 CPU 故障，失去推力（上导）轴承过热、水导轴承备用润滑水中断水机保护，要求停机。

（6）调速器切 "手动"，减有功功率到零，励磁盘的人机对话框（ABB 励磁在手操器上）减无功功率到零。

（7）现地拉开发电机开关，手动减灭磁电压到零；关导水叶到零，当转速降至 18% 额定转速，手动加闸，机组停稳后，延时 4min 撤销风闸，复归冷却水。

（8）调速器切 "自动" 位置，机组做防止转动措施。

（9）向总工、运行副总和其他相关副总、运行维护部、机电部、生产技术部及安质部主任（副主任）汇报，并通知相关检修班组。

（10）向调度控制中心详细汇报，做好值班记录和异常情况记录。

三、机组 LCU 电源故障现场处置

（一）现象

（1）监控系统显示：LCU 交流 220V 电源故障、LCU 直流 220V 电源故障、LCU 直流 24V 电源故障、紧停 PLC 故障、微机同期装置失电等单个信号或多个报警信号。

（2）监控系统上位机运行参数显示变灰，开关量输入信号显示 "×"。

（3）现场主 PLC 双 CPU "RY（运行）" 灯灭，主 PLC 的 AK1703 机架上板卡 "RY（运行）" 灯灭、"ER（故障）" 灯亮，或紧停 PLC 模块 "RY（运行）" 灯灭、"ER（故障）" 灯亮。

（二）处理

1. LCU 主设备交流、直流电源消失处理

（1）压油泵、漏油泵运行方式切"常规"位置。

（2）如 LCU 电源全部消失，应检查 LCU 交流电源、直流电源开关是否合上，如 LCU 交流、直流两路电源均已跳开，应检查有无明显有焦味、或有无明显短路现象，确认无异常后尝试合上 LCU 交流、直流电源开关恢复供电；LCU 重新上电后应检查各软压板位置正确，无法恢复则机组手动停机（须经调度控制中心许可，此时 LCU 电源全部消失，机组转速仪也无法显示转速）。

（3）如主用 PLC 电源消失，应检查 AK1703 机架、数字量输入 DI 板、数字量输出 DO 板电源开关是否合上（AK1703 机架交流 F21、AK1703 机架直流 F02；AK1703 数字量输入 DI 板电源 F30、AK1703 数字量输出 DO 板电源 F31，均在 LCU 盘内）。

（4）当双 CPU、DI 板、DO 板电源无法恢复或双 CPU、任一 DI、DO 板模块"RY（运行）"灯不亮，则机组手动停机（须经调度许可）。

（5）如交流转直流 AC/DC 转换器 1 交、直流电源同时失去时（交流 F22、直流 F03），AK1703 数字量输入 DI、数字量输入 DO 板电源、2 只交换机电源、2 只串口通信 RS232/485 转换器电源、全球定位系统 GPS 转换器电源、交流采样模块电源均将失去，此时下位机与上位机的通信中断，无法采集模拟量、开关量数据，主用 PLC 保护无法动作出口继电器。此时应设法恢复装置电源，如无法恢复则机组手动停机（须经调度控制中心许可）。

（6）如紧停 PLC 电源消失，应检查紧停 PLC PS6630、紧停 PLC 数据输入 DI 板、数据输出 DO 板电源开关是否合上（紧停 PLC 电源 F43、紧停 PLC DI 板电源 F41、紧停 PLC DO 板电源 F42、交流转直流 AC/DC 转换器 3 的交流电源 F24 和直流电源 F05 均在 LCU 盘内）。

（7）紧停 PLC PS6630、紧停 PLC 数据输入 DI 板、数据输出 DO 板电源无法恢复，请示分管总工退出紧停 PLC（拉开紧停 PLC PS6630 电源 F43、紧停 PLC 数据输入 DI 板电源 F41、紧停 PLC 数据输出 DO 板电源 F42）。

（8）紧停 PLC 故障或模块"RY（运行）"灯不亮，则退出保护压板。机组停机后，拉开数字输出 DO 板电源开关，然后拉合紧停 PLC PS6630 电源 F43，重新启动。正常后，合上数字输出 DO 板电源开关，否则紧停 PLC 退出运行。

2. LCU 部分交流、直流单路空气开关跳闸处理

（1）调速器直流电源开关 F10 跳开，则调速器失去直流电源供电，仅动力柜内调速器交流电源为调速器装置供电，机组可继续运行。

（2）同期直流电源开关 F06 跳开，同期控制回路失电故障导致机组无法正常同期并

网，手自动同期装置均无法工作，此时应停机处理。

（3）功率变送器直流开关 F08 跳开，则应监视或将调速器切换至"开度模式"运行。

（4）自动化元件直流开关 F09 跳开，水轮机端子箱、工作门、加闸电磁阀门的电源消失（主用水、水导轴承备用水、接力器锁定只能本体投入退出，相关落门电磁阀门的动作回路无法正常工作），如此空气开关不能恢复时应经调度控制中心许可应将机组降负荷、停机或改调相运行（需手动加闸，退机组冷却水，调相手动充气）；如调度控制中心不允许停机则必须有人在坝顶启闭机室值守，以防机组异常失去控制，转速上升时下落工作门（开手动落门阀门）。

（5）LCU 触摸屏交流电源 F26 跳开，LCU 触摸屏黑屏，仅现地无法查看触摸屏，不影响机组保护正常运行。

（6）自动化交流元件电源开关 F27 跳开，机组剪断销装置电源失去，剪断销剪断保护无法正常工作（3 号机励磁温控器电源失去，注：当自动化元件直流开关 F09 同时跳开时，机组振摆装置断电，振摆装置将无测量数据，振摆保护无法正常工作）。

（7）流量计交流电源开关 F28 跳开，机组推力轴承、上导轴承、水导轴承、冷却水总出水流量计均失去电源且无显示，无法正常监视各部流量。

（8）AK1703 的数据输入 DI、数据输出 DO 板电源开关 F30 或 F31 跳开，且无法恢复时将无法采集模拟量、开关量数据，主用 PLC 保护无法动作出口继电器，机组手动停机（须经调度控制中心许可）。

（9）串口通信 RS232/485 转换器电源 F34 跳开，机组保护、调速器与 LCU 间的通信中断，机组保护仍能动作，调速器自动切至人工水头，人工切至"开度模式"运行。

（10）非电量变送器电源开关 F37 跳开，机组各部分水压（含钢管水压）、制动风压、调相风压、压油槽油压；压油槽、推力轴承、上导轴承油位无法采集，将导致机组无法正常停机或改调相工况运行（调相工况下可能充气异常）。现地监视压油槽油压、油位运行，停机需要手动加闸。

（11）压油槽补气装置电源开关 F38 跳开，则机组压油槽自动补气装置不能工作。

（12）2 只交换机电源开关 F32、F33 同时跳开，上位机与下位机通信中断，需现地监视调节：

1）汇报调度控制中心：X 号机 LCU 通信故障，要求停止参与调频。

2）机组停止有功功率、无功功率的调节，派员到现场加强就地控制单元（LCU）及设备的巡查。当必须调节机组的有功功率、无功功率时，LCU 运行方式切换开关切"现地"位置，在触摸屏上单步升降有功功率、无功功率。调节有功功率时，调速器切"手动"位置进行有功功率调节；调节无功功率时，应到励磁盘的人机对话框（ABB 励磁在手操器上）进行操作。

3）通知自动化运行维护人员，尽快恢复 LCU 的正常运行。

4）无法恢复 LCU 的正常运行，系统允许时经调度控制中心许可后停机。LCU 运行方式的切换开关切"现地"位置，在触摸屏发停机令或手动停机，监视机组停机正常。

（13）向总工、运行副总和其他相关副总、运行维护部、机电部、生产技术部及安质部主任（副主任）汇报，并通知相关检修班组。

（14）向调度控制中心详细汇报，做好值班记录和异常情况记录。

 **思考与练习**

（1）请描述机组 LCU 故障有什么现象？

（2）机组 LCU 故障应如何处置？

（3）何时可以退出紧急停运 PLC，应当注意什么？

第二节　事故现场处置

本节主要介绍水轮发电机组自动化设备的事故现场处置。

一、现象

（1）监控系统总光字牌"X 号机水机事故"亮，分光字牌具体的事故光字牌亮（指电气过速、机械过速、事故低油压、事故低油位、推力轴承瓦温度过高、上导轴承瓦温度过高、振动摆度、消防、高转速加闸、调速器失电关机、水淹厂房保护动作跳开关、灭磁、投入紧急停机电磁阀，事故停机。电气过速、机械过速、低油压、低油位、水淹厂房保护还会关工作门），信号返回屏"X 号机水机事故"光字牌亮。

（2）报警一览表显示："X 号机水机事故"及具体的事故名称。

（3）根据不同的事故，可能同时出现"X 号机水机故障"及相应的故障名称（故障指油面异常、瓦温度升高、水导轴承断水、振动摆度越限、转速越限等）。

（4）监控显示该机开关分闸、机组在停机中或有功负荷不断降低。导叶全关、调速器紧急停机电磁阀投入（停机过程中剪断销剪断保护动作导叶不全关，紧急停机电磁阀不投入），部分保护关工作门。

二、处理

（1）根据监控系统的信号，初步判断事故的性质、原因。

（2）向调度控制中心汇报：X 号机水机事故跳闸。

（3）启动备用机组或增加出备用出力，保证频率、电压在正常范围。

（4）立即到现场查明保护装置动作正常（跳开关、停机、灭磁、投入紧急停机电磁阀、水导轴承备用水、关工作门），发电机开关、灭磁开关及事故停机等自动装置动作正常。

（5）监视机组停机正常，机组停稳后，按 LCU "复归"按钮复归事故回路，并做好防止转动措施（停机过程中剪断销剪断保护动作，关工作门防止转动，防止机组转动加闸不复归），电气改冷备用。

（6）向生产副厂长、总工、运行副总和其他有关副总、运行维护部、机电部、生产技术部及安质部主任（副主任）汇报，并通知相关检修班组。

（7）根据检修人员要求做好隔离措施。

（8）如查明确由于机组保护错误动作引起，则消除错误动作原因后，可重新开机并网运行。未查明原因或消除前，不得开机。

（9）向调度控制中心详细汇报，做好值班记录和异常情况记录。

思考与练习

（1）请描述机组 LCU 发生事故可能会有什么现象？

（2）机组 LCU 发生事故应如何处置？

（3）水轮发电机组自动化设备遇何种事故会关工作门？

第三节　典型案例解析

本节主要介绍水轮发电机组自动化设备典型案例及其解析，包括 1 号机 LCU 盘 "2110 输入板"故障导致 1 号机跳机典型案例和 1 号机停机备用下 LCU 板卡故障典型案例等。

【案例 1】 1 号机 LCU 盘 "2110 输入板"故障导致 1 号机跳机典型案例

一、事故概述

2014 年 9 月 13 日，全厂 9 台机组满发，1 号机 LCU 盘 "2110 输入板"故障，引起 1 号机 "保护事故停机"动作出口，导致 1 号机跳机。

二、处理过程

（1）1 号机发电运行过程中，监控系统事件表显示：1 号机所有温度量数据报警；1 号机现地控制单元机架 C1-CPU、C2-CPU 外部错误报警；1 号机现地控制单元机架 C1-

CPU I/O 模板 PE00、PE02、PE03 异常报警、1 号机现地控制单元机架 M-CPU 通信模板 PRE0、PRE1 异常及通信故障；1 号机现地控制单元机架 C1-CPU 通信模板 PRE1 异常；1 号机现地控制单元机架 C2-CPU 通信模板 PRE1 异常；1 号机现地控制单元机架 C2-CPU 通信模板 PRE1 通信故障；监控信号总表内数字量输入 DI 板各点及保护信号各点显示"×"，模拟量输入 AI 板及热电阻信号 RTD 显示正常。监控系统 1 号机为不定状态。

（2）向调度控制中心人员汇报，1 号机跳机，向调度控制中心请求修改发电计划曲线。

（3）1 号机现场检查为 1 号机 AK1703DI 板电源开关 F30、1 号机串口通信 RS232/485 转换器的电源开关 F34 跳开，经合上 1 号机 AK1703 数字量输入 DI 板电源开关 F30，机组各信号总表内数字量输入 DI 板信号正常，1 号机串口通信 RS232/485 转换器的电源开关 F34 合上后又跳开。现监控除电气保护信号总表各点显示为"×"：及调速器画面部分通信断开，机组 LCU 盘"2110 输入板"d08-d15 灯全亮。

（4）运行维护人员判断为 1 号机 LCU 盘"2110 输入板"故障，引起 1 号机"保护事故停机"动作出口继电器，导致 1 号机跳机，需要更换 1 号机 LCU 盘"2110 输入板"。

（5）向调度控制中心人员汇报，1 号机 LCU 盘"2110 输入板"故障导致 1 号机跳机，需要更换 1 号机 LCU 盘"2110 输入板"，向调度控制中心申请 1 号机改检修。

三、原因分析

1 号机 LCU 盘"2110 输入板"故障导致 1 号机跳机。

四、经验教训

（1）机组 LCU 工作后机组必须开机并网试验。

（2）机组退备消缺工作必须经调度控制中心人员许可后方可开始。

【案例 2】　1 号机停机备用下 LCU 板卡故障的典型案例

一、事故概述

2020 年 4 月 19 日，全厂 9 台机组停机备用，1 号机 LCU 报板卡故障及事故保护动作信号。

二、处理过程

（1）1 号机停机备用状态下监控系统报："1 号机 RCS-985RS 装置闭锁报警""1 号

机消防保护动作""1号机事故停机报警""1号机2号电压互感器（压变）二次侧开关跳闸报警""1号机紧急停机电磁阀投入报警""1号机灭磁开关状态位置分闸位置""1号机振动摆度过大保护动作""1号机电气保护动作事故停机报警""1号机保护事故停机动作"。

（2）现场检查1号机保护盘无故障信号，1号机消防保护未动作，1号机2号电压互感器（压变）二次侧开关在合上位置，1号机紧急停机电磁阀投入，1号机灭磁开关在分闸位置，经拉合一次1号机LCU总直流电源的开关F01和1号机LCU总交流电源的开关F20，报警未消失。通知检修人员，初步判断1号机LCU数字量输入DI板卡故障。

（3）向调度控制中心人员汇报，1号机LCU数字量输入DI板卡故障，申请1号机退备消缺。

（4）向调度控制中心人员申请许可1号机消缺工作后，经维护人员更换故障板卡，并诊断无故障，告知运行人员当前设备正常，可以投入运行。

（5）向调度控制中心人员汇报，1号机消缺工作结束，申请1号机开机并网试验，正常后停机。

（6）1号机开机并网试验正常，汇报调度控制中心人员，1号机恢复系统备用。

三、原因分析

1号机LCU数字量输入DI板卡故障导致异常告警。

四、经验教训

（1）机组LCU工作后机组必须开机并网试验。

（2）机组退备消缺工作必须经调度控制中心人员许可后方可开始。

思考与练习

（1）请简述1号机LCU盘"2110输入板"故障导致1号机跳机的典型案例。

（2）请简述1号机停机备用下LCU板卡故障的典型案例。

（3）机组LCU进行工作时应注意什么？

第五篇

励磁系统

本篇主要介绍新安江电厂三种励磁系统的结构原理、巡回检查、设备操作、设备试验以及应急处置等内容，包括五个章节。第一章主要介绍励磁系统的设备参数、结构原理、运行方式等内容；第二章主要介绍励磁系统巡回检查的检查项目标准、注意事项等内容；第三章主要介绍励磁系统不同操作的操作要点和注意事项；第四章主要介绍励磁系统定期试验、模拟试验及检修后投产试验等内容；第五章主要介绍励磁系统发生故障及事故的应急处置等内容。

第一章 结 构 原 理

本章主要介绍新安江电厂三种励磁系统的设备参数、结构原理、运行方式等内容，包括南瑞集团 NARI 公司的 SAVR-2000 型、NES-6100 型数字调节系统和 ABB（Asea Brown Boveri Ltd.）公司的 UNITROL-F 型数字调节系统。本章包括 4 个培训小节。

第一节 励磁系统概述

本节主要介绍励磁系统主要任务、组成、分类、原理和结构等内容。

励磁系统是为同步发电机提供可调励磁电流装置的组合，包括励磁电源（如：机组机端励磁变压器）、励磁调节与控制元件、灭磁装置、起励装置、保护装置、监视装置和仪表等。目前国内外最常用的静止整流励磁系统及装置的定义是用静止整流器（可控硅整流器或二极管整流器）将交流电源整流成直流电源，供给同步发电机可调励磁电流的系统及装置。

一、励磁系统的主要任务

（1）维持发电机或其他控制点（例如电厂高压侧母线）的电压在给定水平。

（2）控制并联运行机组无功功率合理分配。

（3）提高电力系统的稳定性。

（4）提高继电保护动作的灵敏度。

二、励磁系统的组成

同步发电机励磁系统一般由励磁调节器和励磁功率单元两个部分组成，它们构成一个反馈控制系统。励磁调节器根据输入信号和给定的调节准则控制励磁功率单元的输出；励磁功率单元向同步发电机转子提供直流励磁电流。励磁系统组成如图 5-1-1 所示。

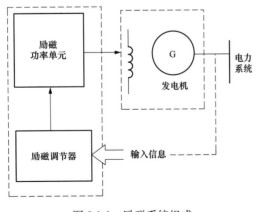

图 5-1-1 励磁系统组成

三、励磁系统分类

1. 直流励磁机励磁系统

二十世纪六十年代以前，同步发电机励磁系统的励磁功率单元，一般均采用同轴的直流发电机，称为直流励磁机，励磁控制单元则多采用机电型或电磁调节器。随着电力系统的发展与同步发电机单机容量的增大，励磁容量也相应增大，这种励磁系统已不能适应现代电力系统和大容量机组的需要，直流励磁机的励磁功率和响应速度及励磁电压顶值也不能满足要求。

2. 交流励磁机励磁系统

直流励磁的换向器是影响安全运行的薄弱环节，也是限制励磁机容量的主要因素。因此，自二十世纪六七十年代开始，随着硅整流元件出现，直流励磁机逐步被同轴交流励磁机和整流器代替，交流励磁机的容量基本上不受限制，所以较大容量的发电机都不再采用直流励磁机而改用交流励磁机。

3. 静止励磁系统

静止励磁系统取消了励磁机，采用变压器作为交流励磁电源，励磁变压器接在发电机出口或厂用母线上。因励磁电源系取自发电机自身或是发电机所在的电力系统，故这种励磁方式称为自励整流器励磁系统，简称自励系统。与电机式励磁方式相比，在自励系统中，励磁变压器、整流器等都是静止元件，故自励磁系统又称为静止励磁系统。

四、励磁系统原理

1. 晶闸管（可控硅）工作原理

导通：阳极，阴极，控制极（门极）。在可控硅阳极-阴极间加上正向电压的条件下，给门极一个幅值够大的正电压的触发脉冲，可控硅即导通。

续流：可控硅一经导通，触发脉冲即无效，只要流经的正向电流大于维持电流，可控硅即可持续流通。

关断：续流电流小于维持电流且无门极电压，或承受反相电压。

可控硅结构图如图 5-1-2 所示。

2. 三相全控整流电路的基本原理

三相全控整流电路的基本原理是将从

图 5-1-2　可控硅结构图

发电机端或交流励磁机端获得的交流电压变换为直流电压，供给发电机转子励磁绕组或励磁机磁场绕组的励磁需要，这是同步发电机半导体励磁系统中整流电路的主要任务。

对于接在发电机转子励磁回路中的三相全控整流桥式整流电路，除了将交流变换成直流的正常任务之外，在需要迅速减磁时还可以将储存在转子磁场中的能量，经三相全控整流桥迅速反馈给交流电源，进行逆变灭磁。

在三相全波整流接线中，六个桥臂元件全都采用可控晶闸管，就构成了三相全波全控整流电路。

全控整流电路的工作特点是既可工作于整流工作状态，将交流转变成直流；也可工作于逆变工作状态，将直流转变成交流。下面说明这两种工作状态。

（1）整流工作状态。先讨论控制角 $\alpha = 0°$ 的情况。三相桥式可控硅整流如图 5-1-3 所

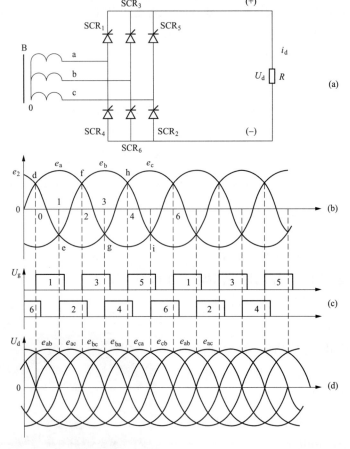

图 5-1-3　三相桥式可控硅整流图

（a）电阻负载三相桥式整流电路图；（b）三相桥式整流电路的波形图；

（c）三相桥式整流电路的触发脉冲图；（d）三相桥式整流电路的输出平均电压图

SCR—可控硅整流器；R—负载电阻（发电机转子），Ω；U_d—输出平均电压，V；

U_g—触发脉冲电压，V；e—相电压，V；图（b）、（c）、（d）横坐标均为相位

示，在 $\omega t_0 \sim \omega t_1$ 期间，a 相的电位最高，b 相的电位最低，有可能构成通路。若在 ωt_0 以前共阳极组的 SCR_6 的触发脉冲 Ug_6 还存在，在 $\omega t_0(\alpha = 0°)$ 时给共阴极的 SCR_1 以触发脉冲 Ug_1，则可由 SCR_1 与 SCR_6 构成通路：交流电源的 a 相 → SCR_1 → R → SCR_6 → 回到电源 b 相。在负载电阻 R 上得到线电压 U_{ab}。此后只要按顺序给各桥臂元件以触发脉冲，就可依次换流。

（2）逆变工作状态。在控制角 α 大于 90°时，输出平均电压 U_d 则为负值，三相全控整流桥工作在逆变工作状态，将直流电转变为交流电。在半导体励磁装置中，如采用三相全波全控整流电路，当发电机内部发生故障时能进行逆变灭磁，将发电机转子磁场原来储存的能量迅速反馈给交流电源，以减轻发电机损坏的程度。此外，在调节励磁过程中，如使 α 大于 90°，则加到发电机转子的励磁电压变负值，能迅速进行减磁。

利用三相全控整流桥可以兼作同步发电机的自动灭磁装置。当发电机发生内部故障时，继电保护装置给一控制信号至励磁调节器，使控制角 α 由小于 90°的整流运行状态，突然后退到 α 大于 90°的某一个适当的角度，进入逆变运行状态，将发电机转子励磁绕组贮存的磁场能量迅速反馈到交流侧，使发电机的定子电势迅速下降，这就是所谓逆变灭磁方式。至于逆变性能的好坏还与主回路的接线方式有关，例如对于他励接线，逆变能迅速完成，性能较好；对于自并励接线，则逆变性能较差。

三相全控整流的特性：

1）当 $\alpha = 0°$ 时，输出电压的最大值为交流侧线电压的 1.35 倍；当 $\alpha = 90°$ 时，输出电压为 0，即正常励磁时（整流状态），触发控制角 α 的移相范围为 0～90°。

2）当 $\alpha > 90°$ 时，整流桥输出电压为负值（逆变状态），此时，励磁功率的传递方向发生改变；利用三相桥式全控整流电路的逆变特性，可以将储存在转子回路的磁场能量消灭掉，这就是所谓的逆变灭磁。

3）当 $\alpha = 180°$ 时，负载输出直流平均电压为负最大值。负电压值越大，表示能量释放给电网越快。但实际上三相全控整流桥不能工作在 $\alpha = 180°$ 工况，而必须留出一定裕度角，否则会造成逆变失控或颠覆，即直流侧换极性，交流侧不换极性，导致换流失败，使晶闸管元件过热而烧毁。所以，在实际设计中控制角 α 的允许范围为 10°～140°。

五、励磁系统结构

励磁系统结构包括可控硅整流桥、快速熔断器、电阻、电容、风机。

阻容保护装置：由励磁变压器或交流励磁机供电的晶闸管整流励磁系统中，由于整流元件之间存在着周期性的换相，在换相结束和退出工作的相应相整流元件关断瞬间，在电源侧将引起过电压。过电压的出现，可能会导致晶闸管整流元件击穿，因此必须设置过电压保护回路。过电压保护回路的输出侧并联电阻 R 和电容 C，其中电容 C 起滤波作用；电阻 R 既是电容 C 的放电电阻，又是整个保护的主要吸收耗能电阻。

六、起励

在发电机电压建立前，励磁变压器不能提供励磁电源。因此，一般需要另外设有一个起励电源，用于为发电机提供起励电流，从而建立电压。发电机在停机状态下，如果内部存留一定的残留电压，一般可利用残留电压起励。在残留电压起励过程中，晶闸管整流器的输入端仅需要 $10\sim20V$ 的电压即可正常起励。但起励时机组残留电压值也不能太小，否则将不能维持晶闸管的持续导通，有可能不能保证机组的起励。所以，除残留电压起励外，还可以采用外部辅助电源起励，保证励磁系统起励的可靠性。

七、灭磁

当发电机发生内部故障，在继电保护动作切断主断路器（开关）时，还要求迅速地灭磁。

在发电机发生电气事故时，灭磁系统应迅速切断发电机的励磁回路，并将储藏在励磁绕组中的磁场能量快速消耗在灭磁回路中。

灭磁系统的分类：

（一）耗能型灭磁和移能型灭磁

耗能型灭磁的灭磁开关本身消耗磁场能量；移能型灭磁的灭磁开关不消耗磁场能量，磁场能量由专用的灭磁电阻来消耗。

（二）直流灭磁开关灭磁、交流灭磁开关灭磁与跨接器灭磁

（1）直流开关灭磁：灭磁开关装设在直流侧。

（2）交流开关灭磁：灭磁开关装设在交流侧。

（3）跨接器灭磁：不使用灭磁开关而使用跨接器。

（三）正常停机灭磁与事故停机灭磁

调节器灭磁方式：正常停机灭磁或手动撤销励磁采用逆变灭磁方式；发电机保护动作时，跳灭磁开关，同时触发跨接器回路导通碳化硅灭磁电阻灭磁。

1. 正常停机灭磁

正常停机采用逆变灭磁方式，由晶闸管把励磁绕组的能量从直流侧反送到交流侧，而不需要用电阻或电弧来消耗磁能。逆变灭磁方式简单、经济，但在执行过程中要防止逆变颠覆，所以也要配备灭磁电阻以防意外情况发生。当处于逆变工作状态时，晶闸管移相触发控制角在 $140°\sim150°$，晶闸管整流输出的电压方向和转子电流方向相反，转子线圈所储藏的能量通过逆变向外释放，随发电机励磁电流的衰减直至到零，逆变过程结束。此逆变过程的持续过程是短暂的，从而实现了快速逆变灭磁，逆变时间需 $6s$ 左右。

2. 事故停机灭磁

事故情况下机组停机灭磁由灭磁开关配合非线性电阻灭磁，所谓非线性电阻是指加于此电阻两端的电压与通过的电流呈非线性关系，其电阻值随电流值的增大而减少。非线性电阻可以是氧化锌非线性电阻，也可以是碳化硅非线性电阻。非线性电阻的灭磁速度远比用线性电阻要快，也是属于移能式灭磁，灭磁时磁场能量主要由非线性电阻吸收，灭磁开关主要起开断作用。

思考与练习

（1）简述正常机组停机灭磁和事故停机灭磁过程。

（2）简述励磁系统的励磁原理。

第二节 SAVR-2000 型励磁系统结构原理

本节主要介绍新安江电厂 SAVR-2000 型励磁系统的结构原理、技术参数以及运行方式。

一、SAVR-2000 型励磁系统设备参数

新安江电厂 5、8 号机采用 SAVR-2000 型静止励磁系统，SAVR-2000 型静止励磁系统参数见表 5-1-1。

表 5-1-1　　　　　　　　　　SAVR-2000 型静止励磁系统参数表

SAVR-2000 励磁系统			
型　　号		SAVR-2000 数字励磁调节器	
供电方式	励磁变压器供电	额定机端电压	13 800V
额定机端电流	4183A	额定机端频率	50Hz
空载励磁电流	677A	额定励磁电流	1175A
强励顶值电流	2350A	空载励磁电压	138V
额定励磁电压	302V	可控硅桥输入电压	600V
可控硅桥输入频率	50Hz	励磁模式	SHUNT
辅助交流电源 1	380V	辅助交流电源 2	220V
直流电源 1	220V	直流电源 2	220V

二、SAVR-2000 型励磁系统原理

南瑞 NARI 公司的 SAVR-2000 型、NES-6100 型数字调节系统和 ABB 公司的 UNI-TROL-F 型励磁系统的结构组成大致相同，基本由励磁变压器、励磁控制装置（包括励磁调节器、起励回路）、可控硅整流装置、转子过电压保护以及灭磁装置等组成，励磁系统的基本组成如图 5-1-4 所示。

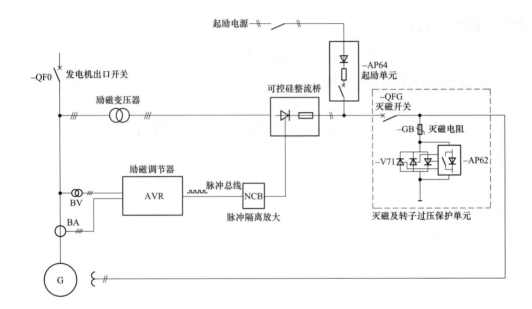

图 5-1-4　励磁系统的基本组成

新安江电厂的励磁系统都属于自并励静止励磁系统，三种型号励磁系统原理基本相同。①励磁变压器将高电压隔离并转换为适当的低电压，供整流器使用；②可控硅整流器采用三相全控可控硅整流桥的方式，实现把交流电转换为可控的直流电，给发电机提供各种运行状况下所需的励磁电流；③灭磁系统由灭磁开关、灭磁电阻及灭磁回路开通控制单元组成，负责在停机和事故中快速把转子电感中储存的大电流释放掉，以保证发电机安全运行，保护机组和其他设备安全；④而励磁调节器是励磁系统的控制核心，利用自动控制原理，自动控制可控硅整流桥的触发角度、快速调节励磁电流的大小，实现励磁系统的各种控制功能。

如图 5-1-5 所示（见文后插页），"1"为励磁系统的功率柜整流部分；"2"为励磁系统起励回路；"3"为灭磁部分；"4"为励磁调节器部分；"5"为励磁变压器。

SAVR-2000 型励磁系统的励磁电源取自机端的励磁变压器，采用大功率晶闸管作三相全控整流桥整流。三相全控整流桥共分两组，每组由六只可控硅组成独立的三相全控

整流桥。起励回路由交流起励和直流起励两部分组成，交流起励电源来自厂用电，直流起励来自厂房直流系统，起励回路由双极隔离开关实现切换，正常情况下放交流起励侧。调节器工作电源来自两路独立电源：一路来自220V操作直流电源；另一路来自机旁动力柜厂用电220V交流电源。工控机电源正常用电力系统不间断电源（EUPS）7号机为机组EUPS，5、8号机为公用EUPS，EUPS失电时切至厂用电（机旁动力柜）供电。调节器设有A、B两套独立的微机通道，每个微机通道分电压环和电流环，两套微机通道之间及微机通道的环与环之间均相互自动跟踪。A套调节器采用1号电压互感器电压，B套调节器采用2号电压互感器电压，当主用调节器检测到本TV断线时，将自动切换至备用调节器运行，同时TV断线套切至电流闭环运行。1、2号功率柜风机电源分别接自机旁盘厂用电及自用电，正常时自动采用厂用电作为风机电源，当厂用电消失时自动切至自用电。每个功率柜设有1、2号风机，互为备用，正常情况下风机方式及1、2号风机方式切换开关均放"自动"位置。

三、SAVR-2000型励磁系统运行方式

SAVR-2000型励磁系统设备运行方式包括：

（1）电压闭环：以机端电压作为反馈量进行闭环调节。以电压闭环运行方式为正常方式。

（2）电流闭环：以转子电流作为反馈量进行闭环调节。以电流闭环运行方式为正常零起升压及零起升流方式。

SAVR-2000型励磁系统两个微机通道正常情况下同时运行，一套为主机，另一套为从机。当主通道故障时，自动切至从通道；当两套微机通道均故障（死机）时，装置励磁电流能保持在故障之前的状态。装置不设纯手动方式。

 思考与练习

（1）结合模块2、3简述三种励磁系统结构的区别。

（2）简述SAVR-2000型励磁系统建压的原理。

第三节　NES-6100型静止励磁系统结构原理

本节主要介绍新安江电厂采用的NES-6100型静止励磁系统的结构原理、技术参数以及运行方式。

一、NES-6100型励磁系统的设备参数表

新安江电厂3、4、6、7、9号机采用NES-6100型静止励磁系统，参数见表5-1-2。

表 5-1-2　　　　　　　　　　　　**NES-6100 型静止励磁系统参数表**

型　号		NES-6100 数字励磁调节器	
供电方式	励磁变压器供电	额定机端电压	13 800V
额定机端电流	4183A	额定机端频率	50Hz
空载励磁电流	677A	额定励磁电流	1175A
强励顶值电流	2350A	空载励磁电压	138V
额定励磁电压	302V	可控硅桥输入电压	660V/600V

注　可控硅桥输入电压为励磁变压器低压侧电压，7、9 号机为 600V；3、6 号机为 660V。

二、NES-6100 型静止励磁系统原理

NES-6100 型静止励磁系统原理如图 5-1-6 所示（见文后插页），"1"为励磁系统的功率柜整流部分；"2"为励磁系统起励回路；"3"为灭磁部分；"4"为调节器部分；"5"为励磁变压器。

NES6100 型励磁调节器的调节运算完全由软件实现，模拟量信号如定子电压和电流，由交流输入插件转换成数字信号，给定值及其上下限幅功能也由软件实现。励磁系统配备两套互为独立、互为备用的调节器装置（称为 A 套和 B 套），其中一套为主套投入运行，另一套调节器作为从套处于热备用状态。每套励磁调节器都含有一个自动电压调节器（AVR）和励磁电流调节器（FCR）。自动跟踪功能用于实现自动电压调节方式（自动方式）和励磁电流调节方式（手动方式）间的平稳切换，切换可以是由 TV 断相故障引起的自动切换或是人为切换。励磁调节器为装置前面板配有一块液晶显示器，一个 8 键的键盘及 4 个功能键，7 个信号指示灯，一个用于和 PC 机通信用的百兆以太网接口，装置前面板插件配有独立的微处理器来完成显示、通信和人机接口等功能。调节器工作电源来自两路独立电源：一路来自 220V 操作直流电源，另一路来自机旁动力柜厂用电 220V 交流电源。励磁系统的励磁电源取自机端的励磁变压器，采用大功率晶闸管作三相全控整流桥整流。三相全控整流桥共分两组（A、B 两套），每组由六只可控硅组成独立的三相全控整流桥。A 套调节器采用 1 号电压互感器电压，B 套调节器采用 2 号电压互感器电压，当主用套调节器检测到本 TV 断线时，将自动切换至备用套调节器运行，同时 TV 断线套切至电流闭环运行。

三、NES-6100 型励磁系统运行方式

NES-6100 设备运行方式包括：

（1）电压闭环：以机端电压作为反馈量进行闭环调节。电压闭环方式为正常方式。

（2）电流闭环：以转子电流作为反馈量进行闭环调节。电流闭环方式为正常零起升压及零起升流方式。

NES-6100 励磁系统配备两套互为独立、互为备用的调节器装置（称为 A 套和 B 套），其中一套为主套投入运行，另一套调节器作为从套处于热备用状态。每套励磁调节器都含有一个自动电压调节器 AVR 和励磁电流调节器 FCR。自动跟踪功能用于实现自动电压调节方式（自动方式）和励磁电流调节方式（手动方式）间的平稳切换。切换可以是由 TV 断相故障引起的自动切换或是人为切换。

 思考与练习

（1）简述三种励磁系统灭磁原理的区别。

（2）简述 NES-6100 型励磁系统建立电压的原理。

第四节 UNITROL-F 型励磁系统结构原理

本节主要介绍新安江电厂采用的 ABB 公司 UNITROL-F 型励磁系统的技术参数、结构原理以及运行方式。

一、UNITROL-F 型励磁系统的设备参数表

新安江电厂 1、2 号机采用 UNITROL-F 型静止励磁系统，参数见表 5-1-3。

表 5-1-3　　　　　　　　　　UNITROL-F 型静止励磁系统参数表

UNITROL-F 励磁系统			
型　号		AFT-O/U211-A2000 励磁系统	
供电方式	励磁变供电	额定机端电压	13 800V
额定机端电流	4183A	额定机端频率	50Hz
空载励磁电流	677A	额定励磁电流	1175A
强励顶值电流	2350A	空载励磁电压	138V
额定励磁电压	302V	可控硅桥输入电压	660V/600V
可控硅桥输入频率	50Hz	励磁模式	SHUNT
辅助交流电源 1	380V	辅助交流电源 2	220V
直流电源 1	220V	直流电源 2	220V

注　可控硅桥输入电压为励磁变压器低压侧电压，1 号机为 600V；2、4 号机为 660V。

二、UNITROL-F 型励磁系统原理

如图 5-1-7 所示（见文后插页），"1"为励磁系统的功率柜整流部分；"2"为励磁系统起励回路；"3"为灭磁部分；"4"为调节器部分；"5"为励磁变压器。

UNITROL-F 励磁系统的励磁电源取自机端的励磁变压器，采用大功率晶闸管作三相全控整流桥整流。三相全控整流桥设通道 1 和通道 2 两个完全独立的自动通道（功率柜独立设置），每个通道由六只可控硅组成整流桥。起励回路由交流起励和直流起励两部分组成，交流起励电源来自厂用电系统，直流起励来自厂房直流系统，正常情况下放交流起励侧。调节器正常情况下一个通道在自动方式运行，另一通道热备用；调节器双自动通道之间，通道的自动方式与手动方式之间，均相互跟踪，实现无扰动切换。调节器通道故障时的切换原则是：在线通道自动方式故障，如果备用通道正常则切至备用通道自动方式运行，如果备用通道在故障状态则切至本通道的手动方式运行；在线通道手动方式运行时故障，不动作切换而动作停机。1 号电压互感器电压接入调节器 1 号通道，2 号电压互感器电压接入调节器 2 号通道。当在线通道电压回路故障时，将自动切至备用通道自动方式运行。当 1、2 号电压互感器电压回路均故障时，自动切至该通道手动方式运行。1、2 号通道各装设主备用两组风机，当在线通道主用风机故障时，切至备用风机；当主备用风机均故障时，切至备用通道运行；当两个通道的风机全部故障时，动作停机。风机电源分别接自用电及机旁盘厂用电，正常时采用自用电作为风机电源，当自用电消失时自动切至厂用电。

三、UNITROL-F 励磁系统运行方式

UNITROL-F 设备运行方式包括：

（1）自动方式：以机端电压作为反馈量进行闭环调节。自动方式为正常方式。

（2）手动方式：以转子电流作为反馈量进行闭环调节。手动方式为正常零起升压及零起升流方式。

调节器正常情况下一个通道在自动方式运行，另一通道热备用。调节器双自动通道之间，通道的自动方式与手动方式之间，均相互跟踪，实现无扰动切换。调节器通道故障时的切换原则是：在线通道自动方式故障，如果备用通道正常则切至备用通道自动方式运行；如果备用通道在故障状态则切至本通道的手动方式运行。在线通道手动方式运行时故障，不动作切换而动作停机。

 思考与练习

（1）结合模块 1、2 简述三种励磁系统运行方式的区别。

（2）简述 UNITROL-F 型励磁系统建压的原理。

第二章　巡　回　检　查

本章主要介绍新安江电厂 AFT 型励磁系统的巡回检查内容的检查项目，包括 2 个培训小节。

第一节　机端励磁变压器巡回检查

本节主要介绍励磁系统机端励磁变压器巡回检查的检查项目及标准、危险点分析。

一、机端励磁变压器的巡回检查项目及标准

（1）励磁变压器外观各部分正常（无放电痕迹，高压、低压引线接头无发热和变色、各网门均在关闭并锁好）。

（2）变压器运行声音正常（运行声音均匀，无异响）。

（3）冷却风扇自动运转正常（运行声音均匀），励磁变压器 A、B、C 相温度小于120℃，并记录温度值。

（4）电流互感器端子无放电现象（外观检查良好，无放电痕迹）。

二、机端励磁变压器的巡回检查危险点分析

（1）不得误碰、误动运行设备，应与带电设备保持足够的安全距离（10.5、13.8kV的安全距离为至少 0.7m）。

（2）发现励磁变压器异常应第一时间向当班值长汇报。

思考与练习

请简述机端励磁变压器的巡回检查的检查项目及标准。

第二节　励磁系统各盘柜的巡回检查

本节主要详细介绍励磁系统各盘柜巡回检查的检查项目及标准、危险点分析，主要包括：励磁系统 1 号功率柜、励磁调节盘、2 号功率柜、灭磁开关盘等。

一、励磁系统各盘柜的巡回检查项目及标准

(一) 1号功率柜

（1）通道 1 功率桥阻容保护熔丝 F02 合上。

（2）风机运行正常。

（3）接头无过热现象。

(二) 励磁调节盘

（1）两套调节器运行正常，无故障代码。

（2）人机对话屏显示正确，在线通道与通信通道相一致。

（3）励磁变压器风机电源开关 1FJDK、通道 1 和 2 主、备风机电源开关 QA11、QA12、QA21、QA22 合上。调节器及 FMK 跳闸绕组 1 直流开关 Q80、FMK 跳闸绕组 2 直流开关 QA81、励磁交流开关 Q90 合上。

(三) 2号功率柜

（1）通道 2 功率桥阻容保护熔丝 F02 合上。

（2）风机运行正常。

（3）接头无过热现象。

(四) 灭磁开关盘

（1）表计、指示灯指示正常。

（2）FMK 合上，储满能（储满能指示 charged，释能指示 discharged）。

（3）转子电压表及阻容吸收熔丝 F04 放上。

（4）起励切换隔离开关 VK 放"交流"位置。

二、励磁系统各盘柜的巡回检查危险点分析

(一) 1号功率柜

（1）巡回检查过程中应认真仔细，注意防止振动、防止错误触碰。

（2）轻开轻关功率柜柜门。

（3）发现功率柜异常第一时间汇报当班值长。

(二) 励磁调节盘

（1）巡回检查过程中应认真仔细，注意防止振动运行设备，防止错误触碰带电设备。

（2）轻开轻关励磁调节盘柜门。

（3）发现励磁调节盘异常第一时间汇报当班值长。

（三）2号功率柜

（1）巡回检查过程中应认真仔细，注意防止振动、防止错误触碰。

（2）轻开轻关功率柜柜门。

（3）发现功率柜异常应第一时间向当班值长汇报。

（四）灭磁开关盘

（1）巡回检查过程中应认真仔细，注意防止振动运行设备。

（2）灭磁开关盘盘后有裸露的带电部分，巡视时注意防止错误触碰带电设备。

（3）轻开轻关灭磁开关盘柜门。

（4）发现灭磁开关盘异常应第一时间向当班值长汇报。

 思考与练习

（1）励磁变压器 A、B、C 相温度不应超过多少摄氏度？

（2）起励切换隔离开关 VK 正常放"直流"还是"交流"位置？

（3）请简述励磁系统各开关正常位置。

（4）请简述如何判断灭磁开关是否储满能？

第三章　励磁系统设备操作

本章主要介绍励磁系统常见的操作，包括运行方式切换、手动增减磁操作、启励与灭磁操作、零起升压降压解列操作等内容，包括 4 个培训小节。

第一节　运行方式切换

本节主要介绍 AFT 型励磁调节器的运行方式和切换操作方式。

一、远方"自动方式"切"手动方式"

（1）检查监控系统机组励磁界面"通道允许切换"灯亮。

（2）操作鼠标由"自动方式"切"手动方式"位置。

（3）检查无功功率正常。

二、远方"手动方式"切"自动方式"

（1）检查定子电压在 $90\%\sim110\%U_N$（U_N＝定子额定电压）之间。

（2）检查监控系统机组励磁界面"通道允许切换"灯亮。

（3）操作鼠标由"手动方式"切"自动方式"位置。

（4）检查无功功率正常。

三、现地"远方"切"就地"操作

（1）在控制盘按"LOC/REM"键（就地/远方）。

（2）视显示屏第一行出现"L"字符。

四、现地"就地"切"远方"操作

（1）在控制盘按"LOC/REM"键（就地/远方）。

（2）视显示屏第一行"L"字符消失。

📖 **思考与练习**

（1）请简要描述 AFT 型励磁调节器现地"就地"切"远方"操作步骤。

（2）请简要描述 AFT 型励磁调节器远方"手动方式"切"自动方式"操作步骤。

第二节 手动增减磁操作

本节主要介绍 AFT 型励磁调节器的手动增减磁操作方式。

（1）在控制盘按"ACT"。

（2）切至就地控制方式。

（3）按"REF"键进入参考值设置模式，第一行在［ ］内显示相应模式的参考值。

（4）按"▲"和"▼"键或"△"和"▽"键改变参考值即可增减磁。

（5）按"ACT"键退出参考值设置模式。

（6）切至远方控制方式。

 **思考与练习**

请简要描述 AFT 型励磁调节器的手动增减磁步骤。

第三节 启励、灭磁操作

本节主要介绍 AFT 型励磁调节器的启励、灭磁操作。

一、自动启励操作

（1）上位机发"开机指令"。

（2）监视发电机转速达 90%额定转速。

（3）监视励磁装置无报警及跳闸信号。

（4）监视发电机端电压小于 30%额定电压。

（5）确认发电机开关在分闸位置。

（6）确认灭磁开关 FMK 在合上位置（如 FMK 在分闸位置启励时将自动合上）。

（7）检查自动启励正常。

二、手动启励操作

（1）确认发电机开关在分闸位置。

（2）确认灭磁开关 FMK 在合上位置（如 FMK 在分闸位置启励时将自动合上）。

（3）按控制盘"启励"按钮，监视启励正常。

三、自动灭磁操作

（1）上位机发"停机令"。

（2）监视机组停机灭磁正常。

四、手动灭磁操作

（1）按控制盘"灭磁"按钮。

（2）监视逆变灭磁正常。

（3）紧急情况下可直接拉开灭磁开关灭磁。

思考与练习

（1）请简要描述 AFT 型励磁系统的自动启励条件。

（2）请简要描述 AFT 型励磁系统的手动启励操作步骤。

第四节　零起升压、降压解列操作

本节主要介绍 AFT 型励磁调节器的零起升压和降压解列操作。

一、零起升压操作

（1）励磁运行方式切至"手动"方式。

（2）检查调节器已切至"手动"方式［MODE IND 1（2）MAN］。

（3）检查手动方式的参考值为 15.0%。

（4）自动开机。

（5）手动升压至额定。

二、降压解列操作

（1）励磁运行方式切至"手动"位置。

（2）检查调节器已切至"手动"位置［MODE IND 1（2）MAN］。

（3）手动降压至零。

思考与练习

（1）请简要描述 AFT 型励磁调节器零起升压的具体操作步骤。

（2）请简要描述 AFT 型励磁调节器降压解列的具体操作步骤。

第五节　人机界面开启关闭数据查询操作

本节主要介绍新安江电厂机组励磁系统的人机界面开启、关闭以及数据查询等的操作要点及注意事项。

一、SAVR-2000 系统人机界面操作要点及注意事项

(一) 励磁装置界面机开启操作

(1) 打开励磁装置界面机电源开关。

(2) 根据提示，同时按"ctrl""Alt""Del"三键登录。

(3) 点击"确定"键。

(4) 在桌面上双击"Savrk2.0exe"快捷图标。

(5) 视励磁装置界面机控制画面显示正常。

(二) 励磁装置界面机关闭操作

(1) 点击界面机右上角"×"。

(2) 在"开始"菜单中关闭计算机。

(3) 视界面显示"现在可以关闭电源"。

(4) 关闭励磁装置界面机电源开关。

(三) 励磁装置界面数据查询操作

励磁装置界面由 7 个窗口组成，分别为主控窗、设置窗、信息窗、开关量、报警窗、参数窗和试验窗，通过鼠标点击窗口下方的分页栏可以选择相应的窗口。数据查询主要在主控窗和信息窗操作，下面针对这两个窗口进行查看及操作说明。主控窗显示如图 5-3-1 所示。

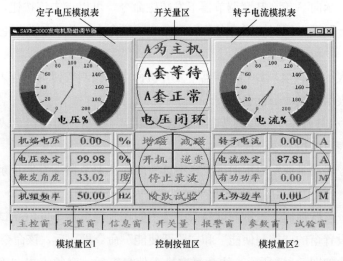

图 5-3-1　主控窗显示

定子电压模拟表：表计中蓝线表示发电机定子电压 TV1 的测量值，红线表示发电机定子电压的给定值，单位为"％"。

转子电流模拟表：表计中蓝线表示发电机转子电流的测量值，红线表示发电机转子电流的给定值，单位为"％"。

模拟量区 1："机端电压"表示发电机定子电压 TV1 的测量值，缺省单位为"％"，点击"％"则单位转换为"kV"；"电压给定"表示发电机定子电压的给定值，缺省单位为"％"，点击"％"则单位转换为"kV"；"触发角度"表示可控硅的触发角，单位为"°"；"机组频率"表示发电机机端频率的测量值，单位为"Hz"。

模拟量区 2："转子电流"表示发电机转子电流的测量值，缺省单位为"A"，点击"A"则单位转换为"％"；"电流给定"表示发电机转子电流的给定值，缺省单位为"A"，点击"A"则单位转换为"％"；"有功功率"表示发电机有功功率的测量值，单位为"MW"；"无功功率"表示发电机无功功率的测量值，单位为"Mvar"。

开关量区：四个信息从上到下依次表示"调节器的主从状态""调节器的运行状态""调节器的故障状态"和"调节器的控制方式"。主控窗是运行时的主窗口，缺省显示 A 套调节器的信息，想要显示 B 套调节器的信息，请点击开关量区的第一项"A 为主机"或"A 为从机"。

控制按钮区点击按钮可以向 A 套、B 套调节器下发相应的命令（只有在设置窗的"控制使能"命令投入后，该区控制按钮才有效）。

"增磁"：表示向 A 套、B 套调节器下发增磁命令，可以点击该按钮，也可以通过敲击键盘上的"＋"键。控制按钮为白色表示增磁命令已投入，为绿色表示增磁命令已退出。

"减磁"：表示向 A 套、B 套调节器下发减磁命令，可以点击该按钮，也可以通过敲击键盘上的"－"键。控制按钮为白色表示命令减磁命令已投入，为绿色表示命令减磁命令已退出。

"开机"：表示向 A 套、B 套调节器下发开机命令。控制按钮为白色表示开机命令已投入，为绿色表示开机命令已退出。

"停机"表示向 A 套、B 套调节器下发停机命令。控制按钮为白色表示停机命令已投入，为绿色表示停机命令已退出。

"停止录波/启动录波"表示向试验窗中选中的该套调节器下发停止录波或启动录波命令。

"阶跃试验/阶跃返回"表示向试验窗中选中的该套调节器下发阶跃试验或阶跃返回命令。只有在设置窗的"控制使能"和"阶跃使能"命令投入后，该命令才有效。

信息窗显示如图 5-3-2 所示，注意每次进入信息窗后，必须点击"确认"按钮后才能显示所需信息。

A、B 套选择区：想要显示某套调节器的信息，可以点击该套调节器的选择框为"区"；否则，可以点击该套调节器的选择框为"口"。注意：当该套未选时，该套的信

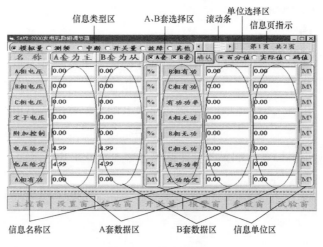

图 5-3-2　信息窗显示

息不同步显示。

　　信息类型区：选择好想要显示的信息类型后，点击"确认"按钮，将向选择好的调节器下发相应的命令，调节器收到命令后，将上送工控机所需信息。

　　滚动条和信息页指示：当要显示的信息多于一页时，信息页指示将显示"第×页共×页"，可以点动滚动条显示不同页的信息。

　　单位选择区：想要改变显示信息的单位，点击相应选择项即可。

　　信息名称区：所要显示信息的名称。

　　A 套数据区：显示 A 套调节器的信息。

　　B 套数据区：显示 B 套调节器的信息。

　　信息单位区：所要显示信息的单位。

二、UNITROL-F 系统人机界面操作要点及注意事项

(一) 现地查看实时数据操作

(1) 按"ACT"。

(2) 按"▲"和▼"键选择第三或第四行，然后按"ENTER"确认。

(3) 按"﹣"或"﹣"键选择参数组。

(4) 按"▲和"▼"键选择该参数组中的数据。

(5) 按"ENTER"键返回到实际值显示模式（注意此时屏幕显示改为该实时数据）。

(二) 现地查看故障信号操作

方法一，根据调节器上数码管显示的信息，对照如图 5-3-3 所示故障报警含义表。

方法二，在控制器中查看：

(1) 按"ACT"。

图 5-3-3　权限管理

（2）按"¯"或"_"键选择故障记录画面。

（3）按"▲"和"▼"键选择故障记录条目。

（4）按"ACT"返回至实际值显示模式。

现地故障复位操作：

（1）显示屏在故障画面。

（2）切至就地控制。

（3）按"RESET"键。

（4）切至远方控制位置。

与某通道通信连接：

（1）按"COM SEL"键，视第二行出现"ID-NUMBER ×"。

（2）按"▲"和"▼"键选择通道（"0"为控制盘；"1"为通道1；"2"为通道2）。

（3）按"ACT"确认。

三、NES-6100系统人机界面操作要点及注意事项

（一）登录操作

在界面左侧列表中单击"权限管理"，出现如图 5-3-3 所示权限管理画面；点击登录，出现如图 5-3-4 励磁登录对话窗画面，输入用户名与密码（用户名与密码由继保人

员保管）；点击登录，登录完出现如图 5-3-5 所示的励磁界面登录完成画面。

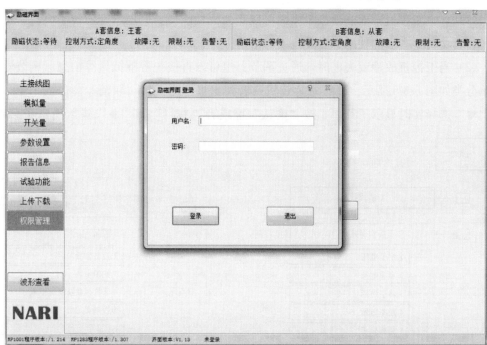

图 5-3-4 励磁界面登录对话窗

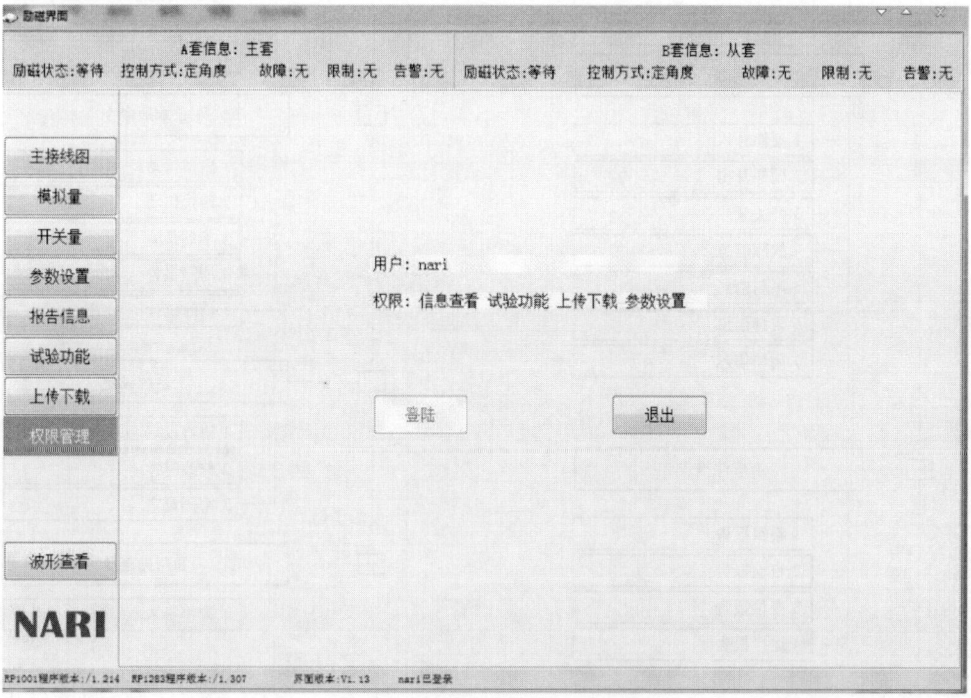

图 5-3-5 励磁界面登录完成

（二）模拟量查看操作

（1）点击工控机界面的模拟量界面可以查看机端电压、电压给定、转子电流、机组频率、有功功率、无功功率、触发角度等信息。

（2）当工控机故障或失电时，通过调节器也可以直接查看模拟量等信息。调节器的菜单分类如图 5-3-6 所示。在正常运行机或者弹出报告时，按"取消"键进入菜单，通过"▼"选择实时显示子菜单，按"确认"键或者"右行"键"▶"进入所选子菜单，

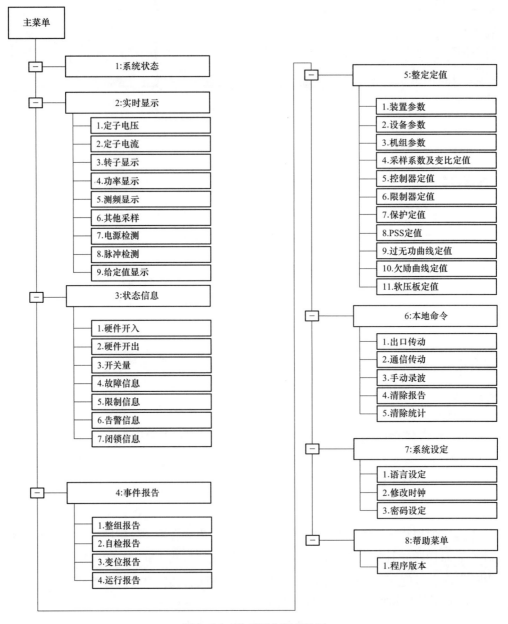

图 5-3-6　励磁调节器菜单树

按"取消"键或"左行"键"◀"返回上一级菜单；进入实时显示子菜单后，通过"▼"和"▲"移动光标来选择项目，按"确认"键可查看各项子菜单中具体信息量。

 **思考与练习**

（1）NES-6100 系列励磁系统如何查询报告？

（2）SAVR-2000 系列励磁系统如何查询模拟量？

第四章　设　备　试　验

本章主要介绍 AFT 型励磁系统日常工作中常见的几种试验，包括励磁系统的定期试验、模拟试验和检修后投产试验，包括 3 个培训小节。

第一节　定　期　试　验

本节主要介绍新安江电厂机组励磁系统的定期试验，包括发电机灭磁开关拉合试验、发电机励磁调节器通道切换试验等。

一、发电机灭磁开关拉合试验（运行人员需掌握）

发电机灭磁开关拉合试验是为了验证上位机与下位机的通信、以及自动化程序是否能可靠动作。

（1）试验条件：机组在备用状态。

（2）注意事项：

1）确认机组在备用状态。

2）认清设备，防止误拉运行中的灭磁开关。

（3）操作步骤：

1）远方拉开该机灭磁开关，检查监控、机械指示在分闸位置。

2）远方合上该机灭磁开关（南瑞励磁先操作 FMK 分闸复归）。

3）检查监控、机械指示在合闸位置，无其他告警信号。

二、发电机励磁调节器通道切换试验（运行人员需掌握）

发电机励磁调节器通道切换试验验证当"1/2"或"主/从"当其一通道故障时，可以试验通道间的无扰动切换，确保设备安全可靠运行。

发电机励磁调节器通道切换试验在机组备用状态时进行，一般在 3、6、9、12 月 1 日的夜班进行。由于三种励磁调节器有不同的操作步骤，因此按型号分开说明。

（一）UNITROL-F 机组励磁调节器通道切换试验

1. 操作步骤

（1）在控制盘按"LOC/REM"键，视显示屏第一行出现"L"字符。

（2）按"PAR"键，再用"▼"键（或"▲"键）选择参数组为"103 CONTROL LOGIC"（第二行），用"▲"键（或"▼"键）选择参数号为"02 MODE SELETAION（第三行）""AUTO ON"（第四行）。

（3）按 ENTER 键，显示［AUTO ON］。

（4）用"▼"键（或"▲"键）选择出［CHANGEOVER］。

（5）按 ENTER 键，显示 AUTO ON。

（6）按"ACT"键，检查调节器切换至另一通道，MODE IND 1（2）AUTO。

（7）按"LOC/REM"键，视显示屏第一行"L"字符消失。

（8）按"COM SEL"键，视第二行出现"ID-NUMBER 1（2）"。

（9）按"▲"和"▼"键选择通道号，再按"ACT"键，检查在线通道与控制器通信通道一致。

2. 注意事项

（1）确认机组在备用状态，经调度控制中心许可。

（2）认清设备，防止运行中做励磁调节器通道切换试验。

（二）NES-6100 机组励磁调节器通道切换试验

1. 操作步骤

（1）在 A 套为主机、B 套为从机时，在调节器盘将置主开关 QK2 切至"B 主"（该切换开关切换后自动复中）位置，反之切至"A 主"位置。

（2）检查工控机及调节器面板上主/从套切换正确。

2. 注意事项

（1）确认机组在备用状态，经调度控制中心许可。

（2）认清设备，防止在机组运行过程中做励磁调节器通道切换试验。

（三）SAVR-2000 机组励磁调节器通道切换试验

1. 操作步骤

（1）在 A 套为主机、B 套为从机时，按一下 B 套调节器上的"主从切换"按钮，即可转换为 B 套为主机、A 套从机，反之按一下 A 套调节器上的"主从切换"按钮。

（2）视主机"主/从"灯及脉冲输出灯亮，从机相应灯灭。

2. 注意事项

（1）确认机组在备用状态，经调度控制中心许可。

（2）认清设备，防止在机组运行过程中做励磁调节器通道切换试验。

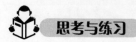 **思考与练习**

（1）请简要阐述 NES6100 型励磁调节器通道切换步骤。

（2）请简要阐述 8 号机灭磁开关拉合试验步骤。

第二节 模 拟 试 验

本节主要介绍 AFT 型励磁系统的灭磁开关合切试验。

AFT 型励磁系统的灭磁开关合切试验，其目的是验证灭磁开关合切动作正确，确保设备安全可靠运行。（运行人员需掌握）

一、设备状态

X 号机组内部检查及开关停役（或小修、或大修）。

二、试验条件

（1）确知 X 号机组不在运行或备用。

（2）联系相关工作票负责人，并得到工作票负责人允许。

（3）检查 X 号机组保护的直流电源开关 xGS1 和 xGS7（9 号机 SS 保护直流电源开关 9GS8）在拉开位置。

（4）X 号机 LCU 恢复正常。

（5）合上 X 号机组的励磁直流开关 xGS4。

三、试验步骤

（1）就地手动拉开 X 号机灭磁开关 FMK 正常。

（2）就地手动合上 X 号机灭磁开关 FMK 正常。

（3）就地电动拉开 X 号机灭磁开关 FMK 正常（含机构及监控位置指示）。

（4）就地电动合上 X 号机灭磁开关 FMK 正常（含机构及监控位置指示）。

（5）远方拉开 X 号机灭磁开关 FMK 正常（含机构及监控位置指示）。

（6）远方合上 X 号机灭磁开关 FMK 正常（含机构及监控位置指示）。

四、措施恢复

（1）检查 X 号机组灭磁开关 FMK 在合上位置。

（2）拉开 X 号机组励磁直流开关 XGS4。

（3）通知相关工作票负责人开关模拟结束，措施已恢复。

思考与练习

（1）请简述 AFT 型励磁系统的灭磁开关合切试验的目的和试验条件。

（2）请简述灭磁开关合切试验的安全注意事项。

第三节　检修后投产试验

在励磁装置更新或者大修后，为确保励磁回路安全正确的工作，需对励磁装置进行的动态试验，本节主要包含四个部分，第一部分为动态空载试验，第二部分为动态负载试验，第三部分为甩负荷试验，第四部分为电力系统稳定器（PSS）试验。

一、励磁装置动态空载试验（运行人员需熟悉）

励磁空载试验是在发电机开关拉开的条件下对励磁装置的功能、调节特性进行调试。

（一）励磁装置动态空载试验条件

（1）磁调节器静态试验结束，励磁调节器静态试验时所有拆线均恢复，具备升压试验条件。

（2）励磁调节器与机组控制器 LCU 联调及保护联动模拟结束。

（3）充水启动及过速试验结束，由 LCU 监控系统控制投入运行并具备开、停机条件，灭磁开关的远方/就地分闸试验正常。

（4）水力机械保护、仪表信号回路、调速器调试模拟结束，具备投用条件。

（5）拉开发电机断路器及跳闸绕阻 1、跳闸绕阻 2 直流电源断路器。

（6）拉开隔离开关及操作交流、直流电源开关。

（7）合上起励厂用电电源断路器。

（8）合上励磁交流电源断路器。

（9）合上直流启励电源断路器（在直流装置盘上）。

（10）合上励磁直流电源断路器。

（11）合上功率柜风机厂用电电源断路器（南瑞）。

（12）合上 1、2 号电压互感器（压变）隔离开关。

（13）合上 1、2 号功率柜输入/输出隔离开关。

（14）退出主变压器第一、第二套保护差动电流部件。

（15）退出主变压器第一套保护跳断路器 TQ1 压板，退出主变压器第二套保护跳开关 TQ2 压板，退出主变压器非电量保护跳断路器 TQ1、TQ2 压板。

（16）退出主变压器第一、第二套保护启动全停压板，退出主变压器非电量保护启动全停压板。

（17）退出机组复压过电流保护启动主变压器总引出压板，其他保护按正常方式投入。

（18）拉开 1、2 号功率柜 2 号风机电源断路器。

（二）励磁装置动态空载试验项目

1. FCR 手动运行通道试验

励磁装置 FCR 手动通道试验内容及技术措施见表 5-4-1。

表 5-4-1　　　　　　　　　　励磁装置 FCR 手动通道试验内容及技术措施

序号	试验内容	机组状态	运行操作
1	FCR 手动运行通道起励功能正常，并在励磁调节器盘对 1、2 号电压互感器核相进行核相	（1）冷备用。 （2）具备零升措施	（1）投入零升软压板。 （2）励磁方式切至电流闭环。 （3）冷备用到空转，正常后执行空转到空载
2	交流起励和直流起励二种方式对 FCR 手动运行通道进行零起升压。记录发电机的空载励磁电压和空载励磁电流	（1）交流起励至空载状态正常。 （2）电流闭环	（1）交流起励正常。 （2）远方发指令空载至空转。 （3）拉开起励厂用电电源开关。 （4）合上直流启动电源开关（灭磁开关柜）。 （5）远方发指令空转至空载。 （6）直流起励正常后恢复交流起励条件
3	FCR 手动通道调节器空载特性。检验手动通道调节器应能在发电机空载磁场电压的 20%～110% 范围内进行稳定、平滑的调节	（1）空载。 （2）电流闭环	零升起励后，远方/就地增减磁
4	FCR 手动通道空载灭磁，检验励磁系统应能在逆变灭磁和跳灭磁开关两种方式下，可靠灭磁	（1）空载。 （2）电流闭环	（1）机组空载状态下，远方空载到空转/就地逆变灭磁。 （2）机组空载状态下，远方拉灭磁开关灭磁

2. AVR 自动运行通道试验

在手动运行通道起励后检查自动与手动运行模式间的跟踪情况并切至自动通道运行，逐步做阶跃响应试验并在试验过程中优化 PID 参数，励磁装置 AVR 自动通道试验内容及技术措施见表 5-4-2。

表 5-4-2　　　　　　　　　　励磁装置 AVR 自动通道试验内容及技术措施

序号	试验内容	机组状态	运行操作
1	外接调试工具设置选择阶跃响应参数和操作阶跃响应试验	（1）空载状态。 （2）AVR（电压闭环）	无

序号	试验内容	机组状态	运行操作
2	在 AVR 方式下作增、减磁操作，观察增、减磁操作正常	(1) 空载状态。 (2) AVR（电压闭环）	(1) 检查励磁方式在 AVR（电压闭环）。 (2) 远方/就地单步增、减磁操作
3	交流启励、直流启励至机组额定电压，录取机端电压、励磁电压、励磁电流等信号录波曲线	(1) 交流起励至空载状态正常。 (2) AVR（电压闭环）	(1) 交流起励正常。 (2) 远方发指令空载至空转。 (3) 拉开起励厂用电源开关。 (4) 合上直流启励电源开关（灭磁开关柜）。 (5) 远方发令空转至空载。 (6) 直流起励正常后恢复交流起励条件
4	AVR 自动运行通道逆变灭磁和拉灭磁开关 FMK 灭磁，对机端电压、励磁电压、励磁电流等信号录波，装置应能正常灭磁	(1) 空载状态。 (2) AVR（电压闭环）	(1) 检查机组在空载状态，远方发指令空载到空转/就地逆变灭磁。 (2) 检查机组空载状态，远方拉灭磁开关灭磁

3. AVR 自动运行与 FCR 手动运行方式之间及调节器 1 号与 2 号通道之间的切换试验

通道切换试验是指进行该通道中自动运行模式与手动运行模式之间的切换和两个通道间的切换，对机端电压、励磁电压、励磁电流及状态指示信号等录波，确认切换过程无冲击。

通道切换试验的运行操作：上位机执行同一通道的电压闭环（自动模式）和电流闭环（手动模式）之间的切换。

励磁装置上检查 A/B 套相互跟踪后，进行主/备用套切换。

4. 电压/频率限制功能的试验

电压/频率限制功能试验是在 AVR 空载运行的情况下降发电机转速，当频率低于 47.5Hz 时，限制功能动作，磁场电流应下降，此时增磁，转子电流不再上升。

电压/频率限制功能试验的运行操作：调速器切至手动，关导叶使得快速下降至 47.5Hz（95%nr）后，迅速打开导叶恢复机频至 50Hz 左右，调速器切自动，监视调速器调节转速正常。

维持同步发电机转速，使机端电压频率为 50Hz，增励磁电流，当机端电压高于 110V 后，V/Hz 限制应动作，磁场电流应下降，此时增磁，转子电流不再上升。

运行操作：进行增磁操作至限制动作。后机端电压恢复正常。

5. TV 断线试验

TV 断线试验是在 AVR 空载运行的情况下人为模拟运行通道的 TV 断线，验证切换控制逻辑是否正常，磁场电流应无明显波动并对机端电压、励磁电压、励磁电流等信号录波。

6. 励磁调节器电源消失试验

励磁调节器电源消失试验是在 AVR 自动空载运行的情况下分别拉开励磁调节器交、直流电源开关，发电机电压应无摆动，励磁调节器应正常工作，监控系统电源消失报警应正确。

励磁调节器电源消失试验的运行操作：

（1）检查励磁调节器交流电源正常，拉开励磁直流操作电源开关（厂房直流配电盘 XGS4）。

（2）检查励磁调节器直流电源正常，拉开励磁交流电源开关（动力柜）。

7. 发电机空载特性试验

发电机空载特性试验是指发电机空载，保持额定转速，试验过程临时将发电机过压保护定值改为 1.3 倍瞬时（零秒）跳闸，励磁调节器运行在"手动方式"；平稳调整发电机励磁电流，使发电机电压升至 120% 额定电压（发电机与主变压器断开），再降到最低；测量记录转子电流及发电机电压上升和下降的曲线；试验结束后恢复发电机过电压保护定值。

8. 发电机空载时间常数 T_{do} 试验

发电机空载时间常数 T_{do} 试验是指发电机空载，保持额定转速，励磁调节器运行在"定控制角方式"；检查励磁系统无异常、起励；缓慢增磁至机端电压为 70% 机端额定电压；进行定角度阶跃，（角度突然增大、电压呈下降趋势），录取阶跃过程曲线，降低机端电压至 30%，进行定角度阶跃，角度突然减小，电压呈上升趋势，录取阶跃过程曲线。

9. 发电机空载 5% 阶跃试验

发电机空载 5% 阶跃试验是指发电机空载，励磁调节器运行在"自动方式"，AVR 试验完毕，试验过程临时将发电机过压保护定值改为 1.2 倍瞬时（零秒）跳闸；用自动励磁调节器调整发电机电压为 95% 额定电压；进行机端电压 5%（上、下）阶跃试验，录波取试验数据。

10. 发电机空载大扰动试验，即调节器输出限幅值校核试验

发电机空载大扰动试验是指发电机空载，励磁调节器运行在"自动方式"，AVR 试验完毕，试验过程临时将发电机过压保护定值改为 1.2 倍瞬时（零秒）跳闸；用自动励磁调节器调整发电机电压为 80% 额定电压；进行机端电压 20%（上、下）阶跃试验，录取试验数据；试验结束后恢复发电机过电压保护定值。

二、励磁动态负载试验（运行人员需熟悉）

励磁动态负载试验是指在特定负载状态下，验证预先设定值超过限制值后是否正确动作，以及对机端电压励磁电流、励磁电压、有功功率及无功功率等信号录波。

（一）励磁动态负载试验条件

（1）励磁动态空载试验结束。

（2）真同期试验正常。

（3）投入主变压器第一套、第二套差动保护电流部件。

（4）投入主变压器第一套保护跳机组开关压板 TQ1 压板、第二套保护跳机组开关 TQ2 压板。

（5）投入主变压器第一套、第二套、非电量保护动作机组全停压板。

（6）投入机组复压过电流启动主变压器总引出压板。

（7）机组电气保护按正常方式投入。

（8）水力机械保护按正常方式投入。

（二）励磁动态负载试验项目

1. 实际低励限制试验

实际低励限制试验是指在有功功率 $P=20\text{MW}$ 情况下使发电机进相运行，验证低励限制在预先设定的限制线上能正确动作。在试验过程中对机端电压励磁电流、励磁电压、有功功率及无功功率等信号录波。

2. 实际过励限制试验（定子电流限制）

实际过励限制试验是指在有功功率 $P=20\text{MW}$ 的情况下增加发电机励磁电流至限制器动作并对机端电压、励磁电流、励磁电压、有功功率及无功功率等信号进行录波。

3. FCR 手动运行模式低励限制线参数设定

FCR 手动运行模式低励限制线参数设定是指根据 AVR 自动运行模式下发生低励限制动作时所记录的对应的励磁电流值，设置 FCR 手动运行模式下的低励限制线参数。

4. 发电机电压静差率试验

发电机电压静差率试验是指在额定负荷、无功功率电压补偿率为零的情况下测得机端电压 U_1 和给定值 U_{ref1} 后，在发电机空载试验中相同励磁调节器增益下测量给定值 U_{ref1} 对应的机端电压 U_0，然后按公式计算电压静差率：$\varepsilon=(U_0-U_1)/U_\text{n}\times100\%$。

三、甩负荷试验（励磁）（运行人员需熟悉）

励磁甩负荷试验和有功功率甩负荷试验同时进行，在不同负荷下甩负荷时，对机端电压、励磁电流及无功功率等信号进行录波。

（一）甩负荷试验条件

（1）过速度试验结束。

（2）励磁动态负载试验结束。

（3）发电机电气保护、水力机械保护均正常投入。

（二）甩负荷试验项目

甩负荷试验项目是指机组并网运行后分别在有功功率 P 为 0、45、90MW，无功功率 Q 为 44Mvar 运行工况下，各甩负荷一次，对机端电压、励磁电流及无功功率等信号进行录波，在试验过程中应根据系统响应情况调整相应的控制参数使甩负荷时电压的超调量符合有关标准的要求。

注：甩额定无功功率时，发电机电压最大值不应大于额定电压值的115%。

四、电力系统稳定器（PSS）试验（运行人员需熟悉）

电力系统稳定器（PSS）试验是指通过对发电机 PSS 试验，验证 PSS 的功能，考核 PSS 抑制低频振荡的作用。

（一）试验条件

（1）试验机组工况为：有功功率大于 80MW，无功功率小于 20Mvar。

（2）试验时暂时退出机组的一次调频、AGC，试验完成后恢复。

（3）试验时，励磁调节器单通道运行，另一套备用。

（二）试验接线

（1）将发电机三相电压（电压互感器 TV 二次侧）、A、C 两相电流（电流互感器 TA 二次侧）、发电机转子电压（一次母线）接入 TK2000 型电量分析仪，试验时记录发电机的电压、有功功率、无功功率、发电机励磁电压等信号。

（2）设置好调节器噪声输入的 A/D 变比。当噪声迭加至 AVR 电压相加点时，约 1V 对应于 1% 的额定机端电压。

（3）将动态信号分析仪的白噪声信号接入励磁调节器的 TEST 输入端子。

PSS 试验现场接线图如图 5-4-1 所示。

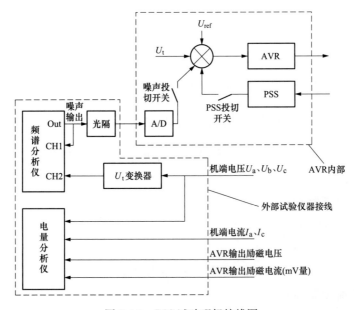

图 5-4-1　PSS 试验现场接线图

（三）试验项目

（1）调差极性校核：机组并网运行，励磁调节器运行在"自动方式"，发电机有功功率值不限，保持发电机有功功率不变，无功功率为 30Mvar。

保持发电机机端电压给定值不变，逐步修改 AVR 调差系数，记录发电机无功功率、发电机电压等值。

（2）测量发电机励磁系统无补偿频率特性。增大试验信号输出直至发电机有功功率、机端电压有微小波动，机端电压波动一般小于 2% 额定电压，有功功率波动一般小于 6% 额定有功功率，测量频率特性。

（3）计算并整定 PSS 环节参数：根据测量记录的发电机励磁系统无补偿频率特性计算 PSS 环节参数；通过调整 PSS 相位补偿，励磁系统有补偿相频特性满足标准要求。

（4）测量临界增益，设定 PSS 增益。

（5）发电机电压给定阶跃试验，验证 PSS 阻尼效果：设置参考电压阶跃量（1%～3%），在此阶跃量下有功功率一般出现明显振荡。比较有、无 PSS 时发电机负载阶跃响应的结果，有 PSS 应比无 PSS 时振荡次数减少，阻尼比提高。

（6）反调试验，确认 PSS 无反调：采取可靠手段改变原动机出力，变化量为 $10\%P_n$，变化速率按照设定的正常调节最大速率，记录并观察有 PSS 情况下的有功功率和无功功率的波动情况。

五、机组试运行（运行人员需熟悉）

机组试运行指在机组 24h 试运行后分别记录励磁装置有关部分的温度值及室温，并观测励磁设备运行情况是否良好。

 思考与练习

（1）励磁空载试验前应先进行哪些试验？空载试验的安全措施有哪些？

（2）请简述励磁负载试验的安全措施。

第五章 应 急 处 置

本章主要介绍 AFT 型励磁系统的故障现场处置、事故现场处置和典型案例解析等内容，包括 3 个培训小节。

第一节 故障现场处置

本节主要介绍 AFT 型励磁系统常见和可能出现的故障，根据出现的故障提出现场处置方法。

一、励磁调节器故障

（一）现象

上位机"励磁 A 套调节器故障"或"励磁 B 套调节器故障"光字牌亮，励磁装置故障套调节器"故障灯"亮，触摸屏故障信息显示"励磁调节器 X 套故障"。

（二）原因

（1）励磁调节器 CPU 死机。

（2）调节器电源模块故障。

（三）处理

（1）检查故障调节器已切换至正常调节器运行，检查励磁电流、电压指示及调节均正常。

（2）如某套调节器电源模块故障，应停机通知检修处理。

（3）当 A、B 套调节器均故障时，调节器输出将保持在故障前的状态，应尽快查明原因，设法恢复，如无法恢复应停机通知检修处理。

二、电压测量回路故障（1 号或 2 号电压互感器）

（一）现象

上位机"励磁 TV 断线"光字牌亮，励磁调节器"故障灯"亮，现地触摸屏故障信息显示"励磁 TV 断线"。

（二）原因

（1）二次回路断线，电压互感器二次侧开关跳闸。

（2）电压互感器熔丝熔断。

（三）处理

（1）应先检查电压互感器正常的调节器在主用及电压闭环运行，电压互感器断线的调节器在备用及电流闭环运行，然后再进行断线电压互感器的处理。

（2）首先检查电压互感器二次侧开关是否跳闸，试合一次，若再次跳开，通知检修检查电压回路绝缘是否正常，端子是否松动。

（3）如由于 1（2）号电压互感器熔丝熔断引起的故障，参照相应预案处理。

三、励磁功率柜风机故障

（一）现象

监控系统光字牌显示"1 号功率柜故障"或"2 号功率柜故障""励磁整流柜故障"，现场检查励磁装置两套调节器都有"硅柜限制"动作信号。现场检查可能出现 A224 代码报警（备用风机模组失效）、风机继电器抖动、有烧焦的味道等异常现象。

（二）原因

（1）风机滤网堵塞。

（2）风机电源故障（空气开关跳开等）。

（3）风机过载保护动作，电机故障（启动电容或电机损坏）。

（三）处理

（1）检查故障功率柜备用风机启动正常。

（2）若出现 A224 代码报警，则一般为风机滤网堵塞，通知检修待机组停机后更换风机滤网。

（3）若继电器动作导致风机故障报警，通知检修检查继电器。

（4）若风机电源跳开（过载保护动作先复归故障），试合一次，再次跳开，则通知检修人员检查风机查找原因。

（5）当 1、2 号功率柜风机全停时，励磁电流仍可在额定值范围内运行，但时间不宜超过 2h，条件允许时应及时停机处理。

四、启励失败

（一）现象

上位机开机流程画面显示"起励失败报警""顺流程报警"，发电机机端电压为零或较低值（5%左右），转子电压、电流显示为零或较低值，可能出现"灭磁开关跳闸"光字牌等。现场检查可能出现集电环冒火星、励磁装置有烧焦味道、起励接触器抖动等现象。

（二）原因

（1）灭磁开关偷跳。

（2）励磁给定值未达到100％或励磁控制方式在电流闭环方式。

（3）励磁大线、集电环等裸露导线部分短路。

（4）起励接触器损坏。

（三）处理

（1）条件允许应立即开出备用机组，保证全厂出力、电压、频率正常。

（2）若出现"灭磁开关跳闸"信号，可判断为灭磁开关偷跳引起的，故障机组保持空转，立即通知检修人员到现场查明原因。

（3）检查励磁控制方式和电压给定，若发现在电流闭环则应立即切至电压闭环，重新发起励建压令；若给定值未达到100％，则调整给定值至100％，手动增磁到额定电压。

（4）检查起励交流电源及起励接触器是否正常，必要时可切至直流起励运行。

（5）若出现集电环冒大量火星，转子电流越限，则按照机组事故处理。

 **思考与练习**

（1）请简述调节器自动起励的条件。

（2）请简述如何处置开机过程中起励失败？

第二节　事故现场处置

本节主要介绍AFT型励磁系统可能出现事故的现场处置，包括发电机励磁系统着火事故处理预案、发电机励磁系统失控处理预案、发电机转子（励磁回路）一点接地事故处理预案。

一、发电机励磁系统着火事故处理预案

（一）现象

（1）总光字屏显示"X号机电气故障"亮，分光字牌显示"X号机励磁装置故障（调节器报警）"。根据不同的故障，分光字牌可能出现"励磁直流电源消失（装置电源故障）""励磁限制动作""励磁TV断线""整流柜故障"等信号。

（2）报警一览表出现：报警表出现"X号机电气故障"及具体的故障名称。

（3）监控系统无功功率棒图到顶，定子、转子电流及转子电压指示异常升高。

（4）调节器、功率柜、灭磁柜可能有焦味、烟雾、火光。

（二）处理

（1）根据监控系统的信号，初步判断事故的性质、原因。

（2）立即向调度控制中心汇报：X 号机励磁装置故障着火，要求立即停机处理。

（3）启动备用机组或增加备用出力，保频率、电压在正常范围。

（4）停机后立即拉开故障励磁装置的有关交流、直流电源。

（5）密切监视火情，当火势不能自行熄灭时，则在拉开故障励磁装置有关交流、直流电源后，立即用 1211 灭火器或二氧化碳灭火器灭火。

（6）立即拨打火警电话报警（厂火警电话：2119、建德市火警电话：119、消防维保人员电话：660119/661119），同时启动新安江电厂火灾应急预案。

（7）向生产副厂长、总工、运行副总和其他相关副总、运行维护部、机电部、生产技术部及安质部主任（副主任）汇报，并通知相关检修班组。

（8）向调度控制中心详细汇报，做好值班记录和异常情况记录。

二、发电机励磁系统失控处理预案

（一）现象

（1）总光字屏显示"X 号机电气故障"亮，分光字牌显示"X 号机励磁装置故障（调节器报警）"。根据不同的故障，分光字牌可能出现"励磁直流电源消失（装置电源故障）""励磁限制动作""励磁 TV 断线""整流柜故障"等信号。

（2）报警一览表出现：报警表出现"X 号机电气故障"及具体的故障名称。

（3）监控系统无功功率棒图到顶、定子、转子电流及转子电压指示异常升高。

（4）调节器、功率柜、灭磁柜可能有焦味、烟雾、火光。

（二）处理

（1）根据监控系统的信号，初步判断事故的性质、原因。

（2）立即向调度控制中心汇报：X 号机励磁系统失控，请求必要时停机处理。

（3）如果机组定子、转子电流已超过事故过负荷允许值及允许时间时，应立即解列停机。

发电机定子、转子电流事故过负荷表分别见表 5-5-1 和表 5-5-2。

表 5-5-1 发电机定子电流事故过负荷表

定子线圈短时过负荷电流/额定电流	持续时间（min）	定子电流（A）
1.1	60	4600
1.12	30	4680
1.15	15	4800
1.25	5	5200
1.5	2	6200

表 5-5-2 发电机转子电流事故过负荷表

转子线圈短时过负荷电流/额定电流	持续时间（min）	转子电流（A）
1.1	60	1320
1.12	30	1344
1.15	15	1380
1.25	5	1500
1.5	2	1800

（4）如机组定子、转子电流尚未超过 1.1 倍的事故过负荷允许值，则迅速降低机组有功至 30MW 以下，同时设法调整励磁使之恢复正常。当调整无效时，则应立即将其切到备用通道运行并调整至正常。如备用通道也无法调整至正常，则应立即解列停机。

（5）已造成机组全部失磁或造成机组振荡时（励磁装置故障引起），应立即解列停机。

（6）启动备用机组或增加备用出力，保持频率、电压在正常范围。

（7）如有着火应密切监视火情，隔离电源，当火势不能自行熄灭时，则应立即用 1211 灭火器或二氧化碳灭火器灭火，并报告消防部门。

（8）向生产副厂长、总工、运行副总和其他相关副总、运行维护部、机电部、生产技术部及安质部主任（副主任）汇报，并通知相关检修班组。

（9）向调度控制中心详细汇报，做好值班记录和异常情况记录。

三、发电机转子（励磁回路）一点接地事故处理预案

（一）现象

（1）总光字屏显示"X 号机电气故障"亮，分光字牌显示"X 号机转子一点接地"。

（2）报警一览表出现：报警表出现 X 号机电气故障及 X 号机转子一点接地，监控显示转子电压在正常值。

（3）RCS-985RS 机组保护装置屏幕显示"转子一点接地保护动作"。

（二）处理

（1）根据监控系统的信号，初步判断故障的性质、原因（根据保护动作、返回情况判断是瞬时还是永久接地）。

（2）向调度控制中心汇报：发电机转子回路发生瞬时（永久）一点接地。

（3）立即对转子（励磁回路）可见部分进行检查，并检查大轴补气阀门是否跑水。

（4）查明保护装置动作情况，如由于永久接地（或频繁瞬时接地），应联系调度控制中心立即停机；若为偶发瞬时接地，机组保护能自动复归，机组可以继续运行，有条件时尽早停机检查处理。

（5）启动备用机组或增加备用出力，保持频率、电压在正常范围。

（6）在故障未隔离前不测量转子"＋""－"极对地电压，同时应做好转子两点接地的事故预想。

（7）向生产副厂长、总工、运行副总和其他相关副总、运行维护部、机电部、生产技术部及安质部主任（副主任）汇报，并通知相关检修班组。

（8）向调度控制中心详细汇报，做好值班记录和异常情况记录。

思考与练习

（1）请简述励磁装置着火如何处置？

（2）请简述转子一点接地如何处置？

（3）调节器在哪些情况下动作事故停机？

第三节　典型案例解析

本节主要介绍"开机过程中灭磁开关跳闸""励磁调节器故障""起励失败，集电环冒火花""励磁风机故障"和"励磁调节器显示屏数据缺失"案例。

【案例 1】　"2 号机开机过程中灭磁开关跳闸""起励失败"案例

一、背景描述

2015 年 2 月 27 日某电厂监控系统报："2 号机电气故障""励磁欠励限制动作""励磁装置故障""灭磁开关分闸"。现场检查 2 号机励磁第一套故障代码显示：A137，2 号机励磁第二套故障代码显示：F28。2 号机灭磁开关跳闸。根据检修要求，分别以 2 号机第一套、第二套励磁为主用对 2 号机另升开机均正常。

2019 年 5 月 5 日某电厂 2 号机正常开机，监控系统报："2 号机电气故障""励磁装置故障""励磁起励失败""灭磁开关分闸"。现场检查 2 号机励磁系统由通道 1 自动切换至通道 2 主用，灭磁开关在"分闸"位置。2 号机励磁调节盘柜内调节器通道 1 报故障代码：F28（起励故障），调节器通道 2 报故障代码：R137（备用通道跳闸）。将励磁控制方式切"现地"位置，复归故障后，报警消失；励磁控制方式切回至"远方"位置，远方合上 2 号机灭磁开关正常，2 号机起励并网正常。

二、存在问题

2 号机不能正常开机。

三、问题分析

可能为 2 号机励磁装置通道切换程序问题，具体原因待查。

四、改进措施和方法

机组满发阶段临时处理措施：提前开出机组；

机组检修处理措施：检修人员更换 2 号机起励接触器，监视 2 号机起励动作情况，排查原因。

五、结果评析

后续励磁装置更新，将上述情况反馈给厂家，要严把新设备验收关，多增加几项类似验收项，从源头解决问题。

【案例 2】 励磁调节器故障案例

一、背景描述

2020 年×月×日某电厂 5 号机正常开机过程中，事件表显示 8：23：13 建压令至励磁动作 5s 后复归，8：23：20 5 号机励磁调节器 A 套故障报警。监控系统显示：5 号机起励后定子相电压保持 5kV 左右，转子电压保持 50V 左右，额定转速，5 号机励磁画面显示在电压闭环。现场检查 5 号机励磁调节器 A、B 套主用灯均在亮，A 套故障灯亮，A 套运行闪烁灯灭，励磁调节盘显示屏显示 A 套故障，A 套空载，B 套为主机，电压给定 55％，电流给定 105A，A 套调节器串口通信故障，无法复归。远方发单步增磁，转子电压瞬时增至 60V 左右后回到 50V（上位机参数）。

现场处理：

（1）现地逆变灭磁，监视定转子电压到零。

（2）重启励磁调节器显示屏。

（3）重启 A 套调节器：拉合 A 套调节器电源（工控机的双路供电、脉冲电源、系统电源三个电源开关）。

（4）重启后手动切至 A 套主用，现场检查 5 号机励磁调节器 A 套故障灯灭，A 套主用灯亮，A 套运行闪烁灯亮，励磁调节盘显示屏显示 A 为主机，A 套调节器串口通信故障消失。上位机发空转到空载令，建压成功后发并网令，并网成功。

二、存在问题

5 号机励磁调节器串口通信故障，导致 A 套、B 套均不能正常调节。

三、问题分析

可能为励磁调节器通信装置抗干扰能力差，导致通信故障。

四、改进措施和方法

现场值班人员要熟练掌握该异常处理的方法和步骤。

维护人员在起励接触 61ZJ 线圈两头反接二极管，增加励磁装置的抗干扰能力。

五、结果评析

进一步加强设备维护检查项目，并将上述现象反馈到厂家，增加相应设备的抗干扰能力。

【案例 3】 起励失败、集电环冒火花案例

一、背景描述

2020 年 7 月 21 日某电厂监控系统：8：17：56 6 号机发开机指令；8：18：49 报 6 号机励磁整流柜故障，转子电压电流越限瞬时复归，起励失败，8：19：13 6 号机顺控流程报警；8：19：13 复归 6 号机顺控流程，报警复归；8：20：43 发 6 号机空转至空载令；8：20：51 6 号机强励限制动作，励磁调节器 A 套故障报警、励磁调节器 B 套故障报警，转子电流越限（最大 2000A）。

现场检查 6 号机集电环有冒火花现象，上位机立即拉开 6 号机灭磁开关，冒火花现象消失；随后投入水导轴承备用水，落工作门，手动加闸停机，同时向调度控制中心申请修改计划曲线，6 号机改检修；更换 6 号机集电环后，开机并网正常。

二、存在问题

6 号机转子绝缘下降导致集电环短路。

三、问题分析

6 号机长时间运行导致集电环出碳粉累计较多，未能及时清扫，造成开机起励过程中集电环短路。

四、改进措施和方法

机组应进行定期维护清扫，严格执行巡回检查制度。

五、结果评析

采购正规厂家制作的合格设备，备足备品，以备不时之需。

【案例 4】 励磁风机故障案例

一、背景描述

2020 年 5 月 3 日某电厂：15：59：59，7 号机运行中，监控系统光字牌"1 号功率柜故障""励磁整流柜故障"，现场检查 7 号机励磁装置两套调节器都有"硅柜限制"动作信号，1 号功率柜 1 号风机在运行状态。原因可能为 1 号功率柜 2 号风机无法正常启动。检修人员交代：7 号机励磁装置 1 号功率柜 2 号风机无法启动消缺工作结束，KH2 继电器定值由 2.5A 调整为 4A，开机至空载试转正常。

2019 年 10 月 29 日 15：17：1，4 号机开机过程中监控系统"4 号机电气故障""励磁装置故障"光字牌报警。现场检查 4 号机励磁装置 1 号调节器显示故障代码"224"（备用风机模组失效）。

2019 年 10 月 10 日 15：30：37，4 号机运行中（2MW）监控系统"4 号机电气故障"、"励磁装置故障"光字牌报警。现场检查 4 号机励磁装置 1 号调节器显示故障代码"224"（备用风机模组失效）。

2019 年 5 月 26 日 10：32：58，监控系统事件表报"4 号机励磁装置故障报警信号有效"。现场检查 4 号机励磁装置，励磁调节器报警代码：A224，故障为备用风机模组失效，检查备用风机电源正常，现场复归故障后正常。已通知继保班，继保班交代：初步判断为功率柜风机滤网堵塞，暂不影响运行。

2020 年 5 月 8 日 13：09：15，2 号机开机并网后，2 号机电气故障光字牌亮，分光字为"励磁装置故障"。现场检查为 A224 代码报警（备用风机模组失效），将励磁装置切"现地"位置，复归故障信号，2 号功率柜风机自动切至 2 号风机运行，励磁装置切回"远方控制"位置。

二、存在问题

励磁装置滤网经常堵塞和风机启动继电器整定值偏低。

三、问题分析

（1）风机滤网堵塞由于现场施工造成励磁层粉尘过大。

（2）风机启动继电器整定值偏低。

四、改进措施和方法

（1）现场施工人员应采取抑制粉尘的措施。

（2）调整 KH2 继电器定值由 2.5A 调整为 4A。

五、结果评析

风机滤网应采购正规厂家制作的合格设备，备足备品，以备不时之需。设备调试时应校核继电器整定值及时调整。

【案例 5】 励磁调节器显示屏数据缺失案例

一、背景描述

2019 年 4 月 21 日某电厂 10：11：37，巡回检查人员汇报：3 号机运行时励磁盘励磁调节装置的显示屏无数据显示。已通知继电保护运行维护班，称不影响运行，待停机后处理。

运行维护人员检查为工控机死机，经重启工控机，设备已恢复正常。

二、存在问题

励磁盘励磁调节装置的显示屏无数据。

三、问题分析

工控机死机造成数据缺失。

四、改进措施和方法

严格落实巡回检查制度，早发现早处理。

五、结果评析

励磁装置应做到及时的维护检查。

 **思考与练习**

（1）请简述调励磁装置出现风机故障如何查询和处理？

（2）请简述不同工况下灭磁开关跳闸如何处理？

第六篇

调速系统

　　本篇主要介绍调速系统的结构原理、巡回检查、设备操作、设备试验、应急处置等内容，包括五个章节。第一章主要介绍调速系统的结构原理；第二章主要介绍调速系统的巡回检查的检查项目；第三章主要介绍调速系统设备操作；第四章主要介绍调速系统的设备试验；第五章主要介绍调速系统的应急处置。

第一章 调速系统结构原理

本章主要介绍水轮机调节和调速系统调速器及设备参数、调速系统结构原理、调速系统运行方式、调速器压油装置等内容，包括 4 个培训小节。

第一节 水轮机调节和调速系统

本节主要介绍水轮机调节的基本任务、途径、水轮机控制系统的结构框图、水轮机控制系统的任务、一次调频、二次调频及调速器的结构。

一、水轮机调节

（一）水轮机调节的基本任务

水轮发电机组示意图如图 6-1-1 所示。水轮机调节的基本任务是根据负荷的变化不断调节水轮发电机组的有功功率输出，并维持机组转速（频率）在规定范围内。

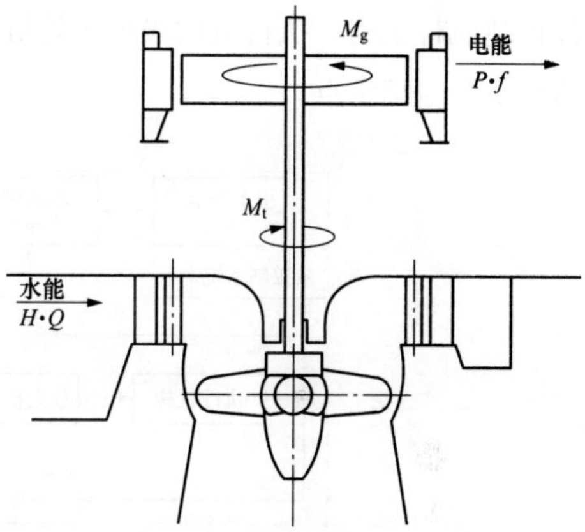

（二）水轮机调节的途径

水轮发电机组转动部分的运动方程为：

$$J \frac{\mathrm{d}\omega}{\mathrm{d}t} = M_\mathrm{t} - M_\mathrm{g} \qquad (6\text{-}1\text{-}1)$$

图 6-1-1 水轮发电机组示意图

式中 J——机组转动部分的转动惯量，$\mathrm{kg \cdot m^2}$；

ω——机组角速度，$\omega = \dfrac{n\pi}{30}$，$\mathrm{rad/s}$；

n——机组转速，$\mathrm{r/min}$；

M_t——水轮机动力矩，$\mathrm{N \cdot m}$；

M_g——发电机阻力矩，$\mathrm{N \cdot m}$。

$$f = \frac{np}{60} \qquad (6\text{-}1\text{-}2)$$

式中 n——机组转速，$\mathrm{r/min}$；

f——发电机输出交流电频率，Hz；

p——发电机的磁极对数。

水轮机动力矩取决于水轮机水头 H，导叶开度 a（流量 Q），机组转速 n 等。

如果负荷变化后，不调节导叶开度，机组转速仍可稳定在某一数值上，水轮机及负荷的这种能力称为自平衡能力。但这样稳定后的转速偏离额定值较远，为了维持频率恒定（或者说在规定的范围内），就要对水轮机进行调节，也就是通过改变导叶开度（对转桨式机组还有轮叶转角）来实现调节目的。

显然要调节水轮机输出的主动力矩，就是要调节水轮机输出功率，其中最有效的方法和途径是通过调节（控制）水轮机的流量，而流量的调节（控制）是通过改变导水机构（即水轮机的活动导叶）的开度来实现的。对转桨式水轮机，还可以通过协调调节轮叶转角来共同实现对流量的调节，而实现这种调节（控制）的控制装置就是水轮机调速器（或称水轮机控制器）。

（三）水轮机控制系统的结构框图

水轮机控制系统的结构框图如图 6-1-2 所示。测量元件把机组转速 n（频率 f）、功率 Pg、水头 H、流量 Q 等参量测量出来，与给定信号和反馈信号综合后，经放大校正元件控制执行机构，执行机构操纵水轮机导水机构和桨叶机构，同时经反馈元件送回反馈信号至信号综合点。

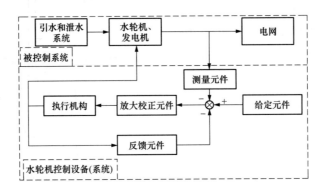

图 6-1-2　水轮机控制系统的结构框图

水轮机控制系统（水轮机调节系统），由水轮机调速器与水电机组（被控对象）构成。

水轮机调速器的主要作用是根据偏离机组频率（转速）额定值的偏差，调节水轮机导叶和轮叶机构，维持机组水力功率与电力功率平衡，使机组频率（转速）保持在给定频率（转速）附近的允许范围之内。这时的水轮机调速器主要是一个机组频率（转速）调节器。

（四）水轮机控制系统的任务

（1）机组频率调节：维持机组转速在给定转速附近，参与电网一次调频。

（2）机组功率控制：完成调度控制中心下达的功率指令，调节水轮机组有功功率，满足电网二次调频自动发电控制（AGC）要求。

（3）机组工况控制：完成机组开机、停机、紧急停机等控制任务；执行计算机监控系统的调节及控制指令。

（五）一次调频

一次调频是水轮机调节系统的基本功能，在机组发电运行过程中，当系统频率变化超过调速器的频率/转速死区时，水轮机调节系统将根据静态特性（调差特性）所固有的能力，按整定的调差率/永态转差系统自行改变导叶开度（或轮叶转角），从而引起机组有功功率的变化，进而影响电网频率的调节过程。

一次调频由发电机组调速系统的自身频率/功率特性对电网的控制，主要是由发电机组调速系统的静态特性和动态调节特性来实现的；

（六）二次调频

二次调频由发电机组调速系统以外的设备向机组调速系统下达相应机组的目标功率值，从而产生电网范围内的功率/频率控制。二次调频主要是由电网自动发电控制系统AGC来实现的。

二、调速系统

调速系统主要包括：调速器、压油装置及其附属油管路和阀门。

调速器：保证水轮发电机的频率稳定、维持电力系统负荷平衡，并根据操作控制命令完成各种自动化操作。

油压装置：提供汽（水）轮机系统各液压操作元件压力油源的专用设备。

思考与练习

请简述水轮机调节基本任务。

第二节　CVT-100 型调速系统结构原理

本节主要介绍调速系统结构原理，包括由北京中水科水电科技开发有限公司生产的CVT-100 型调速器技术规范、结构原理、运行方式介绍。

新安江电厂 1～3 号机为 CVT-100 型调速器，调速器主要功能是保证水轮发电机的频率稳定、维持电力系统负荷平衡，并根据操作控制命令完成各种自动化操作。

一、CVT-100 型调速器技术规范

CVT-100 型调速器技术规范见表 6-1-1。

表 6-1-1　　　　　　　　　　　　CVT-100 型调速器技术规范

测频方式	残压测频、齿盘测频	永态转差系数 b_p	6％（负载运行）
电源	交流 220V、直流 220V		4％（一次调频）
调速器死区	＜0.02％		2％（孤网运行）
甩大于 25％额定负荷不动时间	≤0.2s	一次调频频率死区	0.05Hz
主阀门直径	100mm	工作压力	2.5MPa

二、CVT-100 型调速器结构原理

CVT-100 型调速器是基于现代液压逻辑插装技术而开发的一类新型调速器，采用逻辑插装技术，由高频数控阀（也称高速开关阀、脉冲调制阀、数字阀）与逻辑插装阀等标准液压件进行元件-组件-回路的多层次组合与优化设计，进而实现调速器调节与控制的所有功能。CVT-100 型调速器扬弃了传统结构模式的调速器结构，兼顾了机柜动作的可靠性、微机的适用性和阀的简单化。

CVT-XX 系列调速器适用于大型混流式、定桨式、转桨式（轴流转桨式、贯流式、斜流式）水轮机组的调节与控制，其标称主阀规格有：80、100、150、200、250mm 五种。其型号定义如下：

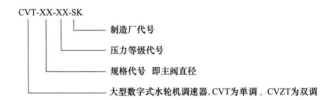

CVT-XX-XX 与电厂 LCU 回路配合可实现以下各种调节与控制：

（1）完成开机、停机、调相、甩负荷、功率升/降、开度增/减、频率增/减、紧急停机、手/自动切换、机械手动操作、以及各种工况转换任务。

（2）空载运行时能控制机组频率自动或手动跟踪电网频率，以提高并网速度。

（3）具有容错控制功能，当一个或数个通道失效时，仍能自行由正常通道来维持系统的稳定运行，并可进行频率、负荷调节；即使出现滤油器堵塞失效，而又未能得到及时更换处理的情况，仍能维持机组长期的稳定运行。

（4）允许在不停机的状态下更换滤油器滤芯。

（5）实现自动/手动/电手动之间无条件、无扰动的平滑切换。

（6）在调速器电柜严重故障或失电时，仍能保证接力器保持当前位置，且不影响正常和事故停机。

（7）完成对转桨式机组转叶机构的协调联动控制（对于 CVZT-XX 来说）。

（一）机械控制柜总装图

CVT-100 型调速器的机械控制柜总装图如图 6-1-3 所示，各部说明表见表 6-1-2。

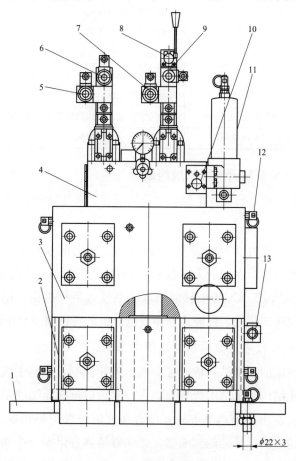

图 6-1-3　机械控制柜总装图

1—基础板；2—事故配压阀插装块；3—调速器插装块；4—导叶一、二路油路控制块；

5—开停机阀门；6—导叶一路增减阀门组；7—紧急停机阀门 1；8—手动操作阀门；

9—导叶二路增减阀门组；10—滤芯截止阀门；11—过滤器；

12—排气接头；13—事故配压阀液动阀

表 6 1 2　　　　　　　　　　　　机械控制柜总装图各部说明表

1	基础板	调速器基础板
2	事故配压阀插装块	
3	调速器插装块	
4	导叶一、二路油路控制块	
5	开停机阀	停机状态下，停机阀投入，使导叶接力器保持液压压紧，它具有机械定位记忆能力，只要动作数秒后，即便断电依然能可靠压紧，当需要开机时，投入开机阀，取消液压压紧

6	导叶一路增减阀组	控制导叶第一路增减（慢速）
7	紧急停机阀	紧急停机时该阀动作
8	手动操作阀	纯机械手动操作阀
9	导叶二路增减阀组	控制导叶第二路增减（中速）
10	滤芯截止阀	更换滤芯时将此阀关闭可以带压更换，开启后滤芯起作用
11	过滤器	过滤油种污物
12	排气接头	第一次充油或拆卸机械零件时用于排空气或油
13	事故配压阀液动阀	用于操作事故配压阀

（二）CVT/ZT-XX 系列调速器系统组成

CVT/ZT-XX 系列调速器系统主要由电子调节器、液压随动系统组成。

1. 电子调节器

电子调节器的核心部件为可编程控制器、输入/输出信号调理或整形模块；电子调节器具有高可靠性和直观、方便的人机接口，提供了全方位、最直接的监测维护手段。电子调节器与 CVT/CVZT-XX 等机械液压随动系统（俗称机柜）相配合，适用于混流式、轴流定桨式、轴流转桨式、贯流式水轮发电机组的各种调节与控制。

2. CVT/ZT-XX 系列调速器机械液压随动系统

机械液压随动系统的基本结构特征可归纳为先导控制、阀座主级、嵌入式连接。各组件之间采用模块化结构有机地组合与叠加在一起。机械液压随动系统主要包括：高速开关阀先导阀板、由逻辑插装阀基本单元组合而成的主级控制阀板、开/关机时间、紧急关机时间调整机构、可换滤芯的滤油器、滤油器堵塞发讯器、手动排气阀塞、滤油器堵塞或切断时旁通保护阀、开/停机脉冲控制阀、手动控制阀、紧急停机阀、控制压力调节机构。

（三）液压随动系统工作原理

1. 高速开关阀

高速开关阀在 CVT/CVZT/YCVT/CJCVT 系列调速器中起到从电气脉冲量到液压量转换的作用，即"电-液转换"的作用，属于脉冲式流体控制，只有开/关两个状态，响应时间为 0.5～3ms。

（1）高速开关阀组成。高速开关阀单元结构原理简图如图 6-1-4 所示，高速开关阀主要包括阀套、电磁铁、控制阀芯以及阀芯端部的复位弹簧等组成的封装件（插件）。集成块壳体是由系统集成者根据设计意图，专门开孔加工的，高速开关阀插件镶入集成块孔内，以实现使用目的。其中，设置压力补偿通道（剖视图中未清晰表示）的目的是减小阀芯移动时的操作力，以加快响应。

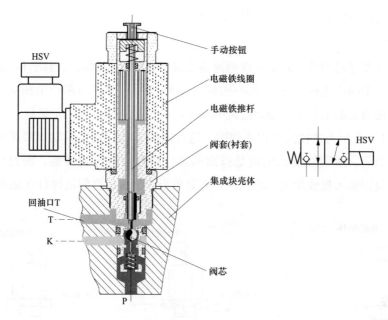

图 6-1-4　高速开关阀单元结构原理简图

（2）高速开关阀工作原理。高速开关阀是通过电磁铁推杆控制阀芯在阀体内作轴向运动，使相应的油路沟通或断开的。高速开关阀是一个具有多段环形槽的圆柱体，阀芯带有工作锥体或钢球，而阀套（衬套）内有若干条沉割槽，每条沉割槽都通过相应的孔道与外部连接。

高速开关阀只有两个工作位置，当电磁铁 HSV 断电时，阀芯在下端弹簧推力的作用下向上移动，其阀位置状态如图 6-1-5 所示，此时油口 P 与控制口 K 沟通，而回油 T 与控制口 K 之间是截止的。

当电磁铁 HSV 通电时，阀芯受电磁铁推杆推力的作用向下移动，其阀位置状态如图 6-1-6 所示，此时油口 P 与控制口 K 之间截止，而回油 T 与控制口 K 沟通。

通过对高速开关阀的通断信号进行脉冲调制，即通过控制脉冲频率和脉冲宽度，就可以实现对流量或压力接近连续的控制。由于输出流量较小，在 CVZT 系列调速器中一般用作先导液压信号，以驱动起主配作用的主控阀（大通径插装阀）。因而从

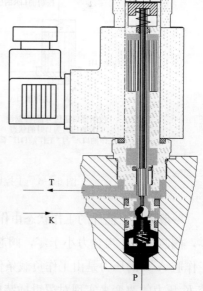

图 6-1-5　高速开关阀电磁铁（HSV）
通电时的阀位状态

高速开关阀的作用而言，起到了"电-液转换"的作用。

2. 主控阀

主控阀（即逻辑插装阀）是实现调速器主级位置随动控制的关键组件，其功能是接收来自高速开关阀或比例阀先导油路的压力/流量信号，使主阀芯产生相应动作，进而控制通向主接力器的主控工作油路液流的变化，以控制主接力器的位移量。

如图 6-1-6 所示为主控阀结构原理图。这种阀的结构特点是其功率级采用插装式结构，并因此得名。所谓插装式结构是指由阀芯、阀套及附属的弹簧、密封件等构成组件，安装时只需插入集成块的标准孔内，并靠盖板与集成块之间的螺钉连接而固定。

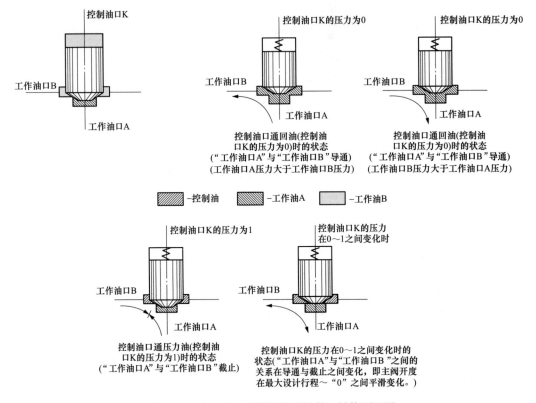

图 6-1-6 主控阀（逻辑插装阀插件）结构原理图

一般来说，插件的工作状态由作用在阀芯上的合力大小和方向决定的。当合力大于零，阀芯关闭；当合力小于零，阀芯开启；当合力等于零，阀芯停留于某一平衡位置。工作腔 A/B 的压力是由工作负载条件决定的，不能任意改变，所以一般只能通过对控制腔 K 压力的改变来实现对逻辑插装阀的控制。通过改变 K 腔的控制压力，就可以控制主阀的开度。

3. 开停机脉冲阀

开停机脉冲阀组成如图 6-1-7 所示，开停机脉冲阀主要包括阀体、两个电磁铁、控制阀芯以及阀芯两端的定位机构等。

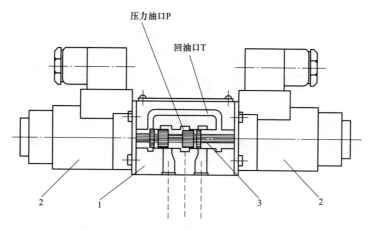

压力油口 P

回油口 T

图 6-1-7　开停机脉冲阀结构示意图
1—阀门体；2—电磁铁；3—控制阀芯

开停机脉冲阀的工作原理：开停机脉冲阀门是通过电磁铁推杆控制阀芯在阀体内作轴向运动，使相应的油路沟通或断开的。开停机脉冲阀是一个具有多段环形槽的圆柱体，阀芯有若干个台肩，而阀体内有若干条沉割槽，每条沉割槽都通过相应的孔道与外部连接。

开停机脉冲阀只有两个工作位置，当右侧电磁铁 KJL 通电，而左侧电磁铁 TJL 断电时，阀芯（3）在右侧电磁铁 KJL 推力的作用下左移，同时阀芯左侧的定位机构将阀芯位置保持在该工作位置，此时即便电磁铁 KJL 断电，定位机构也能使阀芯保持在该换向工作位置不变；其阀位状态如图 6-1-8 所示，此时压力油口 P 与控制口 A 沟通，而回油 T 与控制口 B 沟通。

当左侧电磁铁 TJL 通电，而右侧电磁铁 KJL 断电时，阀芯（3）在左侧电磁铁 TJL 推力的作用下右移，同时阀芯右侧的定位机构将阀芯位置保持在该工作位置，此时即便电磁铁 TJL 断电，定位机构也能使阀芯保持在该换向工作位置不变；其阀位状态如图 6-1-8 所示，此时压力油口 P 与控制口 B 沟通，而回油口 T 与控制口 A 沟通。

4. 液压随动工作原理

液压随动工作原理是在自动状态下：当微机调节器输出调节信号时，此信号经功放驱动板的转换放大后作用于先导控制的高速开关阀；与此同时，高速开关阀的输出经先导油路转换后，其液流信号就会立即作用于起主配作用的逻辑插装阀控制腔，通过逻辑插装阀放大后的液流最终进入主接力器，使其跟随调节器控制信号的变化，直至调节过

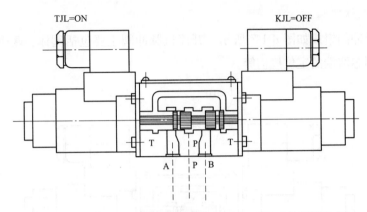

图 6-1-8 开停机脉冲阀左侧电磁铁（TJL）通电后的阀位状态

程结束。

（1）导叶开度增自动操作。如图 6-1-10 所示为开度自动增局部动作原理图。当调节器的控制信号使高速开关阀 Z1 通电时，其阀芯右移，这样流量控制阀左作用端的压力将下降，导致阀芯左移，其移动量受高速开关阀 Z1 的流量控制；由于插装阀控制器 K 与流量控制阀的输出相联；当流量控制阀左移时，接力器开侧控制插装阀的控制腔压力将下降，使这 2 个插装阀得以开启，其开启程度最终由高速开关阀 Z1 决定，它与高速开关阀的流量呈线性关系。

由上述可知，若高速开关阀 Z1 通电开启，图 6-1-9 中的右上、左下 2 个插装阀也将开启，这样主供压力油通过左下插装阀通向接力器左侧，接力器右侧油液通过右上插装阀通排油，接力器向开度增方向运动。

当接力器的位移量与所需的调节控制量一致时，高速开关阀 Z1 断电，流量控制阀将复位，这样压力油将直接作用于右上、左下 2 个插装阀控制腔 K，使这 2 个插装阀关闭，通向接力器开/关侧控制腔的油路被截止，接力器停动并静止在与调节控制量相对应的位置上。

（2）紧急停机回路。如图 6-1-10 所示，当紧急停机阀通电动作时，其控制口 A 通回油 T，使流量控制阀换向至左位，这样左上/右下 2 个插装阀控制腔 K 通过电流量调节阀 A 口而使压力降低，使这 2 个插装阀开启，从而主供压力油通过左侧插装阀通向接力器右腔，接力器左腔通过右侧插装阀与回油通，进而使接力器全关。

（四）CVT-100 型调速器设备说明

（1）调速器电气控制部分是以可编程控制器 B&R2003 系列 PCC 作为硬件的主体，辅以频率测量模块、隔离变压器、电源模块、反馈传感器、导叶功率放大模块、触摸屏等组成。

（2）调速器机械液压系统特点是由组合结构的逻辑插装控制阀单元取代主配压阀实

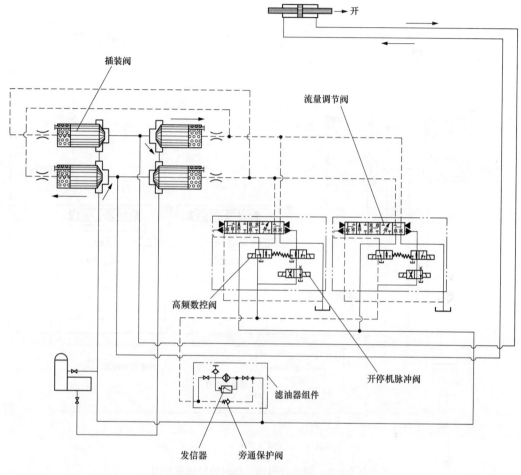

图 6-1-9 开度自动增局部原理图

现调节与控制功能，并与事故配压阀组成一体化结构。由插装阀、高速开关阀、开停机阀、紧急停机电磁阀、流量调节阀、手动操作阀、滤油器、失电关机电磁阀、失电关机切换电磁阀等组成。

（3）逻辑插装控制阀单元由 2 只开导叶插装阀和 2 只关导叶插装阀组成。高速开关阀采用多通道结构，共 6 只，控制导叶开、关各 3 只，分别起大调、中调、微调作用。

（4）调速器具有自动、电手动和机手动三种运行方式。正常在自动方式运行，在并入大电网状态时，自动、手动可无扰动人为切换；电手动属手动控制功能，通过面板导叶增加/减少开关控制导叶开度；机手动是通过手动操作阀手柄来控制导叶开度，手动或调速器断电情况下可操作。

（5）电手动时可改变导叶手动增益值来调整控制导叶开关速度。手动增益值有 1～4 挡，数值越大，控制导叶开关越快，仅在试验时需要相应改变。

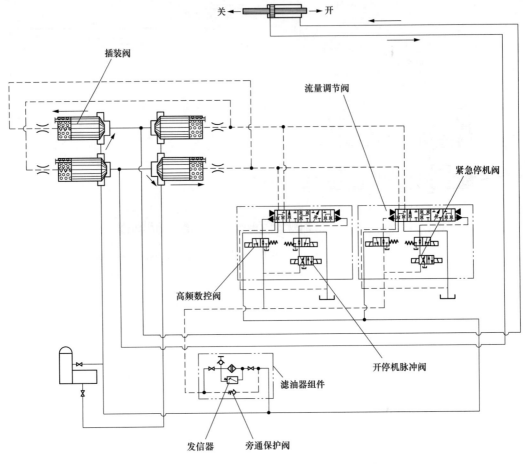

图 6-1-10　紧急停机阀动作时的局部原理图

（6）调速器调节规律采用适应式变参数 PID（比例、积分、微分）调节，开机过程采用加速度控制的启动方式。

（7）调速器机频信号以机组 2 号电压互感器作为主用，齿盘测速装置作为备用，主用、备用测频通道可实现无扰动切换。网频信号取自单元母线电压互感器。

（8）调速器由交流、直流电源双路供电，互为备用。

（9）调速器零升状态时频率自动跟踪 50.00Hz，远方或现地增减可改变频率给定值。

（10）一次调频功能可远方/现地投入退出。一次调频功能正常投入，投入时，如系统频率变化超过设定死区，调速器将按调差系数 bp 自动增减有功功率，最大有功功率调节值为机组额定出力的 10%。一次调频动作闭锁 AGC 调节信号，保证有功功率调节指令不相互干扰。

（11）调速器设有失电关机功能，当交流、直流电源同时失电时，失电关机电磁阀门动作将导叶关闭。失电关机功能可以由面板上的选择开关投入或退出（仅 1、3 号机）。

三、CVT-100 型调速器运行方式

（一）正常运行方式

（1）调速器具有自动、电手动和机手动三种运行方式，正常应处在自动方式运行。

（2）调速器具有"频率调节、开度调节、功率调节"三种运行模式，根据不同的运行方式，如空载、负载、孤网运行自动进行切换。调速器自动空载运行时为频率模式，负载运行时自动切换为功率或开度模式，并可在三种模式下无扰动切换。正常发电状态默认在功率模式运行。

（二）特殊运行方式

发电运行时，若机频大于 50.5Hz 或小于 49.5Hz，调速器自动投入孤网运行，以保证系统的稳定运行。孤网运行投入后，自动切至频率模式。当系统需要时，孤网运行也可远方人工投入。

 思考与练习

新安江电厂 9 台机组对应调速器型号分别是什么？

第三节　PBWT-100 型调速系统结构原理

本节主要介绍 PBWT-100 型调速系统结构原理，包括由武汉三联水电控制设备有限公司生产的 PBWT-100 型调速器技术规范、结构原理、运行方式介绍。

新安江电厂 6、7 号机采用 PBWT-100 型调速器，调速器主要功能是保证水轮发电机的频率稳定、维持电力系统负荷平衡，并根据操作控制命令完成各种自动化操作。

一、PBWT-100 型调速器技术规范

PBWT-100 型调速器技术规范见表 6-1-3。

表 6-1-3　　　　　　　　　　　PBWT-100 型调速器技术规范

测频方式	残压测频、齿盘测频		1%（空载运行）
电源	交流 220V、直流 220V	永态转差系数 bp	4%（负载运行）
调速器死区	<0.02%		4%（一次调频）
甩大于 25%额定负荷不动时间	≤0.2s	一次调频频率死区	0.05Hz
主配压阀门直径	100mm	工作压力	2.5MPa
事故配压阀门直径	80mm	孤网运行频率死区	0.3Hz

二、PBWT-100 型调速器结构原理

（一）PBWT-100 型调速器原理

（1）PBWT-100 型调速器具有比例、积分、微分 PID 调节规律。转速控制为 PID 算法，功率控制为 PI 算法。PID 参数具有充分可调的增益范围，以适应被控系统的动态特性。

（2）PBWT-100 型调速器的控制框图如图 6-1-11 所示。自动按工况改变运行参数、PID 调节参数及整机放大系数，使调速系统始终工作在较佳的工况点。

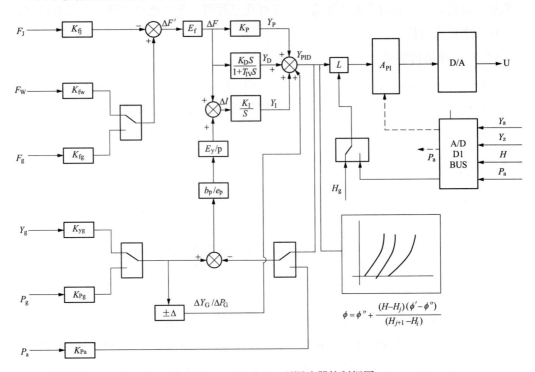

图 6-1-11　PBWT-100 型调速器控制框图

F_J—机组频率；F_W—电网频率；ΔF—频差；Y_Z—主配行程；H_g—给定水头；

P_g—功率给定；Y_g—开度给定；F_g—频率给定；P_a—实际功率；Y_a—实际开度；

E_f—频率死区；E_y—频率开度调差系数；e_p—频率功率调差系数；ϕ—协联输出

在空载、负载开度、负载功率、负载转速运行工况下都有相应的 PID 调节控制参数与之对应，确保优良的控制效果和机组安全稳定地运行。

跟踪系统频率状态时的频差为：

$$\Delta F = F_W - F_J \tag{6-1-3}$$

跟踪频率给定状态时的频差为：

$$\Delta F = F_G - F_J \tag{6-1-4}$$

式中　F_W——电网频率，Hz；

　　　F_J——机组频率，Hz；

　　　F_G——频率给定值，Hz。

通过对频率差值，或功率差值进行 PID 或 PI 运算后，得到一个与该频率差值所对应的开度输出信号，经过开度限制环节输出到液压随动系统来控制导叶的开度，则导叶开度经模拟数字 AD 转换后与 PID 调节器的输出信号进行综合比较，放大输出，直到调整输出和导叶开度所对应的信号之差为零。

（二）PBWT-100 型调速器自动控制流程图

PBWT-100 型调速器自动控制流程图如图 6-1-12 所示。

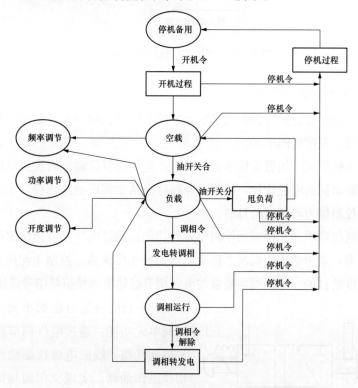

图 6-1-12　PBWT-100 型调速器自动控制流程图

（三）电气开限

电气开限的目的是防止调节器的输出过大造成机组过速或过负荷，对调节器的输出进行限制。电气开限的功能是使调节器输出 U 只能小于或等于电气开限 L。

（四）调速器机械液压系统

1. 调速器机械液压系统控制原理

调速器机械液压控制框图如图 6-1-13 所示。调速器机械液压系统中的控制元件在接收到电气调节器的电控信号后，通过流量推动辅助接力器移动，辅助接力器再带动主配压阀活塞移动，主配压阀移动后所输出的流量推动接力器活塞移动，实现对水轮机的控制。

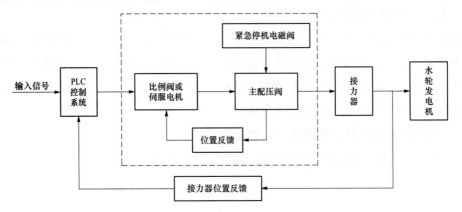

图 6-1-13　调速器机械液压控制框图

2. 导叶液压控制部分组成

导叶液压控制部分包括比例阀控制单元、伺服电机控制单元、紧急停机单元、失电停机电磁阀单元、主配压阀单元。

（1）伺服电机单元。伺服电机单元的功能：电气调节器输出的模拟量信号给伺服电机驱动器，来驱动伺服电机旋转，控制引导阀移动从而实现油路切换，实现控制主配压阀行程，达到控制接力器开度的目的。

（2）比例阀控制单元。比例阀控制单元的功能：通过电气调节器输出的模拟量信号给比例阀驱动器，来驱动比例阀阀芯移动从而切换工作油路，控制主配压阀行程，达到控制接力器开度的目的。比例阀的流量与电气调节器输出的模拟量信号成比例。

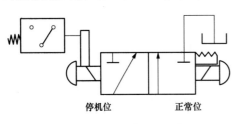

图 6-1-14　紧急停机电磁阀

（3）功能分选电磁阀单元。功能分选电磁阀单元功能：通过电气调节器输出的电信号驱动线圈，线圈电磁铁驱动阀芯变位从而切换工作油路，实现比例阀和伺服电机之间的切换。

（4）紧急停机电磁阀单元如图 6-1-14 所示。紧急停机电磁阀单元功能：通过电气调节器输出的电信号驱动线圈，线圈电磁铁驱动阀芯变位从而切换工作油路，实现紧急停机。

通常紧急停机电磁阀是一个两位三通的电磁换向阀，一位为停机，一位为正常（复归），线圈短时通电，即可换位，阀芯带有定位机构，断电后自保持在当前的位置，阀芯上有按钮，可人工操作停机和复归。

（5）失电停机电磁阀单元。失电停机电磁阀单元功能：调速器电气柜内交、直流都消失后，通过失电停机模块输出信号驱动线圈，线圈电磁铁驱动阀芯变位从而切换工作油路，实现停机。

（6）主配压阀单元。主配压阀单元由阀体、主配压阀主活塞、主衬套等组成。主配压阀单元是一种带有辅助接力器的、液压控制式的主配压阀，与其接口的是比例伺服阀或液压反馈阀（引导阀）。

主配压阀设置有活塞行程限制装置，即开关机时间调整装置，可限制主配压阀活塞开启和关闭的最大工作行程，从而控制主配压阀工作油口的大小和进入接力器的最大流量，以满足不同的接力器对开机及关机时间的要求。

3. 调速器导叶液压系统自动控制工作原理

调速器导叶液压系统自动控制工作原理图如图 6-1-15 所示。

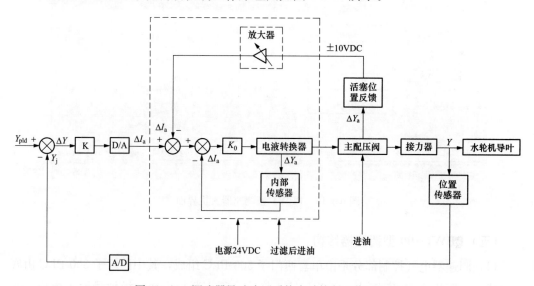

图 6-1-15　调速器导叶液压系统自动控制工作原理图

（1）比例阀电转的综合放大控制输出：

$$U_P(K) = K_P[Y(K) - Y_a(K)] - K_1 Y_z(K) \tag{6-1-5}$$

式中　K_P——比例阀电转控制的系统放大系数（开、关的放大系数不同）；

$\quad\;\; K_1$——例阀电转的主配位置放大系数；

$\quad\;\; Y(K)$——当前 PID 控制输出值；

$\quad\;\; Y_a(K)$——当前实际导叶开度值；

$\quad\;\; Y_z(K)$——比例阀电转控制的主配位置反馈值；

$U_P(K)$ 的输出形式为双极电压方式。

（2）伺服电机的综合放大控制输出：

$$U_B(K) = K_P[Y(K) - Y_a(K)] \tag{6-1-6}$$

式中　K_P——伺服电机电转控制的系统放大系数（开、关的放大系数不同）；

　$Y(K)$——当前 PID 控制输出值；

　$Y_a(K)$——当前实际导叶开度值；

　$U_B(K)$ 的输出形式为单极电压方式。

4. 人机界面

PBWT 型调速器人机界面如图 6-1-16 所示。

图 6-1-16　PBWT 型调速器人机界面

（五）PBWT-100 型调速器结构

（1）调速器电气控制部分是由单套西门子 300 PLC 组成，其中西门子 300 PLC 由底板总线、电源模块 CPU 模块、开关量输入模块、频率测量模块、模拟量输入模块、开关量输出模块和模拟量输出模块组成。

（2）调速器机械液压系统的特点是在接收到电气调节器的电控信号后，通过流量推动辅助接力器移动，辅助接力器再带动主配压阀活塞移动，主配压阀移动后所输出的流量推动接力器活塞移动，实现对水轮机的控制。导叶液压控制部分包括比例阀控制单元，伺服电机控制单元，紧急停机单元，失电关机单元、主配压阀单元。

（3）机械部分由比例阀＋伺服电机组成机械冗余结构。比例阀和伺服电机都起电液转换作用，两者互为备用。当比例阀作为主用时，伺服电机作为备用；当伺服电机作为主用时，比例阀作为备用。若电气控制部分检测到作为主用的电液转换环节出现卡阻拒绝动作时，电气部分将自动切换到另一路电液转换环节。

（4）调速系统有三种操作方式：自动操作、电手动操作和机手动操作，其中电手动操作和机手动操作为调试方式，自动操作为正常运行方式。三种模式之间相互跟踪，可无扰动切换。

（5）电气调节系统有三种主要的控制模式：频率控制模式、功率控制模式和开度控制模式，其相互间的转换都是由调节器根据当前工况自动完成。

（6）频率控制模式，又称转速控制模式，该工况采用 PID 的调节规律，导叶开度随电网频率改变而按永态差值系数 b_p 自动调整。

（7）调速器机频信号以机组 2 号电压互感器作为主用，齿盘测速装置作为备用，主用、备用频率测量通道可实现无扰动切换。网频信号取自单元母线电压互感器。

（8）调速器由交流、直流电源双路供电，互为备用。

（9）调速器零升状态时频率自动跟踪 50.00Hz，远方或现地增减可改变频率给定值。

（10）一次调频功能可远方/现地投入退出。一次调频功能正常投入，投入时，如系统频率变化超过设定死区，调速器将按调差系数 b_p 自动升降有功功率，最大有功功率调节值为机组额定出力的 10%。一次调频动作闭锁 AGC 调节信号，保证有功功率调节指令不相互干扰。

（11）调速器设有失电关机功能，当交流、直流同时失电时，失电关机电磁阀门动作将导叶关闭。该功能可以由面板上的选择开关投入或退出。

三、PBWT-100 型调速器运行方式

（一）正常运行方式

（1）调速器具有自动、电手动和机手动三种运行方式，正常应处在自动方式运行。

（2）调速器具有"频率调节、开度调节、功率调节"三种运行模式，根据不同的运行方式，如空载、负载、孤网运行自动进行切换。调速器自动空载运行时为频率模式，负载运行时自动切换为功率或开度模式，并可在三种模式下无扰动切换。正常发电状态默认在功率模式运行。

（二）特殊运行方式

发电运行时，若机频大于 50.5Hz 或小于 49.5Hz，调速器自动投入孤网运行，以保证系统的稳定运行。孤网运行投入后，自动切至频率模式。当系统需要时，孤网运行也可远方人工投入。

思考与练习

新安江电厂 6 号机正常运行时是什么模式？

第四节　油压装置介绍

本节主要介绍调速系统油压装置，主要包括调速器油压装置设备参数、结构原理、

运行方式。

油压装置包括压油槽、集油槽、两台压油泵，为调速器操作导叶接力器提供压力油源，其中压油槽用气来自厂内空气压缩机高压气系统，设有自动补气装置。

一、油压装置设备参数

油压装置规范、漏油装置规范、漏油装置运行限额见表 6-1-4～表 6-1-6。

表 6-1-4 油压装置规范

名　称		参　数	单　位
油压槽型号		YS-4.6（1～3、5～8 号机）	
		YS-4.8A（4 号机）、YS-4.0（9 号机）	
压油槽容积		4.6（1～3、5～8 号机）	m³
		4.8（4 号机）、4.0（9 号机）	
油压槽额定压力		2.5	MPa
压油泵	型号	SNF440R	
	额定油压	2.5	MPa
	额定转速	1470	r/min
	流量	360	L/min
	安全阀门动作压力	2.4～2.7	MPa
电动机	型号	Y180S-4	
	功率	22	kW
	转速	1470	r/min
	电压	380	V
	电流	42.5	A

表 6-1-5 漏油装置规范

名称		参数	单位
漏油装置	油泵型号	CB-16B	
	电机型号	Y90S-4	
	转速	1400	r/min
	电机功率	1.1	kW
	电压	380	V
	电流	2.7	A

表 6-1-6 漏油装置运行限额

名　称		规范值	单位	备注
主用泵	启动	2.0	MPa	
	停止	2.2	MPa	
备用泵	启动	1.85	MPa	
	停止	2.0	MPa	
压油槽自动补气装置补气压力		2.0	MPa	压力降至2.0MPa，同时压力油槽油位达到上限，自动补气
压油槽自动补气装置停止补气		2.2	MPa	
事故低油压停机压力		1.55	MPa	
高油压报警压力		2.35	MPa	
组合阀	组合阀内安全阀门开启压力	≥2.4	MPa	
	组合阀内安全阀门全开压力	2.7	MPa	
	组合阀内卸载阀门开启压力	2.35	MPa	
压油槽	静止油位	上限油位	+150	mm	以底部为起点的1/3油槽高度为"0"位
		下限油位	−150	mm	
		正常油位	0	mm	
集油槽	静止油位	上限油位	+150	mm	油位计1/2为"0"位
		下限油位	−150	mm	
		正常油位	0	mm	
漏油箱	过高报警油位		+300	mm	

二、油压装置结构原理

（一）正常运行方式

两台压油泵正常应一台主用运行，另一台备用运行，处于机组 LCU 控制方式。漏油泵在调速器油系统未排油时应在自动运行，并处于机组 LCU 控制方式。

（二）特殊运行方式

机组 LCU 停电或故障，压油泵、漏油泵应转换至常规控制方式。

三、油压装置运行方式

压油泵、漏油泵设有 LCU 逻辑程序和常规二次回路两种控制方式，压油泵配置了两种型号的软启动器，1 号机的软启动器型号为 ESR，其他机组的软启动器型号为

MNS（ABB）。1号机软启动器显示窗面板"启动""停机"按钮在动力电源合闸情况下即可控制压油泵启动/停止。

 **思考与练习**

调速器压油装置主用泵启动/停止压力分别是多少？

第二章　巡　回　检　查

本章主要介绍新安江电厂调速系统的巡回检查的项目内容，包括调速器巡回检查压油装置巡回检查、接力器巡回检查和机械过速装置巡回检查 4 个培训小节。

第一节　调速器巡回检查

本节主要介绍 CVT-100 和 PBWT-100 型调速器巡回检查的检查项目及标准、危险点分析。

一、调速器的巡回检查的检查项目及标准

（一）CVT-100 型调速器（1、2、3 号机）

（1）调速器各指示灯指示正确〔运行或停机备用：锁锭投入 HL5 指示灯灭、锁锭拔出 HL6 指示灯亮（绿色）、故障状态 HL3 指示灯灭、紧急停机 HL4 指示灯灭〕；切换开关位置正确（运行或停机备用：导叶状态 SA1 在自动位置、现地/远方 SA7 在远方位置、紧急停机 SB2 灯灭，保护罩合上位置、事故复归 SB5 按钮弹出、失电关机选择开关 SA3 在中间位置，导叶增减 SA2 在中间位置）；液晶屏显示正常〔正常状态液晶屏处于休眠状态，轻触液晶屏会变亮，导叶自动、自动水头、一次调频投入、功率模式（机组发电）、频率模式（机组停机备用）、开度模式（调速器切手动位置）、转速 100%（发电或调相），转速 0%（停机备用）〕；与运行状态相符，导叶实际开度与导叶开度表一致（调速器面板上导叶开度 PV1 与液晶屏显示开度一致）。

（2）可编程控制器各模块 "ERR" 灯熄灭，运行 "RUN" 灯亮。

（3）电源开关位置正确（正常状态以下开关均在合上位置，调速柜内：调速器交流电源开关、调速器直流电源开关、调速器照明电源开关，动力柜：调速器交流电源开关 TS1；LCU1 号盘：调速器直流开关 F10）；频率测量隔离变压器外观良好，不过热。

（4）导叶开度指示与机组出力相对应，记录运行机组导水叶开度值（发电接近 100%、调相和停机备用 0%）。

（5）紧急停机电磁阀位置正确（正常状态均退出，紧急停机 HL4 指示灯灭）；切换阀、比例阀温度正常。电磁阀接线无脱落。

（6）压力表指示正常，滤过器无堵塞现象（油滤过器滤芯堵塞发信号），各阀块无

渗漏油。

（二）PBWT-100 型调速器（6、7 号机）

（1）各指示灯指示正常［运行或停机备用：交流电源 HL111 灯亮（白色）、直流电源 HL121 灯亮（白色）、断路器（开关）合 HL411 灯灭、锁锭投入 HL453 灯灭、锁锭拔出 HL454 灯亮（绿色）、事故投入 HL455 灯灭］；切换开关位置正确（运行或停机备用：控制权限 SA431 在远方位置、导叶工作模式 SA432 在自动位置、导叶给定控制 SA434 在中间位置、故障复归 SB2 灯灭，位置弹出、事故复归 SB4 灯灭，位置弹出、紧急停止投入 SB1 灯灭、位置弹出，保护罩合上、紧急停止复归 SB3 灯灭，位置弹出、失电关机功能选择 SA438 在退出位置）；液晶屏显示正常［正常状态液晶屏处于休眠状态，轻触液晶屏会变亮，一次调频投入、功率模式（发电）、频率模式（调节导叶开度时）、开度模式（停机备用）、转速 150r/min（发电或调相），转速 0r/min（停机备用）］；与运行状态相符，导叶开度表与导叶实际开度一致。

（2）可编程控制器各模块"ERR"灯熄灭，运行"RUN"灯亮。

（3）电源开关位置正确（正常状态下开关均在合上位置，调速柜内：调速器交流电源开关、调速器直流电源开关、调速器插座及照明电源开关；动力柜：调速器交流电源开关 TS1；LCU1 号盘：调速器直流开关 F10）；频率测量隔离变压器外观良好，不过热。

（4）导叶开度指示与机组出力相对应，记录运行机组导水叶开度值（％）。

（5）紧急停机电磁阀位置正确（正常状态均退出，紧急投入 SB1 指示灯灭）；切换阀、比例阀温度正常。电磁阀接线无脱落。

（6）压力表指示正常，滤过器无堵塞现象，各阀块无渗漏油。

二、调速器的巡回检查危险点分析

（1）巡回检查过程中应认真仔细，注意防止振动、防止错误触碰。

（2）轻开轻关调速器柜门。

（3）发现调速器异常第一时间向当班值长汇报。

思考与练习

请简述 CVT-100 型和 PBWT-100 型调速器巡回检查的检查项目和标准。

第二节　压油装置巡回检查

本节主要详细介绍调速系统压油装置等附属设备及管路的巡回检查的检查项目及标

准、危险点分析等。

一、压油装置的巡回检查

（一）压油装置

（1）压油槽油位，压油槽各压力控制器阀门无渗漏油，位置正确（104-1 开、104 开、103-1 开、103 开、102-1 开、101-1 开、101-2 开、105 关、100-1 开、100-2 开、104-2 开）。补气装置不漏气，动作正常、位置正确（310 关、309 关、310-2 开、310-1 开、补气装置阀门在补气位置、309-1 开、309-3 开、309-2 关）。

（2）压油泵启动、停止时间，空载时间和压油泵启停压差无显著变化，动作良好。

（3）压油泵及电动机运转声音、外壳温度正常，无剧烈振动。

（4）各管路法兰接头、阀门位置正确，不漏油漏气，组合阀工作正常。

（5）1、2 号压油泵控制箱正常运行方式：一主用一备用，电源灯亮，故障灯灭，运行灯和停机灯视情况；LCU 3 号盘压油泵控制选择开关 S20 在 LCU 位置；机组动力柜中 1、2 号压油泵电源开关 31QF、32QF 均在合闸位置，柜门压油泵电源指示灯亮（红色）。

（6）调速器进油阀 107 阀的阀门位置正确（全开位置），电源开关状态正确〔动力柜：调速器进油阀 107 的电源开关 FD1 在合上位置，动力柜门 107 电源开关指示灯亮（红色）；水轮机层调速器进油阀 107 控制箱：全开灯亮（红色）、全关灯灭（绿色）、正在开/关灯灭，开/停/关按钮位置正确；控制箱内：调速器进油阀 107 的电源开关 FD2 合上位置、调速器进油阀 107 的操作电源开关 FC1 在拉开位置〕，连接管路、法兰接头不漏油，水轮机层顶部调速器底部无漏油现象。

（二）压油槽油压、油位

（1）压油槽油压值正常，正常压油槽油压值保持在 2.0～2.2MPa 之间。

（2）压油槽油位值正常，正常压油槽油位值保持在"0"位±150mm 之间。

（3）若压油槽油位、油压偏高或偏低，巡回检查人员要进行调整。

注：压油槽的"0"位指：以压油槽底部为起点的 1/3 油槽高度为"0"位。

（三）集油槽

（1）集油槽油位标准为油位计 1/2 为"0"位。

（2）集油槽底部油管路、阀门位置正确（122 关、122-1 关、120 关、121 关），无漏油现象。

（四）漏油槽的巡回检查

（1）漏油泵控制箱和现地正常运行方式均在自动位置，故障灯灭，运行灯和停止灯视情况。

（2）LCU 3 号盘压油泵的控制选择开关 S21 在 LCU 位置。

（3）机组动力柜：漏油泵的电源开关 11QF 处于合闸位置，柜门漏油泵的电源指示灯亮（红色）。

（4）漏油泵及电动机无异音，不发热。

（5）漏油槽油位正常。

二、压油装置的巡回检查危险点分析

（一）压油装置

巡回检查时不错误动作阀门，防止高压气伤人。

（二）压油槽油压、油位

巡回检查人员在调整压油槽油位、油压时，切勿过调，以防造成高压油报警或低油压、低油位保护动作；调整完毕后，需将阀门关紧，尤其是 310、309、105 阀。

（三）集油槽油位

集油槽正常储油大概是两个接力器用油加压油槽用油，集油槽油位高低与压油槽位置有关。

（四）漏油槽

漏油槽油位过高，汇报当班值长后，可手动启动，将漏油槽油位排至最低。

思考与练习

（1）请简述压油槽正常油压、油位要求。

（2）请简述压油泵、漏油泵、107 阀运行方式及电源开关状态。

第三节　接力器巡回检查

本节主要介绍调速系统接力器巡回检查的检查项目及标准、危险点分析。

一、接力器的巡回检查的检查项目及标准

（一）接力器

（1）接力器无抽动和摆动现象。

（2）接力器进、排油阀门位置正确（114 关、113 关、112 关、111 关、115-1 关），接力器、管路及阀门接口无漏油现象。

（二）接力器锁锭

（1）接力器的锁锭位置正确，机械指示位置正确［未投入时指示在开放位置（顶

部）、投入时指示在关闭位置（底部）]。

（2）导叶接力器反馈传感器滑动杆移动正常。

（3）接力器锁锭进、排油油管路及锁锭连接处无漏油现象（108 开）。

（4）接力器的锁锭电磁阀位置正常，接力器的锁锭电磁阀的电源隔离开关 4DK 处于合闸位置（在水轮机层水轮机端子箱内）。

二、接力器的巡回检查危险点分析

进行接力器巡回检查时，戴好耳塞，带好手电筒，接力器底部管路已经接力器锁锭控制进油管路接口处都是重点巡回检查地方。

 思考与练习

调速系统接力器巡回检查的检查项目及标准、危险点分析。

第四节　机械过速装置巡回检查

本节主要介绍调速系统机械过速装置巡回检查的检查项目及标准、危险点分析。

一、机械过速装置的巡回检查的检查项目及标准

（一）机械过速装置

机械过速装置位置，各信号线接线无松动，控制油管路、阀门位置正确（109 开、109-1 开、109-2 关），无漏油现象。

（二）机械过速保护

监控系统机械过速保护的软压板投入位置正确（监控系统：主用 PLC 保护压板：机械过速保护压板 25LP 在投入位置；紧停 PLC 保护压板：机械过速保护压板 35LP 在投入位置）。

二、机械过速装置的巡回检查危险点分析

机械过速装置、109 阀位于发电机下风洞，正常情况下不在巡回检查范围内。

 思考与练习

请简述机械过速装置巡回检查的危险点分析。

第三章 设 备 操 作

本章主要介绍调速系统常见的操作，包括：防止转动措施、手动/自动切换、人机界面操作、机械过速保护装置投入/退出和动作复归、机组保持空载状态运行操作、压油槽补气装置退出、压油泵手动启动/停止和检修操作、调速系统充油和排油等内容，共有 8 个培训小节。

第一节　防止转动措施

本节主要介绍 CVT-100 型和 PBWT-100 型调速器的防止转动措施（以下简称"防止转动措施"），其目的是防止机组转动，为检修人员提供必备的人身安全保障。

一、CVT-100 型调速器（1、2、3 号机）

（一）防止转动措施投入

（1）检查导叶关到零。

（2）检查开停机阀在投入位置（或投入开停机阀），视"压紧"灯亮。

（3）投入接力器锁锭。

（二）防止转动措施撤销

（1）调速器自动运行。

（2）检查开停机阀在投入位置，视"压紧"灯亮。

（3）退出接力器锁锭。

二、PBWT-100 型调速器（6 号机）

（一）防止转动措施投入

（1）检查导叶关到零。

（2）投入接力器锁锭。

（3）检查接力器锁锭在投入位置。

（4）投入紧急停机电磁阀。

（二）防止转动措施撤销

（1）调速器自动运行，检查"停机等待"状态。

（2）复归紧急停机电磁阀。

（3）退出接力器锁锭。

（4）检查接力器锁锭在退出位置。

 **思考与练习**

（1）请简要描述 CVT-100 型和 PBWT-100 型调速器的防止转动措施投入和撤销的区别。

（2）请简要描述防止转动措施投入时是先投锁锭还是紧急停止？

（3）请简要描述 CVT-100 型调速器开停机阀状态如何检查？

（4）请简要描述紧急停机电磁阀如何复归，复归按钮无法复归该如何复归？

第二节　手 自 动 切 换

本节主要介绍 CVT-100 型和 PBWT-100 型调速器手动/自动切换。

一、CVT-100 型调速器（1、2、3 号机）

（一）自动切手动运行

（1）手/自动切换开关切至"手动"位置。

（2）用"导叶增/减"开关控制导水叶开度或手动操作阀门手柄来控制导叶开度。

（二）手动切自动运行

（1）检查盘面各信号灯指示正常。

（2）手动/自动切换开关切至"自动"位置。

二、PBWT-100 型调速器（6 号机）

（一）自动切手动运行

1. 自动切电手动运行

（1）导叶工作模式选择开关切至"电手动"位置，检查运行方式改变为"电手动"方式。

（2）用开度给定控制开关控制导水叶开度。

2. 自动切机手动运行

（1）导叶工作模式选择开关切至"机手动"位置，检查运行方式改变为"机手动"方式。

（2）用电机操作手轮控制导水叶开度。

（二）手动切自动运行

1. 电手动切自动运行

（1）检查盘面各信号灯指示正常。

（2）导叶工作模式选择开关切至"自动"位置，检查运行方式改变为"自动"方式。

2. 机手动切自动运行

（1）检查调速器无故障及事故信号。

（2）导叶工作模式选择开关切至"自动"位置，检查运行方式改变为"自动"方式。

 **思考与练习**

（1）请简述调速器机的"手动"和"电手动"运行方式的区别。

（2）请简述什么情况下用"机手动"和"电手动"运行方式？

第三节　人机界面操作

本节主要介绍 CVT-100 型和 PBWT-100 型调速器的人机界面操作。

一、CVT-100 型调速器（1、2、3 号机）

（一）模式切换、一次调频、孤网运行投退操作

（1）按触摸屏主画面中"一般参数设置"按钮，进入"一般参数设置"画面。按"一般参数设置"画面中"模式切换"按钮，进入控制模式切换的操作画面。

（2）按切"开度模式"按钮，"开度模式"状态变红，即切换至"开度模式"运行。

（3）按切"功率模式"按钮，"功率模式"状态变红，即切换至"功率模式"运行。

（4）按"一次调频投入"按钮，"一次调频投入"状态变红，即一次调频功能已投入。

（5）按"一次调频退出"按钮，一次调频退出状态变红，即一次调频功能已退出。

（6）按"孤网运行投入"按钮，"孤网运行投入"状态变红，即孤网运行已投入。

（7）按"孤网运行退出"按钮，"孤网运行退出"状态变红，即孤网运行已退出。

（8）按窗口下方的"返回主画面"键，退回到主画面。

注：频率模式不能人为切换。

（二）故障显示操作

（1）按触摸屏主画面中"故障信息查询"按钮，进入故障显示窗口。

(2) 当某一故障光字显示为红色，则代表有该种故障。

(3) 如果所显示的故障已排除，故障光字自动复归。

(4) 按窗口下方的"返回主画面"键，退回到主画面。

(三）导叶手动增益选择

(1) 点击触摸屏导叶开度表图标，进入"手动控制选项"画面。

(2) 按"导叶手动增益"选择"＞＞"按钮，可设定手动增益值（1～4 挡）。

(3) 按窗口下方的"返回主画面"键，退回到主画面。

(四）开停机阀操作

(1) 点击触摸屏导叶开度表图标，进入"手动控制选项"画面。

(2) 按导叶"释放"按钮，复归开停机阀门，视灯亮。

(3) 按导叶"压紧"按钮，投入开停机阀门，视灯亮。

(4) 按窗口下方的"返回主画面"键，退回到主画面。

(五）自动、人工水头切换操作

(1) 按触摸屏主画面中"自动水头"，视当前水头显示"自动"。

(2) 按触摸屏主画面中"人工水头"，视当前水头显示"手动"。

(3) 检查水头值显示与实际水头一致。

二、PBWT-100 型调速器（6 号机）

如图 6-3-1 所示为 PBWT-100 型调速器人机界面。

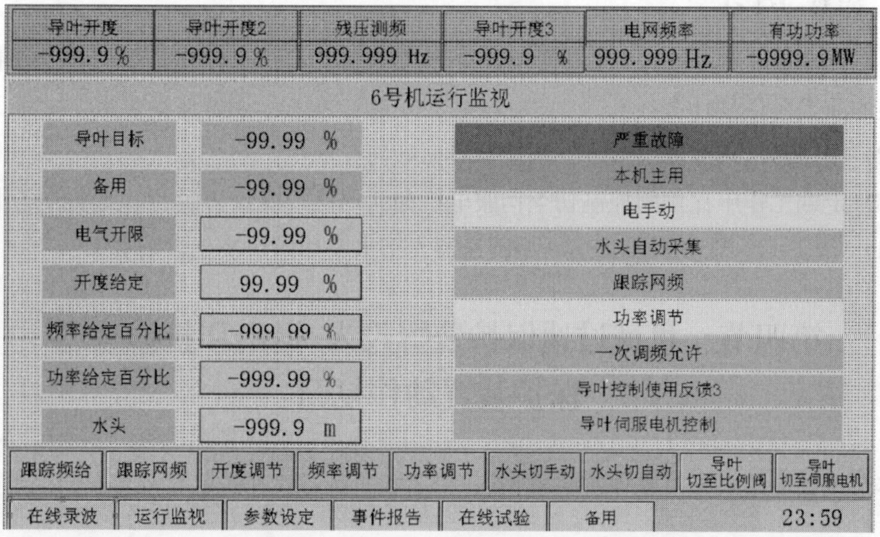

图 6-3-1　PBWT-100 型调速器人机界面

（一）比例阀控制与伺服电机控制切换操作

1. 由比例阀控制切至伺服电机控制运行

（1）触摸屏按"导叶切至伺服电机"按钮。

（2）在弹出的密码框输入"0"（该密码运行人员需知道），并按"输入"按钮。

（3）检查导叶控制方式改变为"导叶伺服电机控制"方式。

2. 由伺服电机控制切至比例阀门控制运行

（1）检查调速器无故障及事故信号。

（2）触摸屏按"导叶切至比例阀"按钮。

（3）在弹出的密码框输入"0"，并按"输入"按钮。

（4）检查导叶控制方式改变为"导叶比例阀控制"方式。

（二）模式切换操作

（1）触摸屏按"频率模式"或"开度模式"或"功率模式"按钮。

（2）在弹出的密码框输入"0"，并按"输入"按钮。

（3）检查运行模式改变为"频率模式"或"开度模式"或"功率模式"。

（三）故障显示操作

（1）触摸屏按"事件报告"按钮，进入事件列表窗口，查询故障性质。

（2）按"故障复归"按钮，复归故障信息。

（3）按触摸屏"运行监视"按钮，返回运行监视画面。

思考与练习

（1）调速器"频率模式""开度模式"和"功率模式"三种模式如何相互切换，模式切换的前提条件是什么？

（2）调速器出现故障信号，在调速器界面如何查询？

（3）定期工作中比例阀控制切至伺服电机如何切换，模式切换的前提条件是什么？

（4）CVT-100 型和 PBWT-100 型调速器人工水头如何切换至自动水头？

第四节　机械过速保护装置投入/退出和机械过速保护装置动作复归

本节主要介绍机械过速保护装置投入/退出和机械过速保护装置动作复归。

一、机械过速保护装置投入

（1）打开 109、109-1 阀。

（2）关闭 109-2 阀。

二、机械过速保护装置退出

（1）关闭 109、109-1 阀。

（2）打开 109-2 阀。

三、CVT-100 型调速器（1、2、3 号机）机械过速保护装置动作复归

（1）检查导水叶全关。

（2）检查紧急停机电磁阀投入。

（3）检查机组已停机。

（4）手动复归液压阀触动臂。

四、PBWT-100 型调速器（6 号机）机械过速保护装置动作复归

（1）检查导水叶全关。

（2）检查紧急停机电磁阀投入。

（3）检查机组转速到零。

（4）手动复归液压阀触动臂。

思考与练习

（1）请简要描述机械过速保护装置如何投入和退出？

（2）请简要描述打开或关闭 109 阀时应该注意什么？

（3）请简要描述如何复归液压阀的触动臂？

第五节　机组保持空载状态运行的操作

本节主要介绍 CVT-100 型和 PBWT-100 型调速器保持空载状态运行的操作。

一、CVT-100 型调速器（1、2、3 号机）

（1）检查导叶关到零，开停机阀投入。

（2）复归事故停机回路。

（3）调速器切手动位置，操作"导叶增/减"开关至"增"侧，保持 3s，导叶开启，观察机组转速，缓慢增加导叶开度，使机组转速上升至额定转速。

（4）待转速大于 90％额定转速后，调速器切至"自动"方式运行。

二、PBWT-100 型调速器（6 号机）

（1）复归事故停机回路。

（2）复归紧急停机电磁阀。

（3）调速器切"机手动"位置，用伺服电机操作手轮开导水叶至空载。

（4）待转速大于 90％额定转速后，调速器切至"自动"方式运行。

 **思考与练习**

请简述两种调速器保持空载状态操作的区别。

第六节　压油槽补气装置退出

本节主要介绍调速系统压油槽补气装置退出的操作。

（1）关闭 310-1、310-2 阀。

（2）拉开压油槽补气装置电源的开关。

 **思考与练习**

请简述压油槽补气装置退出的操作。

第七节　压油泵手动启停和检修操作

本节主要介绍运行调速系统压油槽压油泵手动启停操作。

一、压油泵手动启停

（1）操作机组按软启动器显示窗面板的"启动"按钮，监视压油泵启动正常；需停止时，按"停机"按钮，停止压油泵。

（2）压油泵运行方式切换开关切"手动"位置，按"启动"按钮，监视压油泵启动正常；需停止时，按"停机"按钮，停止压油泵。

二、压油泵检修操作

（1）压油泵运行方式切换开关放"手动"位置或"切"位置。

（2）取下操作电源熔丝，拉开压油泵电源的开关。

（3）关闭压油泵出口阀。

思考与练习

(1) 请简述如何手动启动/停止压油泵？

(2) 请简述压油泵检修需要哪些安全措施？

第八节　调速系统充、排油

本节主要介绍调速系统的充油、排油操作。

一、调速系统充油

(1) 充油之油槽已清扫干净，油槽盖板已封闭。

(2) 机组及其他机组的各油槽的进油阀、排油阀关闭。

(3) 打开总进油管联络阀。

(4) 打开充油的油槽进油阀。

(5) 通知油库送油。

(6) 待油槽内油位充至合格，关闭进油阀。

(7) 通知油库停止送油。

注：集油槽充油时，应比正常油位多两个接力器的油量（集油槽油位约比正常高5cm）。

二、调速系统排油

(1) 检查钢管无水压。

(2) 拉开机组 LCU 交流、直流电源。

(3) 压油泵控制方式放切，拉开压油泵电源开关。

(4) 关闭 107 阀。

(5) 打开集油槽排油阀，集油槽排油。

(6) 打开 310 阀，压油槽排压至 0.3～0.5MPa。

(7) 打开 105 阀，压油槽排油，排油结束，关闭 105 阀。

(8) 监视集油槽内调速器回油管露出油面。

(9) 漏油泵启动、停止正常，并放"自动"位置。

(10) 关闭接力器渗油及锁锭进油阀。

(11) 打开接力器排油阀，注意漏油泵工作情况。

(12) 接力器排油管基本上没油流出时，打开 107 阀（打开 107 阀前，做好防止导水叶开或关措施）。

（13）关闭 107 阀，打开 310 阀。

（14）关闭接力器排油阀，打开渗油阀。

（15）漏油槽油位抽至最底部。

（16）漏油泵切，拉开漏油泵电源开关。

（17）关闭集油槽排油阀。

 **思考与练习**

请简述调速系统的充油、排油如何操作？

第四章　设　备　试　验

本章主要介绍调速系统日常工作中常见的几种试验，包括调速系统的定期试验、模拟试验，共有 2 个培训小节。

第一节　定　期　试　验

本节主要介绍调速系统的定期试验，包括：调速器压油泵启动试验、调速器压油泵定期轮换试验、调速器比例阀与电机切换试验、调速器滤油机倒换、调速器油滤过器轮换、机组漏油泵启动/停止试验、压油槽自动补气阀动作试验。

一、调速器压油泵启动试验（运行人员需掌握）

调速器压油泵启动试验，验证主/备用压油泵在相应整定值下的启动/停止，以确保主/备用设备保持比较均匀的健康水平，保证在用设备具有较高的运行可靠性。

（一）试验条件

（1）机组停机备用。

（2）压油装置运行正常；1、2 号压油泵投运且正常。

（二）注意事项

（1）遇设备动作不正常时，须查明原因、排除故障后再进行试验。

（2）如油压下降至 1.80MPa 以下，备用压油泵仍未启动，应停止试验。

（3）打开油槽排油阀 105 阀排油进行压油泵启动压力试验时，需注意压油槽油位要始终高于低油位保护动作值。同时注意监视集油槽油位防止满油。

（4）当压油槽油位到达停泵接点时高油位会动作停泵，进行主用泵启停试验时要保持油面在正常高度。

（三）操作步骤

1. 主用泵启动试验

（1）检查压油泵电源正常，压油泵"一主一备"运行。

（2）开压油槽排油阀 105（压油槽油面高）或开压油槽排气阀 310（压油槽油面低）。

（3）监视压油槽油压降低，主用压油泵启动/停止正常。

2. 备用泵启动试验

（1）主用压油泵转换开关放"手动"位置。

（2）检查主用压油泵停止运行。

（3）开压油槽排油阀 105 或开压油槽排气阀 310。

（4）监视压油槽油压降低，备用压油泵启动正常。

（5）关压油槽排油阀 105 或关压油槽排气阀 310。

（6）监视压油槽油压上升，备用压油泵停止运行。

（7）主用压油泵转换开关放"主用"位置，检查主用泵启动正常（当备用泵停止压力大于主用泵启动压力时主用泵不会启动，需要排油或排气使主用泵启动）。

（8）监视油槽油压上升，主用压油泵停止正常。

（9）调整压油槽油压、油面至正常。

二、调速器压油泵定期轮换试验（运行人员需掌握）

调速器压油泵定期轮换试验是为了两台压油泵互为主/备用轮换启动，降低压油泵故障率和延长维护周期。

（一）轮换条件

1、2 号压油泵投运且正常。

（二）注意事项

1、2 号压油泵转换开关拨动位置行程较短，操作后应检查位置正确。

（三）操作步骤

（1）主用压油泵转换开关放"切"位置。

（2）备用压油泵转换开关放"自动"位置。

（3）主用压油泵转换开关放"备用"位置。

三、调速器比例阀与电动机切换试验（除 1、2、3 号机）（运行人员需掌握）

调速器比例阀与电气切换试验目的是验证当调速器比例阀和电机两者中其中一个有故障时，可以无扰动切换，以确保主/备用设备保持比较均匀的健康水平，保证在用设备具有较高的运行可靠性。

（一）试验条件

（1）机组并网运行或停机备用。

（2）调速器无故障。

（二）注意事项

（1）调速器"电机主用"方式时，有功功率调节不动，应切回至"比例阀主用"方式运行。

（2）调速器"电机主用"方式时，开机失败，应检查调速器至"停机等待"方式，再切回至"比例阀主用"方式。

（三）机组并网时操作步骤

（1）触摸屏主画面切至运行状态切换窗口。

（2）按切至"电机控制"按钮，按"触摸屏参数设置有效"按钮，视"电机主用"灯亮，复位切至"电机控制"按钮。

（3）机组发电时调节机组有功功率到目标值；机组调相时改发电运行。

（4）按切至"比例阀控制"按钮，监视"比例阀主用"灯亮，复位切至"比例阀门控制"按钮，复位"触摸屏参数设置有效"按钮。

（5）按窗口右上方的"回主画面"键，退回到主画面。

（四）机组停机备用时操作步骤

（1）触摸屏主画面切至运行状态切换窗口。

（2）按切至"电机控制"按钮，按"触摸屏参数设置有效"按钮，监视"电机主用"灯亮，复位切至"电机控制"按钮。

（3）机组开机到空转，监视转速上升至额定。

（4）按切至"比例阀控制"按钮，视"比例阀主用"灯亮，复位切至"比例阀门控制"按钮，复位"触摸屏参数设置有效"按钮。

（5）按窗口右上方的"回主画面"键，退回到主画面。

（6）机组停机。

四、调速器滤油机倒换（运行人员需了解）

调速器滤油机倒换是为了提高集油槽油质的质量，降低调速器主配压阀发卡故障率。

（1）倒换前，停止滤油机运行，拉开电源。

（2）倒换后，合上电源，启动滤油机，检查运行正常。

（3）记录滤油机所在位置（机组号）。

五、调速器油滤过器轮换（运行人员需熟悉）

调速器油滤过器轮换试验，其目的就是当滤过器两侧压差超过规定值后，切至备用侧能保证设备继续可靠运行。

（一）试验条件

（1）机组停机。

（2）压油装置、调速器正常运行。

（二）注意事项

（1）切换油滤过器时，动作应连续，转动过程不要停顿。

（2）切换后检查滤过器两侧油压差小于 0.2MPa。

（三）操作步骤

（1）转动调速器油滤过器切换手柄。

（2）检查调速器油滤过器的切换手柄的指示箭头是否水平指向所用油滤过器。

六、机组漏油泵启动/停止试验（运行人员需掌握）

调速器漏油泵启动试验，验证漏油泵在相应整定值下启动/停止正常，以确保主/备用设备保持健康水平，保证在用设备具有较高的运行可靠性。

（一）试验条件

（1）漏油槽油位在停止油位之上。

（2）漏油泵投运且正常。

（二）注意事项

（1）机组漏油槽油位过低时，制止启动漏油泵。

（2）遇设备动作异常时，停止试验，查明原因再进行。

（三）操作步骤

（1）检查漏油槽油位在停止油位之上。

（2）漏油泵手/自动切换开关切"手动"位置。

（3）检查漏油泵启动正常，出油正常。

（4）监视漏油槽油位降低，漏油泵停止正常。

（5）漏油泵手/自动切换开关切"自动"位置。

七、压油槽自动补气阀动作试验（运行人员需掌握）

压油槽自动补气阀动作试验，其目的就是验证在相应整定值下自动补气阀门是否正确动作，保证在用设备具有较高的运行可靠性。

（一）试验条件

（1）机组停机备用，LCU 运行正常。

（2）压油装置运行正常，自动补气阀投入运行。

（二）注意事项

（1）遇设备动作不正常时，须查明原因、排除故障后再进行试验。

（2）压油槽油压、油位控制在正常范围。

（三）操作步骤

（1）检查压油槽油压、油位正常。

（2）开压油槽排气阀 310，启动压油泵。

（3）监视压油槽油位上升至自动补气阀开启油位（油位计上部分置开关）。

（4）停止压油泵。

（5）监视压油槽油压降低至主用油泵启动油压值（约 2.0MPa），补气阀动作开启。

（6）监视压油槽油压上升至主用油泵停止油压值，补气阀动作关闭。

（7）调整压油槽油压、油面至正常。

思考与练习

（1）压油泵启动试验是排压还是排油，有哪些注意点？

（2）请简述调速器油滤过器切换条件和注意事项。

（3）请简述完成以上定期工作的规定时间。

第二节　模　拟　试　验

本节主要介绍调速系统日常工作中常见的模拟试验，包括接力器全行程试验、压油泵安全阀动作试验等。

一、接力器全行程试验（运行人员需掌握）

接力器全行程试验是为了排尽调速系统油回路内的空气，降低接力器和调速器抽搐的可能性。

（1）工作门关闭，钢管无水压。

（2）转动部分无人、无杂物。

（3）拉开机组 LCU 交直流电源或投入水导轴承备用润滑水。

（4）接力器排油阀关、渗油阀开；接力器锁锭进油阀开。

（5）漏油泵启动/停止良好，并在"自动"运行方式。

（6）调速器、压油装置恢复正常，压油泵启动/停止正常。

（7）打开 107 阀，检查各部无漏油。

（8）复归紧急停机事故电磁阀，拔出接力器锁锭。

（9）操作调速器开启、关闭导叶。

（10）将机组恢复到停役状态。

二、压油泵安全阀动作试验（运行人员需熟悉）

压油泵安全阀动作试验的目的是验证其在超过规定整定值时能可靠动作，保证在用设备具有较高的运行可靠性。

（一）设备状态

机组检修状态或停机备用。

（二）试验条件

（1）1、2 号压油泵机械部分、电气部分工作结束，具备模拟条件。

（2）联系压油槽需排压到零的所有工作票负责人，压油槽充压得到允许。

（3）联系压油泵一次电源、电机工作票负责人得到允许或到现场。

（4）压油槽表计已装复。

（5）检修门下落或工作门在全关"手动"位置，钢管无水压。

（6）钢管、蜗壳和尾水管进人孔已封闭。

（7）集油槽、压油槽油位正常。

（8）107 阀在关。

（三）试验步骤

（1）关 309-2 阀、开 309-3 阀、检查 309-1 阀开。

（2）关 310 阀，开 309 阀压油槽充压至油面、压力正常。

（3）合上 1、2 号压油泵的动力电源开关、压油泵操作电源开关，检查 101-1、101-2 阀在打开。

（4）手动逐台电动启动 1、2 压油泵，由工作票负责人核实压油泵的转向正确，测量压油泵的启动运行电流。

（5）手动逐台启动压油泵进行安全阀试验，当压力上升至 2.7MPa 安全阀尚未动作，应立即终止试验；开 105 阀排压至 2.0MPa，关 105 阀，拉开压油泵动力电源，由检修人员调整安全阀，经调整后，合上压油泵电源，再进行试验。

（6）压油泵安全阀试验正常后，开 105 阀压油槽排油排压至正常。

（四）备注

当机组在停机备用状态做压油泵安全阀试验，调整压油槽油面压力正常后，进行上述第 5 项操作步骤即可。试验结束后将压油泵恢复至"一主一备"运行。

思考与练习

（1）请简述接力器全行程试验的目的和试验条件。

（2）请简述压油泵的安全动作条件及试验安全注意事项。

第五章　应　急　处　置

本章主要介绍调速系统故障的现场处置、事故现场处置和典型案例解析等内容，包括 3 个培训小节。

第一节　故障现场处置

本节主要介绍调速系统常见和可能出现的故障，根据出现的故障提出相应的现场处置方法。

一、CVT-100 型调速器（1、2、3 号机）故障现场处置

（一）机频或网频故障

1. 现象

机频故障上位机"调速器大故障"光字牌亮，调速器面板"故障灯"亮，触摸屏故障信息显示"机频信号消失""大故障报警"。机频故障，机组并网状态时导叶开度维持不动，开机或空载时导叶关到零。

网频故障上位机"调速器小故障"光字牌亮，调速器面板"故障灯"亮，触摸屏故障信息显示"网频信号消失""小故障报警"。网频故障，导叶开度维持不动。

2. 原因

（1）频率信号消失（电压开关跳开、断线或齿盘探头损坏等）。

（2）频率测量模块损坏。

3. 处理

（1）开机或空载时发生机频故障，导叶关到零，应发停机指令立即停机；并网运行中发生机频故障时，可继续运行。

（2）开机或空载时发生网频故障应退出频率跟踪（频率跟踪功能投入时），可停机或继续并网运行。

（3）检查机频电压开关、2 号电压互感器电压开关位置是否正常；齿盘探头故障，则检查齿盘测速探头工作是否正常。网频故障时，检查单元母线电压互感器是否故障，厂房继保室电压过渡盘接线端子情况。

（4）检查 PLC 故障"ERR"灯是否亮，如果有故障，调速器切"电手动"位置，

拉合电源重新启动 PLC。

（5）故障排除后，检查调速器一切正常后，切至"自动"方式运行。

（二）功率变送器反馈故障

1. 现象

上位机"调速器小故障"光字牌亮，调速器面板"故障灯"亮，触摸屏故障信息显示"有功信号消失""小故障报警"。调速器从"功率模式"自动切换到"开度模式"方式。

2. 原因

（1）功率变送器反馈断线。

（2）功率变送器损坏。

3. 处理

（1）检查调速器"开度模式"是否正常。

（2）检查调速器功率显示是否正常，功率变送器电源开关是否合上。

（3）调速器功率无显示，通知检修人员检查处理。

（4）故障排除后，调速器切至"功率模式"方式运行。

（三）导叶反馈故障

1. 故障现象

上位机"调速器大故障"光字牌亮，调速器面板"故障灯"亮，触摸屏故障信息显示"导叶反馈消失""大故障报警"。调速器接开机指令导叶不动；空载时导叶关到零；并网时导叶不动。

2. 故障原因

（1）导叶接力器的反馈传感器断线、损坏。

（2）传感器拉杆脱开或断裂。

3. 故障处理

（1）机组空载时导叶反馈故障，导叶关到零，应发停机指令立即停机。

（2）机组并网时导叶反馈故障，根据系统情况确定继续运行或停机处理。

（3）检查导叶反馈传感器是否发卡，反馈连接线有否断线，传感器拉杆有否脱开或断裂。

（4）导叶反馈传感器断线、损坏或传感器拉杆断裂，通知检修人员处理。

（四）水头故障

1. 故障现象

上位机"调速器故障""调速器水头故障""调速器水头跳变"光字牌亮，调速器面板"小故障灯"亮，触摸屏故障信息显示"水头通信异常"或"水头采集异常"，水头切至"人工水头"方式运行。

2. 故障原因

(1) 调速器与 LCU 通信故障。

(2) 上游水位计故障。

3. 故障处理

(1) 检查调速器已切至"人工水头"方式运行，显示水头值与实际水头值基本一致。

(2) 查看触摸屏故障信息，如水头通信异常（通信量突跳 2m），应检查调速器网线是否正常，机组 LCU 的 AK1703 M-CPU 异常报警情况，水位值是否突变；如水头采集异常，则是上游水位计故障，应通过检查上游水位显示变化，判断上游水位计故障情况。

(3) 通知检修人员检查处理。

二、PBWT-100 型调速器（6 号机）故障现场处置

(一) 机频或网频故障

1. 故障现象

频率信号单路故障，上位机"调速器故障"光字牌亮，调速器面板"故障灯"亮，触摸屏故障信息显示"残压测频故障""齿盘测频故障"或网频故障。导叶开度维持不动。

如机频双路故障，上位机"调速器故障""调速器事故"光字牌亮，调速器面板"故障灯""事故灯"亮，触摸屏故障信息显示"残压测频故障""齿盘测频故障"。开机过程中，导叶关到零；机组空载状态，导叶关到最小空载导叶开度；机组并网状态，导叶开度维持不变。

2. 故障原因

(1) 频率信号消失（电压开关跳开、断线或齿盘探头损坏等）。

(2) 频率测量模块损坏。

3. 故障处理

(1) 如开机过程中出现机频双路故障，应立即停机；空载状态时，手动切至"机手动"方式运行，查找故障原因。

(2) 残压频率测量故障时，检查机频电压开关、2 号电压互感器电压开关位置是否正常；齿盘频率测量故障，则检查齿盘测速探头工作是否正常。网频故障时，检查单元

母线电压互感器是否故障，厂房继保室电压过渡盘接线端子情况。

（3）检查 PLC 频率测量模块故障"ERR"灯是否亮，如果有故障，调速器切至"机手动"运行方式，"失电关机功能"退出后，拉合电源重新启动 PLC。

（4）故障排除后，调速器切至"自动"运行方式。

（二）功率反馈故障

1. 故障现象

上位机"调速器故障"光字牌亮，调速器面板"故障灯"亮，触摸屏故障信息显示功率反馈 1 故障；调速器从"功率模式"自动转换到"开度模式"运行。

2. 故障原因

（1）功率变送器反馈断线。

（2）功率变送器损坏。

3. 故障处理

（1）检查调速器功率模式正常。

（2）检查功率变送器电源开关是否合上。

（3）功率无显示，通知检修人员检查处理。

（4）故障排除后，调速器切至"功率模式"运行。

（三）导叶接力器反馈故障

1. 故障现象

上位机"调速器故障"光字牌亮，调速器面板"故障灯"亮，触摸屏故障信息显示"导叶反馈 1 故障或导叶开度反馈 2 故障或导叶开度反馈 3 故障。

2. 故障原因

（1）导叶接力器反馈传感器断线、损坏。

（2）传感器拉杆脱开或断裂。

3. 故障处理

（1）检查导叶接力器反馈传感器是否发卡，反馈连接线有否断线，传感器拉杆有否脱开或断裂。

（2）导叶接力器反馈传感器断线、损坏或传感器拉杆断裂，通知检修人员处理。

（四）水头故障

1. 故障现象

上位机"调速器故障""调速器水头故障""调速器水头跳变"光字牌亮，调速器面板"故障灯"亮，触摸屏事件信息显示水头故障或水头跳变，水头自动切至"水头手动"方式运行。

2. 故障原因

（1）调速器与 LCU 通信故障。

（2）上游水位计故障。

3. 故障处理

（1）检查调速器已切至"水头手动"，显示水头值与实际水头值基本一致。

（2）查看触摸屏事件信息，如 LCU 水头故障、水头跳变，应通过检查上游水位显示变化，判断上游水位计故障情况。LCU 水位通信故障，应检查调速器网线是否正常，机组 LCU 的 AK1703 M-CPU 异常报警情况。

（3）通知检修人员检查处理。

（五）导叶主配反馈故障

1. 故障现象

上位机"调速器故障"光字牌亮，调速器面板"故障灯"亮，触摸屏事件信息显示导叶主配位置反馈故障；调速器自动切至"伺服电机控制"运行方式。

2. 故障原因

（1）主配反馈传感器断线、损坏。

（2）传感器拉杆脱开。

3. 故障处理

（1）检查调速器切至伺服电机控制运行是否正常。

（2）查看导叶主配反馈传感器是否发卡，反馈连接线是否断线，传感器拉杆是否脱开。

（3）通知检修人员检查处理。

（六）比例阀故障或发卡（比例阀控制）

1. 故障现象

上位机"调速器故障"光字牌亮，调速器面板"故障灯"亮，触摸屏事件信息显示比例阀控制故障；调速器自动切至伺服电机控制运行。

2. 故障原因

（1）比例阀断线、线圈烧坏等故障。

（2）比例阀发卡。

3. 故障处理

（1）检查调速器切至伺服电机控制运行正常。

（2）通知检修人员检查处理。

（七）电机驱动模块故障（伺服电机控制）

1. 故障现象

上位机"调速器故障"光字牌亮，调速器面板"故障灯"亮，触摸屏事件信息显示导叶伺服电机控制故障；调速器切至"机手动"方式运行。

2. 故障原因

（1）驱动模块故障、驱动器报警。

（2）驱动模块失电。

3. 故障处理

（1）检查调速器已切至"机手动"方式。

（2）查看驱动模块电源和故障显示情况。

（3）通知检修人员检查处理。

（4）根据系统情况确定继续运行或停机处理，如继续运行，应有专人监视。

三、油压装置油压降低

（1）检查油压是否真正降低，必要时充气保压。

（2）检查压油泵是否启动，否则应手动启动。

（3）检查压力继电器是否断线。

（4）若两台油泵同时运行时，应检查是否系安全阀门及空载阀门动作或跑油所致。

（5）检查油泵阀门位置是否正确，压油槽油位是否过高，集油槽油位是否太低。

（6）如两台油泵都不能启动时，应检查电源开关位置是否正确，软启动器有否故障。

（7）两台油泵都有故障而不能恢复时，立即联系检修处理。现场异常处理人员监视压油槽油位，必要时联系调度控制中心停机处理。

（8）若油泵主用电源失去，可倒至备用电源（先拉开后合上）。

（9）如厂用电故障不能及时恢复时，机组应停止调频，压油槽可充气保持油压。

四、油压装置油压升高

（1）若油泵未停，则应立即停止油泵。

（2）排油至正常油压。

（3）查明原因，进行处理。

五、集油槽油面过高

（1）立即手动启动压油泵，若油已溢出油槽，应设法阻止溢油进入机组内部。

（2）若压油泵不能启动，机组停止调频。

（3）检查压油槽进气阀门 309、自动补气阀门是否完成关闭。

（4）检查压油泵未启动原因，通知检修处理。

六、漏油槽油面过高

（1）若漏油泵运行而打不出油，通知检修人员放气或检查滤过网是否堵塞。

（2）如漏油泵未启动，则应查明原因，如切换开关是否在自动位置，热元件有否动作，熔丝是否熔断等。

（3）若漏油泵正常，应检查电磁阀门、锁锭等漏油情况。

思考与练习

（1）请简述两种型号调速器水头故障的处理区别。

（2）请简述如何处置压油装置油压升高和降低现象？

（3）请简述如何处置集油槽、漏油槽油面过高现象？

第二节　事故现场处置

本节主要介绍调速系统可能出现事故的现场处置，包括压油槽事故低油压事故处理预案、压油槽事故低油位事故处理预案、机组压油槽爆裂大量跑油事故处理预案等。

一、压油槽事故低油压事故处理预案

（一）现象

（1）监控系统总光字牌"X 号机水机事故"亮，分光字牌"事故低油压保护动作"亮。

（2）报警一览表出现："X 号机事故低油压保护动作""X 号机发电机开关跳闸""X 号机调速器紧急停机电磁阀投入""X 号机工作门下滑 30cm 动作"信号。

（3）信号返回屏"X 号机事故"光字牌亮。

（4）压油槽油压指示在 1.55MPa 或以下。

（二）处理

（1）根据监控系统的信号，初步判断事故的性质、原因。

（2）立即向调度控制中心汇报：机组低油压事故跳闸。

（3）启动备用机组或加出备用出力，保频率、电压在正常范围。

（4）立即到现场确认保护动作正常；检查导水叶已全关，紧急停机电磁阀投入，工

作门全开指示信号灭。

（5）若两台油泵都未启动，则手动启动油泵；如动力电源失去引起油泵不能启动，应迅速恢复电源。

（6）若油泵已启动，应检查油泵不压油原因。如管路、法兰等处大量跑油，应切除1、2号压油泵，立即关闭有关阀门，制止跑油；不能制止时，检查工作门落，做防止转动措施，机组压油槽排压排油。

（7）若油压已在1.55MPa以上并能恢复正常时，则按LCU"复归"按钮复归事故回路，钢管充水提工作门，复归紧急停机电磁阀，机组可开机运行。

（8）向生产副厂长、总工、运行副总和其他相关副总、运行维护部、机电部、生产技术部及安质部主任（副主任）汇报，并通知相关检修班组。

（9）向调度控制中心详细汇报，做好值班记录和异常情况记录。

二、压油槽事故低油位事故处理预案

（一）现象

（1）监控系统总光字牌"X号机水机事故"亮，分光字牌"事故低油位保护动作"亮。

（2）报警一览表出现："X号机事故低油位保护动作""X号机发电机开关跳闸""X号机调速器紧急停机电磁阀投入""X号机工作门下滑30cm"动作信号。

（3）压油槽油位高度低于液位计最低位置接点。

（二）处理

（1）根据监控系统的信号，初步判断事故的性质、原因。

（2）立即向调度控制中心汇报：机组低油位事故跳闸。有备用出力时经调度控制中心同意启动备用机组。

（3）立即到现场确认保护动作正常；检查导水叶已全关，紧急停机电磁阀投入，工作门全开指示信号灭。

1）若压油槽压力低于1.85MPa两台油泵都未启动，则手动启动油泵；如电源失去引起油泵不能启动，应迅速恢复电源。

2）若压油槽压力大于2.0MPa，则可能为压油槽进气阀门309阀门未关严。关闭309阀门后，开310阀排气，使压油泵启动，调整油面到合适高度。

（4）如果机组甩负荷，还需要向调度控制中心申请改检修进行内部检查。

（5）向生产副厂长、总工、运行副总和其他相关副总、运行维护部、机电部、生产技术部及安质部主任（副主任）汇报，并通知相关检修班组。

（6）向调度控制中心详细汇报，做好值班记录和异常情况记录。

三、机组压油槽爆裂大量跑油事故处理预案

（一）现象

（1）监控系统总光字牌"X 号机水机事故"亮，分光字牌"事故低油压保护动作""备用压油泵启动""工作门下滑 30cm"亮。

（2）报警一览表："X 号机事故低油压保护动作""X 号机备用压油泵启动""X 号机工作门下滑 30cm""X 号机发电机开关跳闸""X 号机调速器紧急停机电磁阀投入"动作信号，压油槽油压模拟量报警信号。

（3）两台油泵启动，压油槽中的透平油外泄。

（二）处理

（1）根据监控系统的信号，初步判断事故的性质、原因。

（2）立即向调度控制中心汇报：机组压油槽爆裂大量跑油低油压事故跳闸。

（3）启动备用机组或加出备用出力，保频率、电压在正常范围。

（4）立即到现场确认保护动作正常、检查导叶已全关、紧急停机电磁阀投入，工作门全开指示信号灭。

（5）切除 1、2 号压油泵，投入水导轴承备用润滑水，关 309-1 阀。

（6）采取措施阻止外泄油进入机组内部，并通知检修，清除透平油。为防止对江河污染，深井水泵放"停"位置，待清除透平油后在投自动运行，期间应密切监视水位。

（7）机组停机后，复归水导轴承备用润滑水，机组改检修。

（8）向生产副厂长、总工、运行副总和其他相关副总、运行维护部、机电部、生产技术部及安质部主任（副主任）汇报，并通知相关检修班组。

（9）向调度控制中心详细汇报，做好值班记录和异常情况记录。

思考与练习

（1）请简述事故低油压如何处置？
（2）请简述压油槽跑油如何处置？

第三节 典型案例解析

本节主要介绍"调速器水头跳变""水头故障""调速器触摸屏卡死""调速器有功功率过调""调速器电机控制故障"近期和出现次数较多的几起异常处理案例。

【案例 1】 "调速器水头跳变（通信）""水头故障"问题分析型案例

一、背景描述

2020年6月19日6号机停机备用时，监控系统报："6号机调速器水头跳变（通信）""水头故障"报警。监控系统6号机调速器画面显示在自动水头。现场检查6号机调速器画面无告警信号，6号机水头在自动水头，水头显示77.03m。按6号机调速器面板上复归按钮复归，报警信号未复归。拉合6号机调速器交直流电源开关，拉合6号机LCU交直流电源开关，报警信号未复归。

2020年6月25日6号机运行中监控系统报："6号机调速器水头跳变（通信）""水头故障"。监控系统6号机调速器画面显示在自动水头。现场检查6号机调速器画面无告警信号，6号机水头在自动水头，水头显示79.01m，水头给定设定为77m。按6号机调速器面板上复归按钮复归，报警信号未复归，将设定水头修改为78m后报警消失。

二、存在问题

6号机调速器程序水头不能自动根据上游水位进行调整。

三、问题分析

6号机调速器程序设计问题。

四、改进措施和方法

机组满发阶段临时处理措施：人为修改水头给定值，使得水头显示值与水头给定值差值在2m内。

机组检修处理措施：检修人员将6号机调速器水头程序进行修改完善，使得调速器水头自动根据上游水位进行自动调整。

五、结果评析

后续调速器更新，要严把新设备验收关，多增加几项类似验收项，避免此次调速器水头程序问题。

【案例2】 调速器触摸屏卡死案例

一、背景描述

2020年6月30日4：00：36机动性巡回检查发现：1、9号机调速器触摸屏卡死，监控系统监视和负荷调整正常。

二、存在问题

9号机调速器触摸屏卡死，现地调速器面板无法进行切换操作和监视。

三、问题分析

可能为调速器处理器运行内存溢出造成调速器触摸屏卡死。

四、改进措施和方法

经插拔调速器触摸屏电源后触摸屏显示正常，或更换存储空间更大的内存。

五、结果评析

调速器长时间运行，电子设备存储内存溢出或不足造成设备故障，进一步加强设备维护检查项目，存储充足设备备品，以备不时之需。

【案例3】　调速器有功功率过调案例

一、背景描述

2020年5月26日，9号机运行状态下监控系统报："9号机调速器故障""9号机调速器有功功率故障（通信）""9号机机端有功功率100.13MW""定子电流I_a 4245A""定子电流I_c 4209A"，6s后自动复归，检查发现9号机调速器由"功率模式"自动切至"开度模式"。现场检查9号机调速器无异常，远方将9号机调速器切回"功率模式"。

二、存在问题

9号机调速器功率变送器故障。

三、问题分析

9号机调速器功率变送器故障，电子设备长时间运行，设备寿命周期到期，造成调速器过调越限报警。

四、改进措施和方法

更换9号机调速器功率变送器，带负荷调整，观察异常是否处理。

五、结果评析

采购正规厂家制作的合格设备，备足备品，以备不时之需。

【案例 4】 调速器水头故障、水头自动切至人工水头案例

一、背景描述

2019 年 3 月 11 日 13：5：8，7 号机运行过程中，监控系统报："7 号机调速器故障""7 号机水机故障"，光字牌显示"调速器故障水头跳变（通信）故障"，7 号机切至手动水头，水头显示 77.50m。现场检查调速器报警信息为"水头 1 故障""水头故障"，现地复归 7 号机调速器故障后，切至自动水头运行正常，待观察。

2019 年 3 月 12 日 3：58：7，7 号机运行过程中，监控系统报："7 号机调速器故障""7 号机水机故障"，光字牌显示"调速器故障"，7 号机切至人工水头，水头显示 77.50m。现场检查调速器报警信息为"水头 1 故障""水头故障"，现地复归 7 号机调速器故障后，切至自动水头运行正常，待观察。

2019 年 3 月 12 日 6：47：58，7 号机运行过程中，监控系统报："7 号机调速器故障""7 号机水机故障"，光字牌显示"调速器故障"，7 号机切至人工水头，水头显示 77.40m。现场检查调速器报警信息为"水头 1 故障""水头故障"，现地复归 7 号机调速器故障后，切至自动水头运行正常，待观察。

2019 年 3 月 26 日 11：15：13，7 号机运行过程中，监控系统报："7 号机调速器故障""7 号机水机故障"，光字牌显示"7 调速器故障"，7 号机切至人工水头，水头显示 76.80m。现场检查调速器报警信息为"水头 1 故障""水头故障"，现地复归 7 号机调速器故障后，切至自动水头运行正常，待观察。

二、存在问题

7 号机调速器水头故障、水头自动切至人工水头。

三、问题分析

7 号机调速器的水头通信存在短时中断现象。

四、改进措施和方法

更换 7 号机调速器通信模块和通信连接线，上游水位计定期进行检查。

五、结果评析

采购正规厂家制作的合格设备，备足备品，以备不时之需。

【案例 5】 有功功率给定继电器损坏问题分析型案例

一、背景描述

2020 年 7 月 1 日，监控系统 4 号机有功功率从 88MW 增至 97.68MW，A 相定子电流 4203A，10s 后恢复正常。现场检查 4 号机调速器无事件记录。查阅 4 号机导叶开度曲线从 76％增至 91％，4 号机一次调频没有动作。

2020 年 7 月 5 日，监控系统 4 号机有功功率从 88MW 增至 98.55MW，A 相定子电流 4305A，8s 后恢复正常。现场检查 4 号机调速器无事件记录。查询 4 号机导叶开度曲线从 73.37％增至 91.26％，4 号机一次调频未动作。继续将强监视。

2020 年 7 月 8 日，监控系统 4 号机有功功率从 88.22MW 增至 99.57MW（调速器现为电机主用开度模式），A 相、B 相、C 相的定子电流分别为 4278、4224、4212A，10s 后恢复正常。现场检查 4 号机调速器无事件记录。查询 4 号机导叶开度曲线从 73％增至 91.53％，4 号机一次调频未动作。继续加强监视。

2020 年 7 月 16 日，监控系统 4 号机有功功率从 86.33MW 增至 99.10MW，A 相、B 相、C 相的定子电流分别为 4248、4293、4317A，手动调节有功功率后恢复正常。现场检查 4 号机调速器无事件记录。查询 4 号机导叶开度曲线从 71.05％增至 90.93％，4 号机一次调频未动作。继续加强监视。

2020 年 7 月 24 日，监控系统 4 号机有功功率从 88.93MW 增至 98.55MW，A 相、B 相、C 相定子电流分别为 4224、4317、4281A，手动调节有功功率后恢复正常。现场检查 4 号机调速器无事件记录。查询 4 号机导叶开度曲线从 73.31％增至 88.04％，4 号机一次调频未动作。继续加强监视。

二、存在问题

4 号机运行状态下有功功率越上限。

三、问题分析

4 号机调速器比例阀存在问题；调速器主配压阀发卡；调速器用油杂质较多；有功功率给定继电器损坏。

四、改进措施和方法

2020 年 7 月 6 日，4 号机调速器模式由"功率模式"运行切至"开度模式"运行。

2020 年 7 月 7 日，4 号机调速器切"电机主用"运行，导叶开度由 73.18％变化为 70.28％，检查上位机给定负荷操作正常。

2020 年 7 月 8 日，4 号机调速器切至"比例阀主用"运行，调节模式切至"功率模式"。上位机给定负荷操作正常。

2020 年 7 月 13 日，4 号机调速器双精滤油器已切至备用侧。

更换调速器两只滤芯，清洗比例阀，导叶机手动操作正常。

4 号机有功功率回路检查紧固，功率模块检查紧固，经现场检查发现 4 号机有功功率给定继电器损坏，经更换有功功率给定继电器，4 号机有功功率显示正常，定子电流显示正常。

五、结果评析

后续 4 号机大修调速器更新，要严把新设备验收关，多增加几项类似验收项，避免此次调速器问题再次发生。

【案例 6】 调速器有功功率调节超时案例

一、背景描述

2019 年 8 月 25 日 9：54：7，4 号机开机后 AGC 给定 90MW，有功增至 84.36MW，监控系统 4 号机 AGC 有功功率调节超时报警。在功率模式和开度模式下，4 号机监控升降有功功率、单步升降有功功率均无效。现场 4 号机调速器切至手动方式，升有功功率无效，降有功功率正常。调速器切至自动方式，远方调节有功功率正常。判断可能为 4 号机调速器引导阀发卡或控制油路堵塞引起，现已正常，待观察。已通知水轮机班进行检查。

二、存在问题

4 号机调速器功率变送器故障。

三、问题分析

4 号机调速器引导阀发卡或控制油路堵塞引起，如图 6-5-1 所示为主配压阀结构图。

四、改进措施和方法

4 号机调速系统用油定期进行滤油处理，经检验合格后方可充油至调速系统。

五、结果评析

定期对调速系统油质进行采样分析，必要时进行滤油、换油处理。

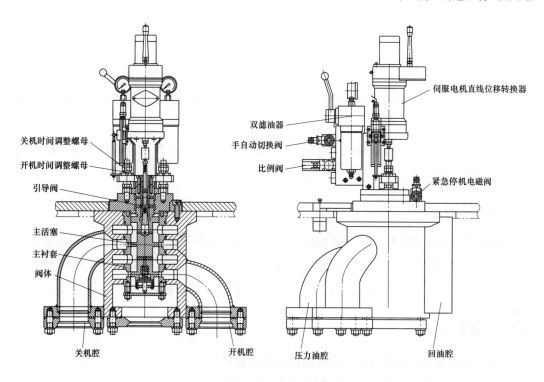

图 6-5-1　主配压阀门结构图

【案例 7】　调速器电机控制故障案例

一、背景描述

2015 年 1 月 5 日，监控系统报"8 号机调速器故障""8 号机调速器电机控制故障（通信）"，现场检查发现：8 号机调速器电机控制故障信号不能复归。目前调速器在正常方式"比例阀主用"运行。

2019 年 7 月 22 日，8 号机运行状态下（有功功率 89.95MW）监控系统报："8 号机调速器故障报警""8 号机调速器电机控制故障（通信）报警"，"现场检查 8 号机调速器故障"灯亮，8 号机调速器电机驱动器显示窗显示故障代码为"ALE11"（电机故障）。8 号机调速器现为"比例阀主用"运行方式，不影响机组正常运行，继续加强监视。经现场检查为伺服电机模块故障，导致调速器报电机故障。

二、处理过程

（1）8 号机调速器柜通信模块接线接触不良，8 号机调速器柜通信模块接头重新插拔后，设备通信正常。

（2）8 号机调速器电机控制故障消缺，现场拉合调速器电源和插拔伺服电机模块插口，现已正常。

三、原因分析

（1）机组运行产生的振动，使得调速器通信模块接线松动、接触不良，从而造成通信异常。

（2）机组运行产生的振动，使得调速器伺服电机模块插口松动、接触不良，故而造成电机控制故障。

四、经验教训

机组月度定维和检修时，要求检修人员对机组各端子和接线端口进行检查和紧固处理。调速器正常情况下比例阀为主用，电机控制为备用，在执行调速器比例阀和电机主/备用切换试验时要严格按照定期工作轮换制度执行，早发现早处理。

 **思考与练习**

（1）请简述调速器出现水头故障如何查询和处理？

（2）请简述调速器出现电机故障如何查询和处理？

（3）请简述调速器出现有功功率越限处理？

（4）请简述调速器出现触摸屏卡死如何处理？

第七篇
水轮发电机组主要辅助设备

本篇主要介绍进水口工作闸门及液压启闭机、油系统、压缩空气系统、技术供水及排水系统等内容，包括五个章节。第一章主要介绍设备的结构原理；第二章主要介绍设备巡回检查；第三章主要介绍设备操作；第四章主要介绍设备试验；第五章主要介绍设备应急处置。

第一章　结　构　原　理

本章主要介绍水轮发电机组主要辅助设备的结构原理、设备参数、运行方式，包括进水口工作闸门及油压启闭机结构原理、油系统结构原理、压缩空气系统结构原理、技术供水系统结构原理和排水系统结构原理 5 个培训小节。

第一节　进水口工作闸门及油压启闭机结构原理

本节主要介绍进水口工作闸门（以下简称"工作门"）及油压启闭机的结构、工作原理、技术参数及电气控制系统。

工作门是保障机组安全运行的重要辅助设备，当机组发生调速器失灵、接力器跑油失压、剪断销剪断等不可预计的事故，为防止事故进一步扩大，此时就需要下落工作门来截断机组钢管水流，来保证机组的安全。因此，工作门及油压启闭机的可靠性对于电厂的安全运行是十分重要的。

图 7-1-1　工作门实物图

一、工作门概述

工作门位于检修门后，当机组运行中出现事故时，作为快速闸门下落截断钢管水流，来保证机组的安全，也作为机组检修时截断水流的安全措施。工作门设立单独的启闭设备即油压启闭机。工作门提门的操作方式设计为静水提门，提升前由充水阀门向钢管充水，待工作门两侧水压相近后提门。

（一）工作门

工作门主要由门叶、吊耳、水封以及工作轮、侧轮、反轮等组成，门叶与门槽相配合能起到控制水流的作用。工作门实物图如图 7-1-1 所示。

（二）工作门技术参数

工作门技术参数见表 7-1-1。

表 7-1-1　　　　　　　　　　**工作门技术参数**

1	孔口型式	潜孔式
2	孔口尺寸（宽×高）	3.7m×8.2m
3	止水尺寸（宽×高）	3.85m×8.275m
4	支撑跨度	4.3m
5	设计水头	39.0m
6	总水压力	11 110kN
7	闸门型式	平面定轮钢闸门
8	孔数/门数	1孔/1扇
9	操作方式	动水闭门，静水提门
10	平压方式	充水阀门
11	吊点数	单吊点
12	启闭机型式	液压启闭机

（三）工作门充水阀

工作门充水阀如图7-1-2所示，两个 $\phi350$ 的充水阀沿闸门孔口中心线以左右对称的方式布置在门叶顶主梁以上，每个充水阀门各设一套阀门芯导向座和提阀连杆，提阀连杆一端连接阀芯，另一端与拉杆箱上的悬臂梁连接，充水阀的开关与拉杆箱的升降同步。阀芯的提阀连杆与拉杆箱上的悬臂梁连接，闸门吊耳板从顶主梁一直向上延伸约1.78m，并形成一个箱型结构，在箱型结构的四周安装有导向限位块，作为充水阀的拉杆箱升降时的导向；拉杆箱上的吊轴与闸门吊耳孔采用间隙配合，拉杆采用两节拉杆销轴连接。

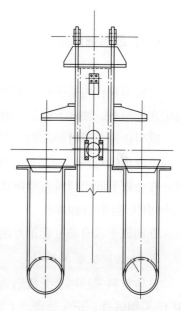

图 7-1-2　工作门充水阀

充水阀的全行程为120mm，其中充水阀实际提升高度为115mm，密封压缩量5mm。闸门吊点轴中心线至门叶底缘的高度约10 175mm（充水阀为全开位置）；拉杆由两节组成，节间用销轴连接，总长度为12 260mm。闸门平时由液压启闭机持住，在闸门全开情况下，闸门底缘在孔口上游侧顶部以上840mm处。

（四）工作门运行方式

（1）机组运行或停机备用，工作门在全开自动状态。

（2）机组小修，工作门提1m手动状态。

（3）机组大修，工作门在全开手动状态。

二、油压启闭机概述

1～9 号机进水口设有 9 扇工作门,采用 9 台 QPKY-1250KN/630KN 油压启闭机操作。每台液压缸用机架支承于工作门孔口顶部,并通过拉杆与工作门相连,工作门平时由液压缸持住悬挂在工作门孔口上方,处于事故关闭的待命状态,一旦引水系统或水轮发电机组发生事故,可远控动水关闭该机组的进水口。每个液压缸设有一套独立的液压控制阀门组、一套电气控制箱和一套闸门开度及行程控制装置,控制阀门组和电气控制箱安装在液压缸室相邻的启闭机操作室内。9 台油压启闭机分三组,3 台机为一组,其中 1、2、3 号机为一个单元;4、5、6 号机为一个单元;7、8、9 号机为一个单元,共 3 个单元;每个单元公用一台液压泵站和一套泵站电气控制箱,分别安装在 2 号机、5 号机、8 号机上。每个泵站安装一个容积为 1800L 的不锈钢油箱(含其附件:液位液温计、注油滤油器、吸湿式空气滤清器、液位开关、回油滤油器、放油阀、检修人孔盖、油温开关等)、两台油泵电机组、控制阀组(含调压阀、方向阀、单向阀、调速阀、插装阀等)。

(一)液压油缸

1. 油缸的安装形式

油缸为双作用微摆动式液压缸,尾部球面支撑在支座体上,支座体通过高强度螺栓固定在机架上。油缸下端吊头通过销轴与闸门吊杆相连接。

闸门快速关闭时油缸内行程末端设有缓冲装置,缓冲行程约为 300mm,以确保闸门快速下降至接近闸门底槛时,缓冲装置限制住闸门下降速度,防止闸门冲击底槛。同时,在油缸下腔出口设有节流孔板(有不同规格供选用),限制闸门下降速度,以满足 2min 内快速闭门的时间。

在油缸上设有油缸起吊专用吊头,以利于液压缸运转和安装检修。

2. 油缸的主要零部件

缸体材料采用国产无缝钢管(材质:45 号钢,正火处理)对接拼焊而成。活塞杆采用 45 号钢锻件,正火处理。上、下端盖、活塞、吊头材料均为 45 号钢锻件,正火处理。

3. 油缸的密封

静密封主要采用 O 形圈,其材料为丁腈橡胶 NBR,工作介质温度为－20～＋100℃,工作压力 40MPa。

活塞处动密封采用 OMK-E 型组合密封和 V 形组合密封圈相结合的方式。其中 OMK-E 型组合密封用于无杆腔侧,为双向密封,具有极好的低摩擦性能;V 形组合密封用于活塞杆侧,其抗挤入能力强,具有良好的工作性能,适用于恶劣的工作条件。以上两种动密封的工作介质温度为－30～＋100℃,工作压力 40MPa。

活塞杆处动密封采用 V 形圈组合密封和 O 形圈密封（用于防水密封）相结合的方式。以上两种动密封的工作介质温度为 $-30 \sim +100℃$，工作压力 40MPa。

4. 油缸的导向

液压缸活塞及活塞杆导向均采用非金属导向套，防止了液压缸内滑动部件的金属接触，即活塞与缸体之间或者活塞杆与缸头之间的金属接触。

（二）行程检测及行程限位装置

液压缸的行程检测及行程限位装置采用内置式恒力弹簧钢丝绳绝对型编码器行程测量装置。

1. 结构

传感装置主要由壳体、转子、主轴、弹簧、钢丝绳、步线器、编码器构成。

该装置安装在油缸端部，位移检测钢丝绳置于油缸内部，钢丝绳的一端固定在布线器上，另一端固定在转子上，与活塞连接的钢丝绳带动转子和主轴正向旋转，通过主轴的旋转使弹簧收紧。当活塞上行时，弹簧依靠其回复力矩使主轴带动转子反向旋转，并拉紧钢丝绳。在此过程中，编码器在主轴的带动下跟随主轴同步旋转，由此可根据转子的直径大小和编码器旋转的圈数得出活塞的位置，位移量通过编码器转换成模拟量信号，发送至 PLC。

2. 性能及特点

行程检测及行程限位装置具有体积小、性能好、精度高、耐高压、抗振动、抗干扰、寿命长的特点。具有如下特点：

最大检测行程：10m。

性程检测误差：± 0.5mm。

额定工作压力：5MPa。

速度：1m/sec。

加速度：$0 \sim 1$m/s^2。

适应温度：$-20 \sim +70℃$。

（三）液压泵站

采用整体形式，油泵电机组垂直安装在油箱顶面，电动机与油泵之间采用"钟形罩+联轴器"联接方式，以确保二者中心线对中，便于油泵电机组平稳运转，降低噪声。两台油泵电机组单台工作，互为备用。油箱侧面放置接线端子箱，所有的泵站上控制电缆均接入端子箱。控制阀组布置在油箱顶面，便于检修和操作。吸湿式空气滤清器有效防止水分进入油箱，提高了液压系统的工作性能和可靠性。

1. 液压泵

液压泵选用进口原装产品，型式为斜盘结构轴向柱塞变量泵，型号：A10VSO-45MA。

液压泵的流量正比于泵的转速和排量，调节斜盘倾角可进行排量的无级调节。液压泵具有额定压力高、效率高、寿命长、输出平稳、噪声低等特点。钟形罩和联轴器均选用德国进口产品。

2. 电动机

电动机全部选用ABB（上海）公司产品，具有运行平稳、噪声低、寿命长等特点。

3. 插装阀、换向阀、单向阀、溢流阀、压力开关等

插装阀、换向阀、单向阀、溢流阀、压力开关选用博世力士乐（德国）原装产品。

4. 油箱

油箱采用不锈钢材料制作，经剪板、平板、折边、氩弧焊打底、双面焊、打磨成形。油箱所有附件安装法兰均按图示位置焊接，法兰螺孔用钻模加工。

5. 阀块

阀块采用加工中心加工，采用从德国进口的去毛刺机去毛刺，外表面磨光后，采用镀彩锌防腐工艺。

6. 管道

液压管道采用不锈钢无缝钢管制作，管接头材料亦是不锈钢，采用从德国进口的弯管机配管。管道经酸洗、钝化、中和、冲洗、干燥后，装入系统。

7. 液压油及系统清洁度要求

根据工作环境要求，本机选用YB-N46（L-HM46）液压油，液压油过滤及系统清洁度不低于NAS1638标准9级。

（四）油压启闭机主要技术参数

油压启闭机主要技术参数见表7-1-2。

表 7-1-2　　　　　　　　　　　　油压启闭机主要技术参数

项目名称	参数	项目名称	参数
启门力（kN）	630	无杆腔计算压力（MPa）	1.5
持住力（kN）	1250	启门速度（m/min）	0.8
闭门力（kN）	闸门自重	闸门开启时间（min）	12
工作行程（mm）	9700	闸门快速关启时间（min）	2
全行程（mm）	9800	活塞及活塞杆密封	V形组合密封圈
液压缸内径（mm）	340	液压泵额定流量（L/min）	68
活塞杆直径（mm）	180	电动机功率（kW）	22
启门工作压力（MPa）	9.6	电动机转速（r/min）	1450
持住压力（MPa）	19.1	油箱容积（L）	2000

（五）油压启闭机工作原理

油压启闭机液压控制系统如图 7-1-3 所示。油压启闭机液压控制系统的工作原理如下：

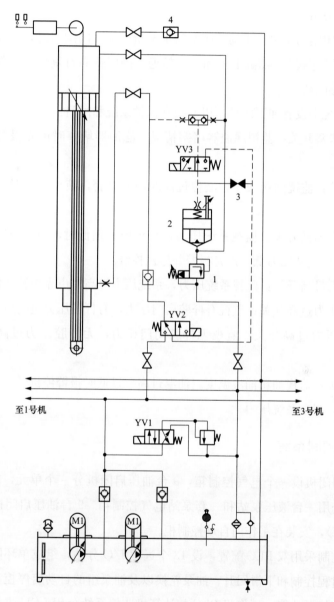

图 7-1-3 1 号泵站 2 号机油压启闭机系统图

（1）开启闸门工况。开启闸门工指开启闸门指令发出后，空载启动液压泵电动机组，延时 10s，电磁阀 YV1、YV2 通电，压力油进入液压缸有杆腔开启闸门，同时压力油打开液控单向阀门 1，液压缸无杆腔油液流回油箱，闸门上升。

（2）快速关闭闸门工况。快速关闭闸门工况指快速关闭闸门时，油泵电动机组不需要启动，电磁阀 YV3 通电后，液压缸有杆腔油液经缸体出口节流孔板节流后，再经插装阀门 2 进入液压缸无杆腔形成差动回路，同时油箱油经单向阀门 4 向无杆腔补油，闸门依靠自重快速关闭。

（3）手动关闭闸门工况。手动关闭闸门工况指手动关闭闸门时，油泵电动机组不需要启动，仅需打开球阀 3，油缸上腔和下腔接通，闸门依靠自重快速下降，不够的油液通过油箱补到油缸上腔。

（4）液压系统中设有如下附件，以监视和保护系统和闸门：

1）滤油器堵塞开关：监视滤油器堵塞情况。滤油器堵塞时声光报警提请检修人员检修并更换滤芯。

2）液位开关：监视油箱液位，液位过高时声光报警，液位过低时声光报警并停机检修。

3）系统压力偏低开关：监视系统压力，系统压力偏低时，声光报警并启动备用泵组，若备用泵运行仍然压力低，声光报警并停机检修。

4）系统压力过高开关：监视系统压力，系统压力过高时声光报警并停机。

5）有杆腔压力过高开关：监视有杆腔启门压力，有杆腔压力过高声光报警并停机。

6）无杆腔压力过高开关：监视无杆腔闭门压力，无杆腔压力过高时声光报警并停机。

7）油温开关：监视油箱油液温度。油温过高、过低时报警停机。

8）压力表：观察系统压力。

三、电气控制系统

每台油压启闭机设一个电气控制箱，9 台油压启闭机分三个单元，3 台机为一个单元，每个单元公用一台液压泵站和一套泵站电气控制箱。9 台油压启闭机公用两套可编程控制器（PLC），安装在工作门自动控制柜。

闸门自动控制采用双 PLC 配置，设 13 个远程 I/O 分站，组成单环网系统，实现工作门的启闭全过程控制和下滑回升、油泵轮换以及油泵组的自动启停控制，并实现故障报警、事故报警停泵功能。工作门 PLC 与计算机监控系统公用 LCU 进行通信，远方可监视工作门开度和运行状态。

（一）泵站控制箱

每套泵站控制系统由断路器（开关）、接触器、控制开关、按钮、指示灯、继电器、电源装置及附件等组成，并布置 PLC 远程 I/O 分站。泵站控制系统具有短路、过载、过电流、欠压、缺相、相序等保护功能。

每台油泵设"自动/切除/手动"控制选择开关，正常运行在"自动"位置，由控制系统根据启门信号自动控制油泵的启动、延时、系统油压监测、停止；当油泵控制方式切至"手动"方式，通过启动、停止按钮可控制油泵手动启动/停止。

不论在何种控制方式下，均可通过"紧急停止"使油泵停止，以实现特殊情况下的紧急停机。

（二）闸门控制箱

每个闸门控制箱由控制选择开关、按钮、指示灯、继电器、电源开关等组成，并布置 PLC 远程 I/O 分站。闸门控制方式设"自动/切除/手动"控制选择开关，正常运行在"自动"位置，由控制系统自动完成闸门上升或下落等过程，直到闸门到达预置开度位置自动停止。当闸门控制方式切至"手动"位置时，先启动油泵，油泵启动完成后，正常运行约 10s，系统油压正常后，再手动启门；当闸门到达需要位置时，先手动停止闸门，再手动按下油泵停止按钮，完成一次手动操作。

（三）工作门自动控制柜

自动控制柜由控制选择开关、按钮、指示灯、继电器、开关电源、PLC、触摸屏等组成。1、2、3 号泵站闸门设"自动/现地/远方"控制选择开关。正常运行在"远方"位置，可通过计算机监控系统发出闸门启闭操作指令；采用自动操作方式时，可在闸门触摸屏或闸门控制箱自动发出闸门操作指令，控制系统将自动完成闸门启闭操作；在设备调试、检修阶段，以及在 PLC 故障、自动操作失灵的情况下，利用每台闸门设置的控制箱，采用手动方式，可实现闸门的启闭控制。在远方方式下，现地控制系统操作无效；在手动方式下，远方计算机监控系统操作无效。

 **思考与练习**

（1）油压启闭机有哪些设备组成？

（2）油压启闭机液压泵站有哪些设备组成？

（3）工作门运行方式有哪几种？

（4）简述工作门自动提升过程。

（5）油压启闭机液压系统中设有哪些监视和保护？

第二节　油系统结构原理

本节主要讲述水轮发电机组油系统组成、油的作用、设备参数及油试验标准。

一、油系统组成

（一）透平油库油系统

油系统对安全、经济运行有着重要的意义。油系统是用管网将用油设备与贮油设备、油处理设备连接成一个油系统，不仅能提高电厂运行的可靠性、经济性和缩短检修期，而且对运行的灵活性，以及管理方便等提供良好条件。新安江电厂油系统包括透平油库、两台滤油机、五个储油桶、管网等组成。透平油库油系统图如图7-1-4所示。

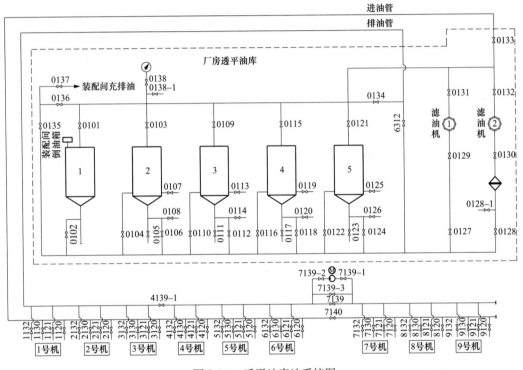

图 7-1-4　透平油库油系统图

（二）推力轴承、上导轴承、调速器油系统

发电机用油设备包括推力轴承、上导轴承、调速器系统用油，油槽之间设两层干管连接，油槽之间和油处理室与机组用油设备之间均用两根干管连接，使净油、污油分开，油处理时能满足要求，因7、8、9号机与透平油库远，在7号机处装有排油泵，便于7、8、9号机各油槽快速排油。推力轴承、上导轴承、调速器油系统图如图7-1-5所示。

二、油的作用

新安江电厂水轮发电机组油系统使用L-TSA46牌号防锈、抗氧化透平油（又称汽

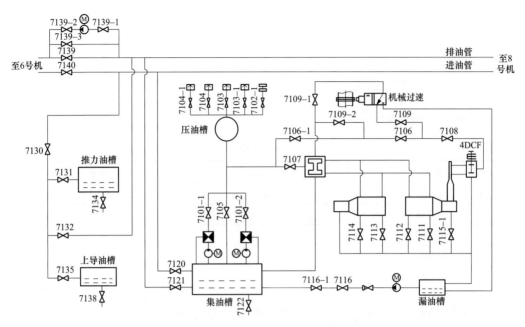

图 7-1-5　推力轴承、上导轴承、调速器油系统图

轮机油），在设备中的作用主要是润滑、散热和液压操作。

（1）润滑作用：在轴承间或滑动部分间造成油膜，以润滑油内部摩擦代替固体干摩擦，从而减少设备的发热和磨损，延长设备寿命，保证设备的功能和安全。

（2）散热作用：设备转动部件因摩擦所消耗的功转变为热量，使它们的温度升高，这对设备和润滑本身的寿命、功能有很大影响，因此必须设法散出其热量。根据油的润滑理论，润滑油在对流作用下将热量传出，再经过油冷却器将其热量传导给冷却水，从而使油和设备的温度不致高于规定值，保证设备的安全运行。

（3）液压操作：在电厂中有许多设备，如调速系统、进水阀门、调压阀门以及管路上的液压阀门等，都必须用高压油来操作，透平油可以作为传递能量的各种介质。

三、设备参数

（1）新安江电厂主要使用 L-TSA46 牌号防锈、抗氧化汽轮机油，见表 7-1-3。

表 7-1-3　　　　　　　　　　　设备对应使用油牌号

设备参数（单位）	油牌号	设备参数（单位）	油牌号
推力轴承、上导轴承	L-TSA46	调速器油压系统	L-TSA46

（2）新安江电厂滤油机型号，见表 7-1-4。

表 7-1-4 滤油机型号

名称	型号
1号真空滤油机	ZTYL6
1号板式滤油机	BASY200/280

（3）油库油桶用途，见表7-1-5。

表 7-1-5 油桶用途

名称	用途	容量（t）
1号油桶	废油	30
2号油桶	正常储油	15
3号油桶	正常储油	15
4号油桶	正常储油	7.5
5号油桶	正常储油	7.5

（4）推力轴承、上导轴承油槽、调速器系统集、压油槽正常油量，见表7-1-6。

表 7-1-6 推力轴承、上导轴承、调速器系统油量

名称	正常油量（t）
推力轴承油槽	5.5
上导轴承油槽	2.3
调速器系统集、压油槽	4.1

四、油的试验项目

（1）发电机油的试验项目和要求、试验周期，见表7-1-7。

表 7-1-7 汽轮机油的试验项目和要求、试验周期

序号	项目	周期	要求	试验方法
1	外观	1年	透明、无杂质或悬浮物	将油样注入试管冷却至5℃在光线充足的地方观察（详见 DL 429.1—1991）
2	酸值（mg·KOH/g）	（1）注入设备后的油。（2）运行中，每年一次。（3）必要时	≤0.3	按 GB/T 264《石油产品酸值测定法》或 GB 7599《运行中变压器油、汽轮机油酸值测定法（BTB）法》进行试验
3	闪点（开口杯,℃）	（1）准备注入设备的新油。（2）机组大修注油后。（3）必要时	≥180，且比前次测定值不低于10℃	按 GB/T 3536—2008《石油产品、闪点和燃点的测定克利夫开口杯法》进行试验

续有

序号	项目	周期	要求	试验方法
4	水分（mg/L）	（1）准备注入设备的新油。 （2）运行中设备1年。 （3）必要时	200MW以下机组小于或等于150mg/kg	按GB 7600《运行中变压器油水分含量测定法（库仑法）》进行试验
5	运动黏度 （40℃，mm²/s）	（1）注入设备后的新油。 （2）运行中设备每年一次。 （3）必要时	41.4～50.6	按GB/T 265《石油产品运动黏度测定法》进行试验
6	洁净度 （NAS 1638，级）	（1）运行中每年一次。 （2）必要时	≤8	按SD/T 313《油中自动颗粒计数仪法》进行试验
7	破乳化度 （54℃，min）	必要时	≤30	按GB/T 7605《运行中汽轮机油破乳化度测定法》进行试验

注 1. 机组在大修后和启动前，应进行全部项目的检测。

2. 如外观发现不透明，则应检测水分和破乳化度。

（2）汽轮机油系统。汽轮机油新油验收：

1）在新油交货时，所有的油品应及时检查外观，对于国产新汽轮机油应按GB 11120—2011《涡轮机油》标准验收，验收标准见表7-1-8。

表7-1-8 汽轮机油新油交货时的验收标准

项 目	质量指标						试验方法
	A级			B级			
黏度等级（按GB/T3141《工业液体润滑剂 ISO 粘度分类》）	32	46	68	32	46	68	
外观	透明			透明			目测
色度（号）	报告			报告			GB/T 6540
运动黏度（40℃，mm²/s）	28.8～35.2	41.4～50.6	61.2～74.8	28.8～35.2	41.4～50.6	61.2～74.8	GB/T 265
黏度指数	≥90			≥85			GB/T 1995
倾点（℃）	≤−6			≤−6			GB/T 3535
闪点（开口，℃）	186	195		186	195		GB/T 3536
密度（20℃，kg/m³）	报告			报告			GB/T 1884
酸值（以KOH计，mg/g）	≤0.2			≤0.2			GB/T 4946
水分（质量分数,%）	≤0.02			≤0.02			GB/T 11133

项　目	质量指标						试验方法
	A 级			B 级			
黏度等级（按 GB/T 3141《工业液体润滑剂 ISO 粘度分类》）	32	46	68	32	46	68	
泡沫性（泡沫倾向/泡沫稳定性）(mL/mL)　程序Ⅰ　24℃　程序Ⅱ　93.5℃　程序Ⅲ　后24℃	≤450/0　≤50/0　≤450/0			≤450/0　≤100/0　≤450/0			GB/T 12597
空气释值（50℃，min）	≤5	≤5	≤6	≤5	≤6	≤8	SH/T 0308
液相锈蚀（24h）	无锈			无锈			GB/T 11143B 法
铜片腐蚀（100℃，3h，级）	≤1			≤1			GB/T 5096
抗乳化性（乳化液达到 3mL 时间，min）54℃　82℃	≤15　—	≤15　—	≤30　—	≤15　—	≤15　—	≤30　—	GB/T 7305
旋转氧弹/min	报告			报告			SH/T 0193
氧化安定性　1000h 后总酸值（以 KOH 计，mg/g）	≤0.3	≤0.3	≤0.3	报告	报告	报告	GB/T 12581
总酸值达 2.0（以 KOH 计，mg/g）的时间（h）	≤3500	≤3000	≤2500	≤2000	≤2000	≤1500	GB/T 12581
1000h 后油泥（mg）	≤200	≤200	≤200	报告	报告	报告	SH/T 0565
承载能力　齿轮机试验（失效级）	≥8	≥9	≥10	—			GB/T 19936.1
过滤性　干法（%）　湿法	≥85　通过			报告　报告			SH/T 0805
清洁度（级）	≤－/18/15			报告			GB/T 14039

2）新油注入设备后，应经过 24h 循环后，进行取样试验，试验项目和要求具体如下：

油样：经循环 24h 后的油样，并保留 4L 油样。

外观：清洁、透明。

颜色：与新油颜色相似。

黏度：应与新油结果相一致。

酸值：同新油。

水分：无游离水存在。

洁净度：小于或等于 NAS 7 级。

（3）正常运行期间水轮机组的推力轴承、上导轴承的汽轮机油均按表 6 的标准要求进行油质检验。

**思考与练习**

（1）1、2 号真空滤油机的型号是什么？

（2）透平油库有几个油桶？

（3）每个油桶装什么油，油桶容量各是多少？

（4）推力轴承、上导轴承用的是什么牌号的油？

（5）汽轮机油的试验项目有哪些？

（6）推力轴承、上导轴承的油槽正常用油量是多少？

（7）新油注入设备后，应经过多少时间取样试验，试验项目和要求是什么？

（8）调速器集油槽的正常用油量是多少？

第三节　压缩空气系统结构原理

本节主要讲述压缩空气系统厂内低压机、厂内高压机的结构原理、设备参数、运行方式。

压缩空气系统由低压压缩空气系统和高压压缩空气系统两部分组成。低压压缩空气系统供机组制动、调相、封闭母线及工业用风使用；高压压缩空气系统供机组压油槽充压用风使用。

一、结构原理

（一）厂内高压机结构原理

新安江电厂 2 台高压压缩机（简称高压机）为英国康普艾压缩机有限公司产品，型号为 5211，5211 型高压压缩机是往复式二级中压压缩机，有 2 个缸体呈 90°V 型排列，冷却形式为空气冷却。5211 型高压压缩机包含中间冷却器和后冷却器；一级和二级有气水分离器和安全阀；排气压力表和最终排气块（最终排气块由止回阀和可选择的可熔塞以及压力开关组成）。根据需要，第一级和第二级可以安装卸载装置（手动或电磁阀），在每级上都安装安全阀和缓冲器。

空气经过进气过滤器进入第一级气缸进行压缩，然后经过热交换和第一级气水分离后进入第二级气缸；空气从第二级气缸出来经过一个小的缓冲器，然后通过第二级气水分离器和冷却系统；最后压缩空气进入最终排气块。

曲轴箱的外端安置了一个有防护罩保护的冷却用的轴流风扇。

（二）厂内低压机结构原理

新安江电厂 BOGE 空气压缩机（低压机）的转子工作原理是基于挤压原理，转子的主动转轴和被动转轴的侧面轮廓呈螺旋形，在电动机和皮带机构驱动下互相吻合转动，但不互相接触。这样，进入转子内的空气在气流的方向因为螺旋空间不断被缩小，使空气压力随之升高，进而达到所要的最高压力。在此压缩过程中，机油不断地喷入转子内部，起到了冷却密封和润滑的作用。

二、设备参数

（一）厂内高压机设备参数

高压压缩空气系统由 2 台厂内高压机、1 个高压储气罐、管道系统、测量控制元件及用气设备构成，厂内高压机供机组压油槽充压用风。新安江电厂共有 9 台机组，每台机组的调速系统配置额定油压为 2.5MPa 的油压装置一套，压力油罐总容积为 $4.0m^3$，其中充油量约 $1.3m^3$，充气容积为 $2.7m^3$，充气时间取 2.0h。

高压压缩空气系统根据设备容量设计组成见表 7-1-9，高压空气压缩机设备参数见表 7-1-10，高压气罐设备规范见表 7-1-11。

表 7-1-9 高压压缩空气系统根据设备容量设计组成

序号	设备名称	型号及规格	数量	备注
1	高压空气压缩机	二极、空气冷却活塞往复式	2	1主1备
2	储气槽	体积 $V=4m^3$，压力 $p=6.0MPa$	1	

表 7-1-10 高压空气压缩机设备参数

型　号	5211	最大进气压力	0.03bar
压缩级数	2级	最小排气压力	20bar
曲轴箱油量	1.4L	最大排气压力（连续运行）	42bar
润滑油压	2.8bar	最大排气压力（间断运行）	45bar
最低环境和进气温度	−10℃	最高转数下一级扫气量	$84.1m^3/h$
最大环境和进气温度	55℃	最高压力	45bar
质量（包括底座）	125kg	最大转数	1800r/min
如年运行大于 1000h 最大运行转数	1500r/min	最小转数	750r/min

表 7-1-11　　　　　　　　　　　　　高压气罐设备规范

工作压力	25～28bar	安全阀门动作压力 MPa	29.5bar
气罐容积	6m³	气罐数量	1 个
排污方式	手动		

（二）厂内低压机设备参数

低压压缩空气系统由制动压缩空气系统和调相压缩空气系统两部分组成。低压压缩空气系统由 4 台厂内低压机、5 个调相低压储气罐、2 个制动低压储气罐、管道系统、测量控制元件及用气设备构成。新安江电厂现在使用的空气压缩机分别于 2005 年（3号、4 号低压机）和 2009 年（1 号、2 号低压机）更新为伯格（上海）压缩机有限公司所生产的 S100-2 型螺杆式风冷却低压机。

低压压缩空气系统设计组成及参数见表 7-1-12，低压空气压缩机设备规范见表 7-1-13，低压气罐设备规范见表 7-1-14。

表 7-1-12　　　　　　　　低压压缩空气系统设计组成及参数

序号	设备名称	型号及规格	数量	压力（MPa）	安全阀动作压力（MPa）
1	低压空气压缩机	S100-2 螺杆式 风冷	4 台		
2	制动用风储气槽	10m³	2 台	0.55～0.74	0.85
3	调相用风储气槽	10m³	5 台	0.60～0.74	0.85

表 7-1-13　　　　　　　　　低压空气压缩机设备规范

型号	S100-2	型式	皮带传动螺杆式
生产厂家	BOGE	功　率	75kW
最大压力	8 bar	额定转速	3000y/min
质量（包括底座）	1535kg	额定工作容量	12.1m³/min
储油罐容积	71L	进气温度（最高）	5℃
总灌油量	42L	进气温度（最低）	40℃
最少和最多之差量	8L	冷却方式	空气冷却

表 7-1-14　　　　　　　　　　低压气罐设备规范

工作压力	0.65～0.75MPa	安全阀门动作压力	0.85MPa
气罐容积	10m³	排污方式	手动
气罐数量	7 个		

三、运行方式

（一）厂内低压机正常自动运行

PLC 自动运行方式：4 台低压机采用轮换方式自动倒换运行，根据储气罐气压按整定压力主用启动两台，备用启动两台，两台启动间隔 30s。

现地自动运行方式：由每台低压机本机压力变送器按整定压力自动运行，需通过面板显示器切换至本方式。

（二）厂内高压机正常自动运行

PLC 自动运行方式：由控制柜根据储气罐气压按整定压力自动运行。两台高压机互为备用，自动倒换运行。

现地自动运行方式：由每台高压机本机压力开关按整定压力自动运行。

（三）系统运行规范

系统运行规范见 7-1-15。

表 7-1-15　　　　　　　　　　　　系统运行规范

名　　称	低压机		高压机
PLC 主用启动/停止压力	调相 0.60～0.74MPa		2.5～2.8MPa
	制动 0.55～0.74MPa		
PLC 备用启动/停止压力	调相 0.45～0.74MPa		2.4～2.8MPa
	制动 0.50～0.74MPa		
压力过低报警	调相 0.2MPa；制动 0.48MPa		2.3MPa
压力过高报警	0.80MPa		2.9MPa

 思考与练习

（1）新安江电厂高压、低压压缩空气系统分别供什么用风？

（2）简述新安江电厂高压机、低压机的正常运行方式。

（3）新安江电厂高压机、低压机的 PLC 主用启动/停止压力值是多少？

（4）简述低压机结构原理。

第四节　技术供水系统结构原理

本节主要介绍机组技术供水系统设备（机组技术供水包括机组推力轴承和上导轴承冷却水、发电机空气冷却器冷却水、水导轴承备用润滑水等）的结构组成、性能参数、运行方式，作为运行人员开展设备的运、维、修、试工作时的参考资料。

一、结构原理

机组技术供水以蜗壳取水为主水源，坝前引水为备用水源，主要供机组推力轴承和上导轴承冷却水、发电机空气冷却器冷却水、水导轴承备用润滑水使用。机组技术供水系统图如图 7-1-6 所示。机组技术供水系统设备主要有蜗壳引水进水阀 201 阀、坝前引

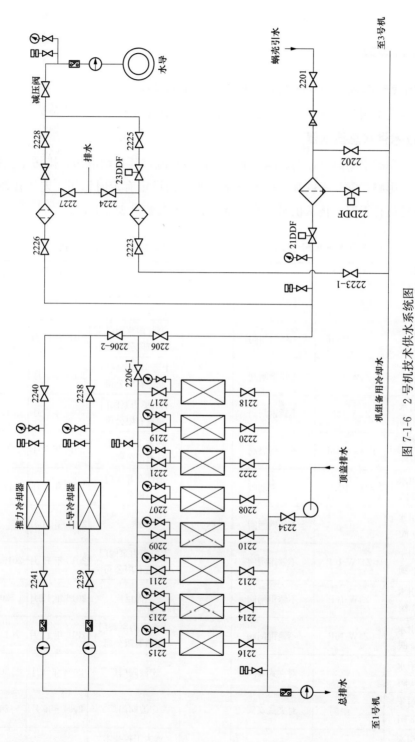

图 7-1-6 2 号机技术供水系统图

注：其余机组与 2 号机技术供水系统图相同。

水进水阀 202 阀、技术供水总滤水器、技术供水减压阀 21DDF、水导轴承备用润滑水电控阀 23DDF、水导轴承润滑水减压阀等。

二、设备参数

（一）蜗壳引水进水阀 201 阀、坝前引水进水阀 202 阀

蜗壳引水进水阀 201 阀、坝前引水进水阀 202 阀的主要技术参数见表 7-1-16。

（二）技术供水总滤水器

技术供水总滤水器具有自动过滤、清污、排污功能，其自动清污、排污是在线运行时完成的，不影响正常技术供水；技术供水总滤水器设定有定时清污、差压控制清污、手动清污三种运行工况。技术供水总滤水器主要技术参数见表 7-1-17。

表 7-1-16　　蜗壳引水进水阀 201 阀、坝前引水进水阀 202 阀的主要技术参数

名称及编号	规格型号	材质	通径	生产厂家	安装日期	出厂日期
1 号机蜗壳引水进水阀 1201 阀	D341W-16P	不锈钢蝶阀		远大工控技术有限公司	2018 年 11 月	2018 年 6 月
1 号机坝前引水进水阀 1202 阀	Z41　PN16	不锈钢闸阀		浙江耐邦阀门有限公司	2018 年 11 月	2017 年 10 月
2 号机蜗壳引水进水阀 2201 阀	Z4W-16P	不锈钢闸阀		上海奥力泵阀门制造有限公司	2017 年 5 月	2017 年 2 月
2 号机坝前引水进水阀 2202 阀	Z4W-16P	不锈钢闸阀		上海奥力泵阀门制造有限公司	2017 年 5 月	2017 年 2 月
3 号机蜗壳引水进水阀 3201 阀	D343W-16P	不锈钢蝶阀		远大工控技术有限公司	2018 年 5 月	2018 年 3 月
3 号机坝前引水进水阀 3202 阀	Z41　PN16	不锈钢闸阀		浙江耐邦阀门有限公司	2018 年 5 月	2017 年 10 月
4 号机蜗壳引水进水阀 4201 阀	*	不锈钢闸阀	DN200	*	2015 年 11 月	*
4 号机坝前引水进水阀 4202 阀	Z41W-10P	不锈钢闸阀		上海奥力泵阀门制造有限公司	2015 年 11 月	2015 年 11 月
5 号机蜗壳引水进水阀 5201 阀	Z4W-16P	不锈钢闸阀		上海巨广	2016 年 12 月	2013 年
5 号机坝前引水进水阀 5202 阀	Z4W-16P	不锈钢闸阀		上海奥力泵阀门制造有限公司	2016 年 12 月	2015 年 7 月
6 号机蜗壳引水进水阀 6201 阀	*	对夹式蝶阀		宁波阀门厂	2004 年 9 月	2000 年
6 号机坝前引水进水阀 6202 阀	*	对夹式蝶阀		宁波阀门厂	2004 年 9 月	2000 年
7 号机蜗壳引水进水阀 7201 阀	*	不锈钢蝶阀		远大工控技术有限公司	2019 年 4 月	2019 年 4 月

名称及编号	规格型号	材质	通径	生产厂家	安装日期	出厂日期
7号机坝前引水进水阀7202阀	*	不锈钢闸阀		*	2015年2月	*
8号机蜗壳引水进水阀门8201	Z4W-16P	不锈钢闸阀		上海巨广	2017年12月	2014年6月
8号机坝前引水进水阀8202阀	Z41W-10P	不锈钢闸阀	DN200	上海奥力泵阀门制造有限公司	2015年9月	2015年9月
9号机蜗壳引水进水阀门9201	Z41H-16P	不锈钢闸阀		上海奥力泵阀门制造有限公司	2015年5月	2015年3月
9号机坝前引水进水阀9202阀	Z41H-16P	不锈钢闸阀		上海奥力泵阀门制造有限公司	2015年5月	2015年3月

表7-1-17　　　　　技术供水总滤水器主要技术参数

机组	1、5号机		2、4、7、8、9号机		3号机		6号机	
型号	FZLQ-S-C-200		FZL-Q-A-200		FZQL-C		FZLQ-200	
精度	3.0mm							
电机型号	NMPV63							
电压	380V							
功率	0.55kW							
厂家	北京东方光华科技有限公司							
机组	1号机	2号机	3号机	4号机	5号机	6号机	7号机	8号机	9号机
出厂日期	2017年10月	2016年12月	2017年10月	2015年11月	2015年7月	2013年	2014年	2017年8月	2015年3月
安装日期	2013年3月	2017年3月	2018年3月	2015年11月	2017年12月	2013年12月	2014年12月	2017年12月	2015年4月

（三）技术供水减压阀21DDF

技术供水减压阀21DDF主要技术参数见表7-1-18。

表7-1-18　　　　　技术供水减压阀21DDF主要技术参数

机组	1、6、7号机		2、3、5号机		4号机		8号机		9号机
型号	8"-720S-55		720S-55-08		720-55-1F2		8"-720S-55-F2		720-55-54-1
公称压力	PN-16								
通径	DN200								
生产厂家	伯尔梅特								
机组	1号机	2号机	3号机	4号机	5号机	6号机	7号机	8号机	9号机
出厂日期	2011年	2016年	2016年	2000年11月	2016年	2010年	2014年	2017年	2009年1月
安装日期	2013年4月	2017年4月	2018年3月	2005年1月	2016年10月	2014年1月	2015年1月	2017年11月	2015年4月

（四）水导轴承备用润滑水电控阀门 23DDF

水导轴承备用润滑水电控阀门 23DDF 主要技术参数见表 7-1-19。

表 7-1-19　　　　　　水导轴承备用润滑水电控阀 23DDF 主要技术参数

机组	1 号机	2、5 号机	3、4、6、7 号机	8 号机	9 号机
型号	3"-710S	710S-03-Y	3"-710S-20	710S-03-20-54-FSSZ	710-20-54-FZ
公称压力	PN-16				
通径	DN80				
生产厂家	伯尔梅特				

机组	1 号机	2 号机	3 号机	4 号机	5 号机	6 号机	7 号机	8 号机	9 号机
出厂日期	2013 年	2012 年	2012 年	2010 年	2016 年	2013 年	2014 年	2016 年	2003 年 1 月
安装日期	2013 年 4 月	2017 年 4 月	2018 年 3 月	2015 年 11 月	2016 年 10 月	2014 年 1 月	2015 年 1 月	2017 年 11 月	2010 年 12 月

（五）水导轴承润滑水减压阀门

水导轴承的润滑水减压阀门主要技术参数见表 7-1-20。

表 7-1-20　　　　　　水导轴承的润滑水减压阀门主要技术参数

机组	1、3 号机	2、4、6、7 号机	5、8、9 号机
型号	720S-03-02-F	3"-720	720S-20-03
公称压力	PN-16		
通径	DN80		
生产厂家	伯尔梅特		

机组	1 号机	2 号机	3 号机	4 号机	5 号机	6 号机	7 号机	8 号机	9 号机
出厂日期	2018 年	2013 年	2017 年	2013 年	2016 年	2011 年	2012 年	2016 年	2014 年
安装日期	2018 年 11 月	2017 年 4 月	2018 年 3 月	2015 年 11 月	2016 年 10 月	2014 年 1 月	2015 年 1 月	2017 年 11 月	2015 年 4 月

三、运行方式

（1）机组技术供水采用自流供水，取自本机组蜗壳引水，各自排至下游。特殊情况下可从机组冷却水备用水管取水。

（2）水导轴承润滑水采用蜗壳引水和坝前引水双路供水方式。

（3）机组各部水压力流量限额，见表 7-1-21。

表 7-1-21　　　　　　　　　　机组各部水压力流量限额

项　目	水压正常控制参数	流量正常控制参数
机组技术供水总冷却水	0.25～0.35MPa	
水导轴承润滑水	发电状态监视水压：0.05～0.2MPa 调相状态监视水压：0.075～0.2MPa 备用状态调整水压：0.08～0.15MPa	30～65m³/h
推力轴承、上导轴承冷却水	0.05～0.20MPa	推力轴承：50～100m³/h； 上导轴承：10～25m³/h
空气冷却器冷却水	最高 0.20MPa	

 思考与练习

（1）简述机组的供水原理。

（2）请找出机组各水阀门对应的现场实际位置。

（3）水导轴承润滑水有几路供水，分别来自哪里？

（4）简述机组各部分的水压力及流量限额。

第五节　排水系统结构原理

本节主要介绍机组排水系统设备（1、2号深井）的结构组成、性能参数、运行方式，做为运行人员开展设备的运、维、修、试工作时的参考资料。

一、结构原理

全厂机组排水系统共设有 4 台长轴深井水泵，1 号深井 1、2 号水泵，2 号深井 1、2 号水泵，每个集水井的 2 台排水泵为 1 主 1 备，水泵布置在水轮机层左岸，高程为 28.75m（海拔）。

（1）1 号深井有以下来水：

1）机组检修时尾水管及钢管积水、尾水管及钢管排水阀阀坑积水。

2）伸缩节廊道的紧急排水。

3）3 号机水轮机顶盖及副厂房混凝土拉板积水。

4）透平油库事故排油。

5）空气压缩机室空调机冷却水。

（2）2 号深井有以下来水：

1）水轮机顶盖排水、发电机消火水、发电机冷却器凝结水。

2）伸缩节廊道的正常排水。

3）水轮机层地面积水（3、8号机水轮机层下游侧有两处可直接排至下游）。

（3）1、2号深井装有联络阀，在下列情况下可以打开此阀门连通排水：

1）2号深井1、2号水泵均故障短时不能恢复正常。

2）1号深井水位异常升高，需要2号深井水泵帮助手动排水。

（4）当机组尾水管排水阀打开时，应将1号深井水泵放低水位运行。

（5）深井水泵的转向均为反时针方向，并装有防止倒转装置。

（6）深井水泵采用软启动器控制，实现电动机的软启动功能，启动时，通过改变可控硅的输出电压，使电动机平滑可靠地完成启动过程。软启动器带有进线接触器和旁路接触器，控制电动机启动时，采用限流控制模式，停泵时采用软停车方式。

（7）1、2号深井水位由液位变送器以开关量和电流信号的形式分别送至PLC模块。

（8）深井水泵的自动启动/停止、保护动作停泵、主/备用自动倒换运行及故障报警等功能由可编程控制器（PLC）来完成。可编程控制器（PLC）接入监控系统，实现远方对水泵运行及集水井水位的监视。

（9）软性启动器显示窗说明：

停机备用时显示：rdy。

启动器有运行命令显示：电流值。

故障时显示及可能原因见表7-1-22。

表7-1-22　　　　　　　　　　　故障时显示及可能原因

显　示	可能原因
InF	内部故障
OCF	过电流（启动器短路；内部短路；旁路接触器黏连；超过启动器额定值）
PIF	相序颠倒
EEF	内部存储故障
F┌F（2）	电源频率超过允许范围
PHF（3）	电源缺相、电动机缺相
USF	有运行命令时动力电源故障
CLF	控制线路故障
SEF	启动时间过长
OLC	电流过载
OLF	电动机热故障
OHF	启动器热故障
ULF	电动机欠载
L┌F	稳定状态下转子锁定

出现以上故障时，启动器锁定，电动机转为自由停车模式下停泵。

（10）水泵保护：水泵保护一览表见表 7-1-23。

表 7-1-23　　　　　　　　　　　　　水泵保护一览表

保护名称	当作后果	备　注
水泵出口流量低	停泵、发信号	
水位过低	停泵、发信号	
润滑水中断	水泵不能启动、发信号	
水位过高	发信号	
备用启动	发信号	仅宽缝水泵有
软启动器故障	停泵、发信号	
AC220V 电源故障	发信号	
AC24V 电源故障	发信号	

二、设备参数

水泵和水泵电动机规范如见表 7-1-24 和表 7-1-25。

表 7-1-24　　　　　　　　　　　　　水泵规范

设备	水泵型号	项目					
		扬程 （m）	流量 （m³/h）	转速 （r/min）	效率 （%）	轴功率 （kW）	级数 （级）
1 号 深井水泵	500JC/K900-30×1	30	900	1480	83	110	1
2 号 深井水泵	300JC/K185×3	36	185	1460	79	30	3

表 7-1-25　　　　　　　　　　　　　水泵电动机规范

设备	电动机型号	项目				
		容量 （kW）	电流 （A）	电压 （V）	接线方式	转速 （r/min）
1 号深井水泵电动机	YLB280-1-4	110	202	380	△	1480
2 号深井水泵电动机	YLB200-1-4	30	58	380	△	1470

三、运行方式

1、2 号深井水泵运行方式正常均放"自动"位置，由 PLC 控制轮换运行，水位设定值及用途一览表见表 7-1-26。

表 7-1-26 水位设定值及用途一览表 （m）

名称		项目							
		主用启动	备用启动	水泵停止	水位过低	水位过高	低水位启动	低水位停止	低水位备用启动
1号深井	高程	17.00	17.50	13.50	11.10	18.00	12.75	11.80	13.50
	相对值	6.00	6.50	2.50	0.10	7.00	1.75	0.80	2.50
2号深井	高程	20.65	21.10	16.70	15.60	21.60			
	绝对值	6.25	6.70	2.30	1.20	7.20			

 思考与练习

（1）简述机组排水系统组成及位置。

（2）深井水泵的保护有哪些?

（3）深井水泵的启动停止水位是多少?

（4）1、2号深井分别有哪些来水?

第二章　巡　回　检　查

本章主要介绍水轮发电机组主要辅助设备的巡回检查的检查项目及标准，及巡回检查危险点分析。水轮发电机组主要辅助设备的巡回检查包括进水口工作闸门及油压启闭机巡回检查、油系统巡回检查、压缩空气系统巡回检查、技术供水系统巡回检查和排水系统巡回检查 5 个培训小节。

第一节　进水口工作闸门及油压启闭机巡回检查

本节主要介绍进水口工作闸门（以下简称"工作门"）及油压启闭机巡回检查的检查项目及标准、巡回检查危险点分析。

一、检查项目及标准

工作门及油压启闭机巡回检查的检查项目包含工作门提升前的检查和工作门及油压启闭机正常巡回检查。

（一）工作门提升前的检查项目及标准

（1）进水口拦污栅附近无杂物；油槽油温、油位正常；各管路、接头及阀门无渗漏油。

（2）145、146、147、149 阀开，紧急落门手动阀关。

（3）油泵动力电源及操作电源开关合上，泵站各电源开关均合上，油泵控制方式各切换开关位置正常。

（4）油泵转动灵活无异声，底脚螺钉无松动。

（5）油泵空载电磁阀、开门电磁阀、关门电磁阀无异常，动作灵活；工作闸门开度编码器及位置接点正常。

（6）148 阀开，工作门控制箱各电源开关合上，工作门操作方式切换开关在"自动"位置。

（二）工作门及油压启闭机巡回检查项目及标准

（1）油泵及电动机运转声音正常，无剧烈振动；油箱油位正常。

（2）管路、接头、阀门及阀组模块无渗漏油，145、146、147、148、149 阀开，压力表指示正常（压力传感器故障时显示"E——"），各电磁阀接线插头固定良好。

（3）泵站控制箱及工作门控制箱各电源开关合上，油泵控制方式切换开关及工作门操作方式切换开关在"自动"位置，工作门自动操作切换开关和工作门手动操作切换开关在"切除"位置。各指示灯正常；控制箱空调运行正常。

（4）启闭机各部分正常。

（5）进水口近区无杂物，各机组操作室门锁完好，室内排水通畅，地面无积水。

（6）PLC运行正常，触摸屏工作门位置显示正常，无故障信号，工作门控制方式切换开关在"远方"位置，退出平水信号压板。

二、巡回检查危险点分析

巡回检查作业中，存在一些不安全因素，应开展危险点分析及预防控制，确保人身和设备安全。

（1）巡回检查工作需要打开的启闭机室进人孔门、坝顶检修配电室门、泵站控制箱门、工作门控制箱门、工作门自动控制柜门等，在检查工作结束后应随手关好。

（2）启闭机操作室空间狭小，对活动位置和范围进行调整，不得错误触碰、错误动作紧急落门手动阀等运行设备。

（3）进入启闭机室，登梯过程中抓住扶手，防止脚滑不慎跌落摔伤。

（4）打开启闭机室盖板应插入限位杆，防止盖板意外关闭造成伤人。

 思考与练习

（1）工作门提升前主要有哪些检查内容？

（2）工作门及油压启闭机的巡回检查主要有哪些内容？

（3）巡回检查中人身安全方面有哪些危险点分析？

（4）巡回检查应做到哪"六到"？

（5）巡回检查人员服装和携带工具有哪些要求？

第二节　油系统巡回检查

本节主要介绍油系统的巡回检查项目及标准和巡回检查危险点分析。

一、油系统检查项目及标准

（一）机组自动控制箱、动力柜运行检查

（1）1号压油泵电源开关31QF、2号压油泵电源开关32QF、漏油泵电源开关11QF（动力柜）在合上位置；电源开关及各接头不发热、动力电缆无漏胶现象。

（2）1号压油泵电源开关、2号压油泵电源开关（控制箱）在合上位置；操作熔丝放上；运行方式切换开关一台在自动、一台在备用，控制箱门关好；油泵固态控制器在待机状态电压斜坡，停机指示灯亮，整定值正确。

（3）漏油泵电源开关（控制箱）在合上位置；操作熔丝放上；运行方式切换开关在自动位置；停机指示灯亮，整定值正确。

（4）1号压油泵电源开关、2号压油泵电源开关（控制箱）、漏油泵电源开关（控制箱）及各接头不发热、动力电缆无漏胶现象。

（5）机组 LCU 三号盘柜内压油泵的控制选择开关 S20 在 "LCU" 位置。

（二）压油装置运行检查

（1）1、2号压油泵启动/停止时间、空载时间和压差无显著变化，压油泵动作良好，压油泵及电动机运转声音、外壳温度正常，无剧烈振动，组合阀工作正常，安全阀没有开放；检查确认低压启动阀动作值为 1.8MPa，卸载阀动作值为 2.35MPa，安全阀动作值为 2.5MPa。

（2）1号压油泵出口阀 101-1、2号压油泵出口阀 101-2 在打开位置，压油泵排油阀 105 在关闭位置，各管路法兰接头、阀门位置正确，不漏油漏气。

（3）1、2号压油泵电动机接线正确、运行声音正常、压油泵电机不过热及各接头不发热、动力电缆无漏胶现象、底脚螺钉不松动。

（4）压油槽压力表计阀 102-1、103、103-1、104、104-1、104-2、100-1 在打开位置，集油槽进油阀 120、集油槽排油阀 121 在关闭位置；压油槽油位（75.6cm）、集油槽油位（22.5cm）正常；压油槽各压力控制器阀门无渗漏油，压油槽油压值正常（2.13MPa）。

（5）推力轴承、上导轴承进油阀 130、排油阀 132、推力轴承进油阀 131、上导轴承进油阀门 135、推力轴承油槽取油样阀、上导轴承油槽取油样阀在关闭位置；推力轴承的油位计表计阀 142、上导轴承的油位计表计阀 143 在打开位置；推力轴承的油槽油位（45cm）、变送器指示（45cm）正常，上导轴承的油槽油位（0.22cm）、变送器指示（0cm）正常，推力轴承、水导轴承的油混水装置正常读数为零，油色正常，无漏油及甩油现象。

（6）各管路、阀门、油槽、法兰接口不漏油。

二、巡回检查危险点分析

（1）巡回检查人员在进行设备的巡回检查时，应穿工作服、工作鞋、戴安全帽，应携带必要的工具，如电筒等。

（2）在上导轴承的油槽、油位检查时，集电环带电，做好误碰，与集电环保持安全距离。

（3）巡回检查带压设备，应做好自我防护。

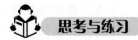
思考与练习

（1）请简述机组自动控制箱、动力柜运行检查项目。

（2）请简述压油泵检查项目。

（3）请简述压油装置检查项目。

（4）压油槽油压正常值是多少？

（5）机组在运行工况下，推力轴承、上导轴承、集油槽油位显示多少？

（6）压油泵排口阀105未关严有何影响？

（7）检查发现推力轴承油槽漏油应怎么办？

第三节 压缩空气系统巡回检查

本节主要介绍压缩空气系统的巡回检查的检查项目及标准和巡回检查危险点分析。

一、压缩空气系统检查项目

（一）机组自动控制柜运行检查

（1）制动柜内制动用风进气阀301、制动用风进气阀303、制动用风进气阀304、制动用风进气阀306在打开位置；制动用风进气阀302、制动用风进气阀305、制动用风进气阀307在关闭位置，308阀在关闭位置（第一次停机前）；加闸电磁阀电源开关3DK在合上位置。

（2）制动柜内各阀门不漏气，压力表及变送器显示风压正常指示0.75MPa。

（3）风闸控制装置在"自动位置"，制动装置各切换阀位置正确。

（4）309-3、309-1在打开位置，309-2在关闭位置，309、310、310-1阀在关闭位置，310-2阀在打开位置；管路法兰接头不漏气，补气装置不漏气，动作正常。压油槽压力正常，记录压油槽压力值（2.0～2.2MPa）。

（5）八个风闸进气阀308-1、308-2、308-3、308-4、308-5、308-6、308-7、308-8在打开位置；风闸间隙合格，间隙在30MM，闸板无变形损坏，风闸位置行程开关不松动，接线良好；各阀门、管路、法兰接头、阀门不漏气。

（6）调相317、301-2、301-3（部分机组还有317-1）在打开位置，调相25DDF电控阀在关闭位置，25DDF1号阀在"AUTO"位置，调相25DDF电源隔离开关8DK在合上位置；表计压力指示在0.66MPa，各阀门、管路、法兰接头、止回阀不漏气。

（二）高、低压机动力柜、控制柜运行检查

（1）1、2号高压机电源开关（动力柜）和1、2、3、4号低压机电源开关（动力柜）

在合上位置；1、2 号高压机电源开关 Q01、Q021（软启动柜）和 1、2、3、4 号低压机电源开关 Q11、Q21、Q31、Q41（软启动柜）在合上位置，各电源开关位置正确；软启动器面板显示窗显示正确，无故障信号；各端子接线完好，无松动；引线接头不松动、不发热。

（2）1 号高压机控制方式选择开关 S51 切至"PLC"位置，2 号高压机控制方式选择开关 S52 切至"PLC"位置；1 号低压机控制方式选择开关 SA11、2 号低压机控制方式选择开关 SA21、3 号低压机控制方式选择开关 SA31、4 号低压机控制方式选择开关 SA41 在"PLC"位置；1、2 号高压机控制电源开关 F21、F22 和 1、2、3、4 号低压机控制电源开关 F11、F21、F31、F41 在合上位置。

（3）控制方式选择开关位置正确，各指示灯指示正常；PLC 模块"RY（运行）"灯亮，"ER（出错）"灭灯；电源转换器运行正常，"DC OK"灯亮。

（4）触摸屏工作正常，参数显示正确。

（三）高、低压压缩空气系统运行检查

（1）高压机控制箱电源指示灯亮，切换开关位置正确，无故障信号，高压机油位、油质正常，压力表指示正常。

（2）低压机面板指示灯指示正常，排气压力、温度正常。排风扇运转正常，油气管路各接头无渗漏。

（3）高压机、低压机无异常及剧烈震动现象，底脚螺钉不松动，电动机温度、声音正常。

（4）自动排污阀电源指示灯亮，工作正常。

（5）厂内 1 号高压机出气阀 301、厂内 2 号高压机出气阀 302、厂内 1 号和 2 号高压机总出气阀 305、高压气管出气阀 306 在打开位置；厂内 1 号高压机出气阀 301-1、厂内 2 号高压机出气阀 302-1 在关闭位置。

（6）厂内 1 号低压机出气阀 314、厂内 2 号低压机出气阀 315、厂内 3 号低压机出气阀 322、厂内 4 号低压机出气阀 323 在打开位置；厂内 1~4 号低压机本机出气阀、厂内 1 号和 2 号低压机出气阀 334、厂内 1 号和 2 号低压机出气阀 342、厂内 3 号和 4 号低压机总出气阀 331 在打开位置；调相气管出气阀 318、工业用风进气阀 320、低压气管联络阀 0340、低压气管联络阀 0342 在打开位置；调相制动联络阀 317、调相母管排气阀 321、开关站坝顶用气出气阀 0340-1 在关闭位置。

（7）厂内 1~4 号低压机自动排污阀的进气阀在打开位置；厂内 1~4 号低压机自动排污阀在关闭位置；调相母管气水分离器不漏气指示在绿区。

（8）各管路、阀门、法兰接头及止回阀不漏气，各表计、变送器小阀门开，显示正常，各管路介质流标示正确，各阀门命名指示正确、不破损、不遗失。

(9) 空气压缩机室照明灯亮度充足。

（四）40 储气筒检查

(1) 高压储气筒进气阀 0312、出气阀 0313 在打开位置；高压储气筒排气阀 0314 在关闭位置；高压储气筒安全阀不开放，高压储气筒压力在 2.5～2.8MPa。

(2) 1 号调相储气筒进气阀 0301 打开位置，2 号调相储气筒进气阀 0302、3 号调相储气筒进气阀 0303、4 号调相储气筒进气阀 0304、5 号调相储气筒进气阀 0305 在打开位置，1 号制动储气筒进气阀 0306、1 号制动储气筒进气阀 0307、1 号制动储气筒出气阀 0308、2 号制动储气筒进气阀 0309、2 号制动储气筒进气阀 0310、2 号制动储气筒出气阀 0311 在打开位置；1 号调相储气筒安全阀、2 号调相储气筒安全阀、3 号调相储气筒安全阀、4 号调相储气筒安全阀、5 号调相储气筒安全阀、1 号制动储气筒安全阀、2 号制动储气筒安全阀不开放；调相储气筒压力在 0.60～0.74MPa，制动储气筒压力在 0.55～0.74MPa。

(3) 1 号调相储气筒排气阀 0301-1、2 号调相储气筒排气阀 0302-1、3 号调相储气筒排气阀 0303-1、4 号调相储气筒排气阀 0304-1、5 号调相储气筒排气阀 0305-1、1 号制动储气筒排气阀 0307-1、2 号制动储气筒排气阀 0310-1 在打开位置；1 号调相储气筒排气阀 0301-2、2 号调相储气筒排气阀 0302-2、3 号调相储气筒排气阀 0303-2、4 号调相储气筒排气阀 0304-2、5 号调相储气筒排气阀 0305-2、1 号制动储气筒排气阀 0307-2、2 号制动储气筒排气阀 0310-2 在关闭位置；1 号调相储气筒排污阀的进气阀 0301-3 和 0301-4、2 号调相储气筒排污阀的进气阀 0302-3 和 0302-4、3 号调相储气筒排污阀的进气阀 0303-3 和 0303-4、4 号调相储气筒排污阀的进气阀 0304-3 和 0304-4、5 号调相储气筒排污阀的进气阀 0305-3 和 0305-4、1 号制动储气筒排污阀的进气阀 0307-3 和 0307-4、2 号制动储气筒排污阀门的进气阀门 0310-3 和 0310-4 在打开位置；1～5 号调相储气筒自动排污阀、1 号和 2 号制动储气筒自动排污阀在关闭位置，位置指示（Power）灯亮，各排污阀电源开关在合上位置。

(4) 压力表、储气筒在效验周期内，压力表计、变送器小阀门开，指示、显示正常，各阀门位置正确，阀门、管路、法兰及止回阀不漏气，各管路介质流标示正确，各阀门命名指示正确、不破损、不遗失。

(5) 40 储气筒室照明灯亮度充足。

二、巡视危险点分析

(1) 巡回检查人员在进行设备的巡回检查时，应穿工作服、工作鞋、戴安全帽，携带必要的工具，如电筒等。

(2) 巡回检查动力柜，不得用手接触带电部分，检查绝缘完好无损。

（3）巡回检查带压设备，应做好自我防护。

 **思考与练习**

（1）请简述 40 储气筒检查的检查项目。

（2）请简述高、低压自动控制柜、动力柜运行检查内容。

（3）高压储气筒压力是多少？

（4）请简述高压机的检查项目。

（5）请简述低压机的检查项目。

（6）调相、制动、高压储气筒压力是多少 MPa？

（7）请简述机组自动控制柜的检查项目。

（8）请简述 1 号低压机的检查内容。

（9）请简述机组制动柜运行检查内容。

（10）低压机空载、重载、安全阀动作值是多少？

第四节　技术供水系统巡回检查

本节主要讲述技术供水系统的巡回检查的检查项目及标准和巡回检查危险点分析。

一、技术供水检查项目及标准

自动控制柜、动力柜运行检查：

（1）自动滤水器电源开关（动力柜）在合上位置，电源开关及各接头不发热、动力电缆无漏胶现象，电缆布置合理。

（2）自动滤水器电源开关（控制箱）在合上位置，操作开关在合上位置，操作熔丝放上，运行方式切换开关在自动位置；控制箱门关好，面板指示灯正常，二次接线正确完好、端子不松动。

（3）自动滤水器电动机电源接头不发热、转向标示正确、电缆无漏胶现象。

（4）自动滤水器底座不松动、不破损、不渗、漏水，两侧差压在 0.05MPa。

（5）蜗壳进水阀 201 在打开位置，坝前进水阀 202 在关闭位置，自动滤水器排水阀 203 在关闭位置，自动滤水器自动排污阀在关闭位置，冷却水总进水压力在 0.7MPa 左右；主用水 21DDF 电源隔离开关 6DK 在合上位置，主用水 21DDF1 号阀在 "AUTO" 位置，主用水阀 21DDF 在投入位置，主用水阀 21DDF 的控制管路小阀门在打开位置；总水压及变送器压力在 0.3MPa，各管路阀门、连接部件、法兰接口不渗、漏水。

（6）冷却水进水阀 206 在打开位置，推力上导总进水阀 206-2 在打开位置，推力进水阀 240、排水阀 241 在打开位置，推力水压及变送器正常（0.05～0.20MPa），推力流量正常（30～100 m³/h），推力示流器指示在打开位置。上导进水阀 238、排水阀 239 在打开位置，推力轴承、上导轴承进水管的排水阀的隔离阀在打开位置，上导轴承水压及变送器正常（0.05～0.20MPa），上导轴承流量正常（10～25m³/h）上导轴承示流器指示在打开位置指示正确，各管路阀门、表计阀门、法兰接口不漏、渗水。

（7）水导轴承主用水进水阀 226、228 在打开位置，水导轴承的主用水排水阀 227 在关闭位置，水导轴承备用润滑水进水阀门 223-1 在打开位置，水导轴承备用润滑水进水阀 223、225 在打开位置，水导轴承备用润滑水排水阀 224 在关闭位置，水导轴承水压及变送器正常（0.075～0.20MPa），水导轴承流量正常（30～60m³/h）；水导轴承备用润滑水 23DDF 电源隔离开关 7DK 在合上位置，水导轴承备用润滑水 23DDF 的控制管路小阀门在打开位置，23DDF1 号阀在"AUTO"位置，水导轴承备用润滑水 23DDF 在退出位置，水导轴承润滑水减压阀 229 在打开位置，水导轴承润滑水减压阀控制管路小阀门在打开位置；水导轴承进水管排水阀隔离阀在打开位置；水导轴承示流器指示在打开位置并指示正确，水导轴承主用水、备用水滤过器各管路阀门、表计阀门法兰接口不漏、渗水。

（8）八只空气冷却器进水阀 207、209、211、213、215、217、219、221 在打开位置，排水阀 208、210、212、214、216、218、220、222 在打开位置，空气冷却器进水管、排水管的排水阀的隔离阀在打开位置；各空气冷却器在水压正常（0.05～0.15MPa），总排水流量（300～450m³/h），各空气冷却器水压表阀门打开位置；总排水示流器指示在打开位置指示正确，各空气冷却器温度均匀、结露不大，地面清洁无杂物，各管路阀门、表计阀门、法兰接口不漏、渗水。

二、巡视危险点分析

（1）进入上、下风洞检查携带的检查用具应该登记，其余东西不得带入。

（2）上风洞检查各空气冷却器不得进入定子线圈下端部，不得错误触碰励磁大线接线柱及端子排，发生人身伤害及设备事故。

（3）进出机旁盘，必须随手将门关好。

（4）巡回检查时，穿过检修空间做好个人防护，禁止变更检修现场安全措施，禁止改变检修设备状态。

（5）巡回检查人员在进行设备的巡回检查时，应穿工作服、工作鞋、戴安全帽，携带必要的工具，如电筒等。

 思考与练习

（1）请简述自动滤水器的检查项目。

（2）主用水、推力轴承、上导轴承、水导轴承的压力值是多少？

（3）水导轴承备用润滑水 23DDF 电源隔离开关 7DK 检查在拉开位置会有什么后果？

（4）在运行中退出水导轴承的备用水如何操作？

（5）机组在备用中，检查发现水导轴承示流器损坏有何影响？

（6）推力轴承、上导轴承、水导轴承的流量是多少？

（7）自动滤水器两侧差压在多少合格？

（8）请简述空气冷却器检查项目。

第五节　排水系统巡回检查

本节主要介绍排水系统巡回检查的检查项目及标准和巡回检查危险点分析。

一、排水系统检查项目及标准

（一）自动控制柜、动力柜运行检查

（1）电源开关及各接头不发热、动力电缆无漏胶现象；切换开关位置正确，自动装置、各指示灯正常。

（2）深井水泵 PLC 各模块指示灯正常（F 出错：灭；W 告警：灭；R 运行：亮；P 电源：亮），柔性启动器（SFT）面板显示窗显示正确，无故障信号；水泵运行电流正常，集水井水位显示正确。

（3）柔性启动器（SFT）显示窗说明：

备用时显示：ｒｄｙ01；"0"表示自由停车方式，"1"表示电压斜坡控制模式。

启动及运行时显示：PU ××××；后四位为电流值。

柔性启动器（SFT）显示窗备用时显示：ｒｄｙ。

（二）水泵启动前的检查

（1）水位符合启动要求，井水不混浊，无杂物。

（2）轴承油位合格、油质正常；止水盘根螺钉不松动。

（3）电源开关在正常位置，切换开关位置正确，柔性启动器（SFT）显示窗显示停机备用状态，水位显示正确，PLC 工作正常。

（4）出口阀全开及润滑水小阀门在开位置。

（三）水泵运行检查

（1）油位、油质正常，阀门位置正确，无漏水。

（2）运行中无异声，无剧烈振动；水泵出水正常；底脚螺钉及盘根压盖螺钉不松动，漏水不大，不发热。

（3）井内无杂物，水位正常，引水管漏无水。

（4）油位：不低于显示窗 1/2。油质：清亮无杂质。

二、巡回检查危险点分析

（1）巡回检查人员在进行设备的巡回检查时，应穿工作服、工作鞋、戴安全帽，携带必要的工具，如电筒等。

（2）在机组 A、B、C 级检修时，水泵在低水位运行时，加强对来水及水泵启动次数检查。

 思考与练习

（1）请简述水泵启动前的检查项目。

（2）请简述自动控制柜、动力柜运行检查内容。

第三章　设　备　操　作

本章主要介绍水轮发电机组主要辅助设备操作要点及操作注意事项。包括进水口工作闸门及油压启闭机设备操作、油系统设备操作、压缩空气系统设备操作、技术供水系统设备操作和排水系统设备操作 5 个培训小节。

第一节　进水口工作闸门及油压启闭机设备操作

本节主要介绍进水口工作闸门（以下简称"工作门"）及油压启闭机设备操作要点及注意事项。

一、工作门提升

工作门提升操作包括工作门远方自动提升、工作门现地自动提升、工作门现地手动提升三种方法。

（一）工作门远方自动提升

(1) 148 阀开，工作门控制箱 24V 总电源、各分路电源开关合上。

(2) 机组 LCU 交流、直流电源合上，并投入正常运行。

(3) 监控操作员工作站发"正常提门"指令或按机组 LCU"提门"按钮，打开工作门充水阀门钢管充水，待钢管水压正常后自动提升工作门。

(4) 监视油泵启动、运行和工作门提升情况正常，油压正常，并检查管路及其他设备各部无渗漏油现象。

(5) 工作门全开后，监视油泵停止正常。

（二）工作门现地自动提升

(1) 泵站工作门控制方式切换开关切"自动"位置。

(2) 148 阀开，工作门控制箱 24V 总电源、各分路电源开关合上。

(3) 工作门自动控制切换开关切至"自动启门"位置或按工作门 LCU 触摸屏"启门"按钮。

(4) 检查工作门开门电磁阀、空载电磁阀自动动作正常。

(5) 监视油泵启动、运行和工作门提升情况正常，油压正常，并检查管路及其他设备各部无渗漏油现象；监视钢管充水正常。

（6）工作门全开后，监视油泵停止正常。

（7）工作门提升过程中，工作门自动控制切换开关切至"停门"位置或按工作门 LCU 触摸屏"停门"按钮，即停止工作门提升。

（三）工作门现地手动提升

（1）钢管水压正常。

（2）泵站工作门控制方式切换开关切至"现场就地"位置。

（3）1 号泵或 2 号泵控制方式切换开关切至"手动"位置。

（4）工作门控制方式切换开关切至"手动"位置。

（5）148 阀打至全开。

（6）手动启动油泵并监视油泵启动、运行正常，延时 10s，工作门手动控制切换开关切至"手动启门"位置。

（7）监视工作门提升情况正常，油压正常，并检查管路及其各部无渗漏油现象；工作门全开灯亮，立即停止油泵，并根据具体情况工作门保持"手动"状态或改至"自动"状态。

（四）工作门提升操作注意事项

（1）工作门只有在其两侧水压差小于 0.05MPa 时方可提升操作。

（2）工作门改"自动"方式后，方可进行钢管充水提工作门。

（3）工作门的正常操作应采用远方自动提升方式为主，现地自动提升方式作为后备。工作门现地手动操作只是在设备调试、PLC 故障、网络故障、自动操作失灵非正常情况下采用。工作门现地手动提升时无高油压及全开停泵保护，只能通过全开指示灯判断工作门已全开。

（4）工作门提升过程中发生异常，可按"急停"按钮，停止工作门提升。

（5）检修门落，钢管无水压，需提升工作门时，应投入平水信号压板。

二、工作门关闭

工作门关闭操作包括自动关工作门、手动关工作门。

（一）自动关工作门

（1）监控操作员工作站按"关工作门"按钮（或按机组 LCU 盘"落门"按钮、中控室模拟盘后按"落门"按钮、现地按"快速闭门"按钮），关闭工作门。

（2）监视自动器具动作和工作门下落情况正常。

（3）检查工作门全关指示正常。

（二）手动关工作门

（1）开紧急落门手动阀，如工作门手动时应开 148 阀。

（2）监视工作门下落情况正常并检查工作门全关指示正常。

（三）工作门关闭操作注意事项

（1）自动关工作门以监控操作员工作站和机盘 LCU 为主，中控室模拟盘后"落门"按钮作为 LCU 故障紧急情况下使用。

（2）机组发生异常时，自动/远方手动关工作门失灵时，应立即至现场开紧急落门手动阀，关闭工作门。

（3）工作门关闭后，需检查全关灯亮，触摸屏工作门开度值。

三、工作门运行状态更改

工作门运行状态更改操作包括工作门由"自动"状态改为"手动"状态、工作门由"手动"状态改为"自动"状态、工作门由"全关手动"状态改为"提起 1m"。

（一）工作门由"自动"改为"手动"运行方式

（1）关开 148 阀 。

（2）拉开工作门操作电源开关。

（二）工作门由"手动"改为"自动"运行方式

（1）开 148 阀。

（2）合上工作门操作电源开关。

（三）工作门由"全关手动"改为"提起 1m"运行方式

（1）检修门落。

（2）泵站工作门控制方式切换开关切至"自动"位置。

（3）开 148 阀，检查 145 阀、146 阀、147 阀、149 阀开。

（4）合上工作门操作电源开关。

（5）工作门自动控制切换开关切至"自动启门"位置或按工作门 LCU 触摸屏"启门"按钮。

（6）投入平水信号压板。

（7）监视工作门提升至小于 100mm。

（8）工作门自动控制切换开关切至"停门"位置。

（9）检修门与工作门间排水完毕。

（10）工作门自动控制切换开关切至"自动启门"位置。

（11）工作门提升约 90s，工作门自动控制切换开关切至"停门"位置；或工作门 LCU 触摸屏工作门开度显示 1000mm，按"停门"按钮。

（12）拉开工作门操作电源开关。

（13）关 148 阀。

（14）泵站工作门控制方式切换开关切"远方"位置。

（15）退出平水信号压板。

（四）工作门运行状态更改操作注意事项

（1）正常运行及备用机组的工作门应放"自动"，因故须改为"手动"时，必须经当班值长批准。

（2）工作门由"全关手动"改为"提起1m"操作，在确知检修门下落和尾水门堵漏成功后进入水涡轮、钢管工作前进行。操作过程中应先开工作门充水阀门，排除检修门与工作门上部之间的积水后，再提工作门。

四、油压启闭机泵站操作

油压启闭机泵站操作包括手动启动/停止油泵、泵站设备停复役。

（一）手动启动/停止油泵

（1）泵站工作门控制方式切换开关切至"现地"位置。

（2）1号泵或2号泵控制方式切换开关切至"手动"位置。

（3）按1号泵或2号泵油泵启动按钮，监视油泵启动正常，运行声音正常。

（4）按1号泵或2号泵停止按钮，停止油泵。

（二）1（2、3）号泵站停役

（1）1～3（4～6、7～9）号机工作门"全关"改"手动"。

（2）拉开1、2号油泵的操作电源及动力电源开关。

（3）拉开1（2、3）号泵站1、2路24V电源开关。

（三）1（2、3）号泵站复役

（1）合上1（2、3）号泵站1、2路24V电源开关。

（2）合上1、2号油泵动力及操作电源开关。

（3）检查泵站控制箱各指示灯正常。

（4）1～3（4～6、7～9）号机工作门根据具体情况提至全开或全关手动。

（四）油压启闭机泵站操作注意事项

（1）泵站最后一台机工作门全开时，应检查泵站油箱油位，防止油箱油位过高。

（2）泵站最后一台机工作门全关时，应检查泵站油箱油位是否过低。

思考与练习

（1）机组C级检修时工作门应做哪些安全措施？

（2）关闭工作门有哪些方法？

（3）工作门由"全关手动"改为"提起1m"状态需具备哪些条件？

（4）工作门由"全关手动"改为"提起 1m"状态如何操作？

（5）泵站两台油泵检修应做哪些安全措施？

第二节　油系统设备操作

本节主要讲述水轮发电机组油系统设备操作过程，其目的是为油系统设备检修创造条件，为检修人员提供必备的工作条件和人身安全保障及操作要点和注意事项。

一、推力轴承、上导轴承槽充油

推力轴承、上导轴承系统图如图 7-3-1 所示。

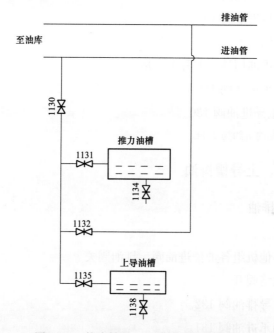

图 7-3-1　推力轴承、上导轴承油系统图

（一）推力轴承油槽充油

（1）油槽已清扫干净，油槽盖板已封闭。

（2）本机组及其他机组各油槽进油阀、排油阀关。

（3）总进油管联络阀打开。

（4）检查推力轴承取油样阀 134 在关闭位置。

（5）打开推力上导进油阀 130。

（6）打开推力轴承进油阀 131。

（7）通知油库送油。

(8) 监视推力轴承油槽油位上升至合格。

(9) 关闭推力轴承进油阀131。

(10) 关闭推力上导进油阀130。

注：推力轴承油槽充油量为5.5～5.7t。

（二）上导轴承油槽充油

(1) 油槽已清扫干净，油槽盖板已封闭。

(2) 本机组及其他机组各油槽进油阀、排油阀关。

(3) 总进油管联络阀打开。

(4) 检查推力轴承取油样阀138在关闭位置。

(5) 打开推力上导进油阀130。

(6) 打开上导轴承进油阀135。

(7) 通知油库送油。

(8) 监视上导轴承油槽油位上升至合格。

(9) 关闭推力轴承进油阀135。

(10) 关闭推力上导进油阀130。

注：上导轴承油槽充油量约为1.7t。

二、推力轴承、上导槽排油

（一）推力油槽排油

(1) 钢管无水压。

(2) 本机组及其他机组各油槽进油阀、排油阀关。

(3) 总排油管联络阀开。

(4) 打开推力上导排油阀132。

(5) 打开推力轴承进油阀131。

(6) 通知油库抽油。

(7) 在向油库排油时，应监视各机组的各个油槽油面无变化。

(8) 监视推力轴承油槽排油完毕。

(9) 关闭上导轴承进油阀131。

(10) 关闭推力上导排油阀132。

(11) 通知油库停止抽油。

（二）上导油槽排油

(1) 钢管无水压。

(2) 本机组及其他机组各油槽进油阀、排油阀关。

（3）总排油管联络阀开。

（4）打开推力上导排油阀 132。

（5）打开上导轴承的进油阀 135。

（6）通知油库抽油。

（7）在向油库排油时，应监视各机组的各个油槽油面无变化。

（8）监视上导轴承的油槽排油完毕。

（9）关闭上导轴承的进油阀 135。

（10）关闭推力上导排油阀 132。

（11）通知油库停止抽油。

三、操作注意事项

（1）推力轴承油槽、上导轴承油槽排油工作不允许同时进行，防止上导轴承油槽满油。

（2）7、8、9 号机排油时，应投用排油泵。

（3）开关阀门力度适中，不能强行操作。

（4）充油、排油时，应监视各机组的各个油槽油面无变化。

（5）充油时，应监视油位的变化，防止油槽满油。

（6）充油、排油时，工作门全关，钢管无水压。

（7）推力轴承、上导轴承油槽油位或油质不合格的情况下、压油装置不能维持正常油压，未经总工程师批准，禁止启动。

 思考与练习

（1）请简述推力轴承油槽充油的操作步骤。

（2）请简述上导轴承油槽排油的操作步骤。

（3）请简述推力轴承油槽排油的操作步骤。

（4）请简述上导轴承油槽充油的操作步骤。

（5）推力轴承油槽、上导轴承油槽排油可以同时充油吗？

（6）充油、排油时，应做哪些监视？

第三节　压缩空气系统设备操作

本节主要讲述压缩空气系统的厂内低压机、厂内高压机、高压机检修措施、低压机检修措施、调相手动充气、机组加闸、撤闸的操作要点及注意事项。

一、厂内低压机启动

厂内低压机操作包括厂内低压机"PLC自动运行""现地自动运行""低压机手动启动/停止""本机手动启动/停止"四种方法。

(一) 低压机 PLC 自动运行

(1) 4台低压机采用轮换方式自动倒换运行,根据储气罐气压按整定压力主用启动两台,备用启动两台,两台启动间隔30s。

(2) 合上电源开关。

(3) 低压机控制方式选择开关切至"PLC自动运行"位置。

(4) 3、4号低压机控制面板主页面有 **O/I** ⚡ 、 ⚙ ⚡ 符号显示。

(5) 储气罐压力降低后,由PLC控制低压机启动/停止。

(二) 低压机现地自动运行

(1) 现地自动:由每台低压机本机压力变送器按整定压力自动运行。需通过面板显示器切换至本方式。

(2) 合上电源开关。

(3) 低压机控制方式选择开关切至"现地"位置。

(4) 3、4号低压机控制面板主页面没有 **O/I** ⚡ 、 ⚙ ⚡ 符号显示。

(5) 按"I"键,待机指示灯亮(气压低于启动压力即启动,否则,仅亮灯)。

(6) 储气罐压力降低后,由本机压力变送器控制自动启动。

(7) 气压正常后,低压机空载运行1min后自动停机。

(三) 低压机手动启动/停止

1. 触摸屏手动启动/停止

(1) 低压机控制方式在"PLC"位置。

(2) 按低压机"启动"按钮,在弹出的操作框中按"Yes",低压机启动(1、2号低压机气压小于0.66MPa,4号低压机气压小于0.68MPa,方能启动)。

(3) 按低压机"停机"按钮,在弹出的操作框中按"Yes",低压机停机(气压上升至0.74MPa自动停机)。

注:低压机"PLC自动运行"方式下已自动运行,按(3)条也可将低压机停机。

2. 本机手动启动/停止

(1) 1、2号低压机运行方式切"现地自动"位置,按控制面板"I"键,低压机启动(气压小于0.68MPa,方能启动);3、4号低压机控制方式选择开关SA31、SA41切至"现地自动"位置,按控制面板"I"键,低压机启动。

（2）按低压机控制面板"O"键，低压机延时 30s 停机，3、4 号低压机控制方式选择开关 SA31、SA41 切至"PLC 自动运行"位置，1、2 号低压机运行方式切"PLC 自动运行"方式。

（四）低压机由"PLC 自动运行"切至"现地自动运行"

1. 1、2 号低压机由"PLC 自动运行"切至"现地自动运行"

（1）低压机控制方式选择开关 SA11、SA21 切至"现地"位置。

（2）按低压机控制面板上"◄"健直至出现"BOGE"画面，按"↵"键。

（3）输入密码 17391（该密码运行人员需知道）（用"▲"或"▼"键，输入万位数字，按"↵"键，再依次输入千位、百位、十位、个位数字），进入参数修改画面。

（4）按"▼"键，选择参数编号，定值由"1"改为"0"，按"↵"键。

（5）按"i"键，返回主画面。

（6）按"Ⅰ"键，待机指示灯亮（气压低于启动压力即启动，否则，仅亮灯）。

2. 3、4 号低压机由"PLC 自动运行"切至"现地自动运行"

（1）低压机控制方式选择开关 SA31、SA41 切至"现地"位置。

（2）按低压机控制面板上"◄"健直至出现"BOGE"画面，按"↵"键。

（3）输入密码（用"▲"或"▼"键，输入万位数字，按"↵"键，再依次输入千位、百位、十位、个位数字），进入参数修改画面。

（4）按"▼"键，选择参数编号，定值由"1"改为"0"，按"↵"键。

（5）按"i"键，返回主画面。

（6）按"Ⅰ"键，待机指示灯亮（气压低于启动压力即启动，否则，仅亮灯）。

（五）低压机由"现地自动运行"切至"PLC 自动运行"

1. 1、2 号低压机由"现地自动运行"切至"PLC 自动运行"

（1）按低压机控制面板健上"◄"直至出现"BOGE"画面，按"↵"键。

（2）输入密码 17391（用"▲"或"▼"键，输入万位数值，按"↵"键，再依次输入千位，百位，十位，个位数字）进入参数修改画面。

（3）按"▼"键，选择参数编号 P065，定值由"0"改为"1"按"↵"键。

（4）按 i 键，返回主画面。

（5）低压机控制方式选择开关 SA11、SA21 切至"PLC"。

2. 3、4 号低压机由"现地自动运行"切至"PLC 自动运行"

（1）按"O"键，待机指示灯灭。

（2）按低压机控制面板"▲"或"▼"键，切至"000 049"画面，按

"← "键。

（3）按"▼"键，百位数字由"0"改为"2"，按←键；按"▼"键，十位数字由"0"改为"1"，按"←"键；个位数字为"0"，按"←"键。

（4）按"▼"键，选择模式"1"，按"←"键。

（5）低压机控制方式选择开关 SA31、SA41 切至"PLC 自动运行。

（6）检查主页面有[0/1]、[⊙]符号。

二、厂内高压机启动

厂内高压机操作包括厂内高压机"PLC 自动运行""现地自动运行""触摸屏手动启动/停止"三种方式。

（一）高压机 PLC 自动运行

（1）由控制柜根据储气罐气压按整定压力自动运行。两台高压机互为备用，自动倒换运行。

（2）合上电源开关。

（3）高压机控制方式选择开关切至"PLC"位置。

（4）储气罐压力降低后，由 PLC 控制高压机启动/停止。

（二）高压机现地自动运行

（1）由每台高压机本机压力开关按整定压力自动运行。

（2）合上电源开关。

（3）高压机控制方式选择开关切至"现地"位置。

（4）按下"启动"按钮，气压降低后，高压机自动启动（气压低于启动压力即启动）。

（5）气压正常后，高压机自动停机，或按"停止"按钮，高压机停机。

注：本方式由本机压力开关控制高压机自动启动/停止。

（三）高压机触摸屏手动启动、停止

（1）高压机控制方式在"PLC"位置。

（2）按高压机"启动"按钮，在弹出的操作框中按"Yes"，高压机启动。

（3）按高压机"停机"按钮，在弹出的操作框中按"Yes"，高压机停机（气压上升至 2.8MPa 自动停机）。

三、高、低压机退出运行操作

（一）低压机退出运行

（1）低压机控制方式选择开关切至"切除"位置。

（2）检查低压机停机。

（二）高压机退出运行

（1）高压机控制方式选择开关切至"切除"位置。

（2）检查低压机停机。

四、高压机、低压机检修措施

（一）低压机检修措施

（1）低压机控制方式选择开关切至"切除"位置。

（2）检查低压机停机。

（3）拉开控制及动力电源开关，拉出抽屉，并至"隔离"位置。

（4）关出口阀。

（二）高压机检修措施

（1）高压机控制方式选择开关切至"切除"位置。

（2）检查低压机停机。

（3）拉开控制及动力电源开关，拉出抽屉，并至"隔离"位置。

（4）关出口阀。

五、调相手动充气

机组风系统图如图 7-3-2 所示。

（1）调相电控阀（25DDF）的切换阀切至"OPEN（开）"位置，打开调相电控阀充气。9 号机调相电控阀（25DDF）的 1 号阀切至"CLOSE（关）"位置，2 号阀切至"OPEN（开）"位置，打开调相电控阀充气。

（2）充气结束，调相电控阀 25DDF 的切换阀切至"CLOSE（关）"位置，待调相电控阀关闭后，1 号阀切至"AUTO（自动）"位置。9 号机调相电控阀（25DDF）的 1 号阀切至"OPEN（开）"位置，2 号阀切至"CLOSE（关）"位置，待电控阀关闭，1、2 号阀切至"AUTO（自动）"位置。

六、机组加闸、撤闸的操作

（一）手动加闸、撤闸操作

（1）检查机组备用或正在停机，机组检修结束，发电机内部及下风洞无人。

（2）检查机组 LCU 交、直流电源正常。

（3）检查风闸下落位置信号灯亮。

（4）检查机组制动系统各阀门位置正常。

（5）检查制动风压在 0.5～0.7MPa 范围内。

（6）气制动加闸装置切至"加闸"位置。

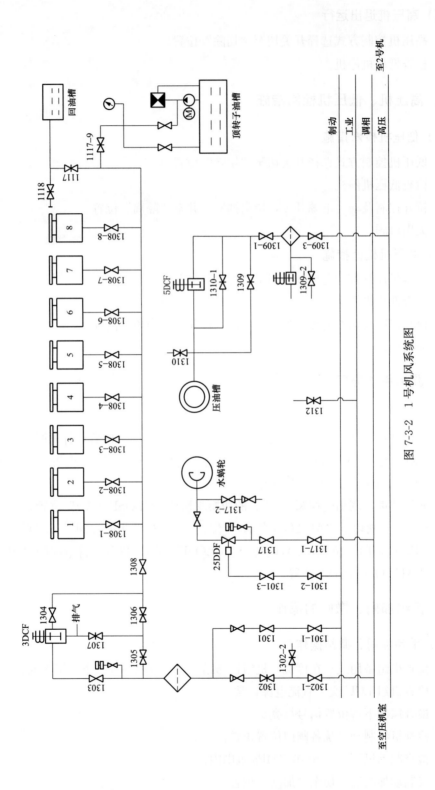

图 7-3-2 1 号机风系统图

（7）检查风闸抬起动作良好，管路及接头无漏气。

（8）气制动加闸装置切至"撤闸"位置。

（9）检查风闸下落动作良好、不发卡，风闸下落位置信号灯亮。

（二）自动加闸、撤闸操作

（1）机组正在停机或做模拟加闸试验。

（2）检查机组的 LCU 交流、直流电源正常。

（3）检查风闸下落位置信号灯亮。

（4）检查机组制动系统各阀门位置正常。

（5）检查制动风压在 $0.5\sim0.7$MPa 范围内。

（6）监视机组转速降至额定转速的 $15\%\sim20\%$，制动加闸动作灯亮。

（7）检查风闸抬起动作良好，管路及接头无漏气。

（8）监视机组转速降至 0%，制动撤闸动作灯亮。

（9）检查风闸下落动作良好、不发卡，风闸下落位置信号灯亮。

七、操作注意事项

（1）机组在停机时，纯手动加闸，应监视机组转速降至额定转速的 $15\%\sim20\%$，方可加闸；小修及以上检修后第一次停机，应在自动加闸动作后，方可打开加闸进气阀 1308 进行加闸。

（2）调相运行机组应监视其吸收有功功率不大于正常值，并保持正常充气。

（3）高压机、低压机初次开机或改变动力电源接线后，应检查电动机的转向，以确保转向正确。

（4）高压机油位低时，应停止运行，并通知检修加油。

（5）储气罐的操作人员应当持有"特种设备作业人员"资质证。

（6）高压机在"现地自动运行"方式下，由本机压力开关控制高压机自动启动/停止。

（7）高压储气罐检修打开排气阀时，应缓慢打开，防止高压气体伤人。

（8）水轮发电机组机组制动风闸退出两个以上者，未经总工程师批准，禁止启动。

思考与练习

（1）请简述 1、2 号低压机由"PLC"切至"现地自动运行"的操作步骤。

（2）高压机触摸屏手动启动、停止怎么操作？

（3）低压机触摸屏手动启动、停止怎么操作？

（4）请简述低压机 PLC 自动运行操作步骤。

（5）高压机检修措施有哪些？

（6）请简述机组手动加闸的注意事项。

（7）请简述调相手动充气的操作步骤。

第四节　技术供水系统设备操作

本节主要介绍技术供水系统总滤水器手动清污、水导轴承的润滑水减压阀门出口压力调整，水系统水压调整，水导轴承的备用润滑水水压调整，手动投入、退出 21DDF、23DDF 的操作要点及注意事项。

一、总滤水器手动清污

（1）按"手冲"按钮，滤水器进行清污、排污。

（2）冲洗 1min 后，自动停止。

（3）如不需冲洗 1min，按"停止"按钮，停止冲洗。

二、水导轴承的润滑水减压阀出口压力调整

（1）松开减压导阀螺栓上的紧固螺母。

（2）如需要增加出口压力，顺时针缓慢地旋转减压导阀上的调节螺栓，每旋转一圈半停一下，直至所需的出口压力，压力为 0.1～0.15MPa。

（3）如需要降低出口压力，逆时针缓慢地旋转减压导阀上的调节螺栓，每旋转一圈半停一下，直至所需的出口压力，压力为 0.1～0.15MPa。

（4）旋紧调节螺栓上的紧固螺母。

三、水系统水压调整

机组水系统图如图 7-3-3 所示。

（1）各冷却器进水阀及总滤水器排水阀关闭。

（2）总冷却水排水阀及各冷却器排水阀打开，水导轴承的滤过器进出水阀打开。

（3）各冷却水电控阀、减压阀的控制管路的小阀门打开，水系统其他各阀门位置正常。

（4）开主用水 21DDF，调整出口压力为 0.3MPa，并保持不变，分别调整各部进水阀门开度，使各部水压符合规定值，推力轴承出口压力为 0.05～0.20MPa，上导轴承出口压力为 0.05～0.20MPa，水导轴承出口压力为 0.08～0.15MPa、空气冷却器出口压力为 0.05～0.10MPa；同时使各部流量符合规定值，推力流量为 30～100m³/h，上导轴承出口流量为 10～25m³/h，水导轴承出口流量为 30～60m³/h，总排水流量为 300～450m³/h。

（5）关主用水 21DDF，复归总冷却水。

（6）再次投入总冷却水，检查各部水压正常，关主用水 21DDF，复归总冷却水。

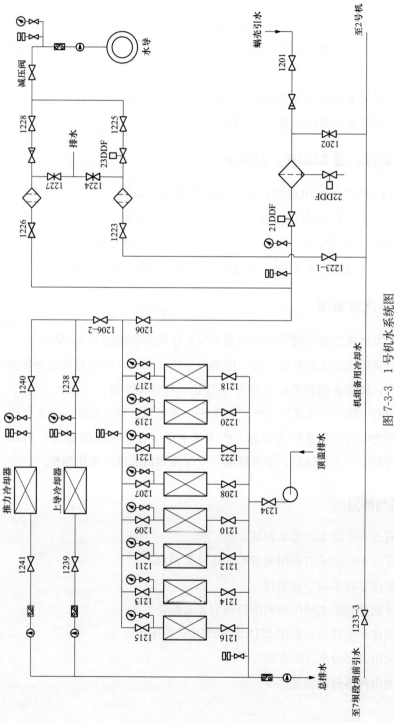

图 7-3-3　1 号机水系统图

四、水导轴承备用润滑水水压调整

（1）检查 223-1 阀在打开，投入水导轴承备用润滑水 23DDF。

（2）调整水导轴承的减压阀至润滑水水压为 0.1～0.15MPa 正常，复归水导轴承备用润滑水 23DDF。

（3）再次投入水导轴承备用润滑水 23DDF，检查水导轴承水压正常。

（4）复归水导轴承备用润滑水 23DDF。

五、手动投、退 21DDF、23DDF

（1）手动按总进水 21DDF 开按钮，检查各部水压正常。

（2）手动按总进水 21DDF 关按钮，检查各部水压到零。

（3）手动按备用润滑水 23DDF 开按钮，检查备用润滑水水压正常。

（4）手动按备用润滑水 23DDF 关按钮，检查备用润滑水水压到零。

六、操作注意事项

（1）水轮发电机组发电机空气冷却器单只工作压力不超过 0.10MPa。

（2）复归备用润滑水的操作方法，应缓慢关闭 225 阀，同时监视水导轴承润滑水水压及流量正常，再按备用润滑水 23DDF 关按钮，打开 225 阀。

（3）水轮发电机组供水系统不能正常工作，未经总工程师批准，禁止启动。

（4）水轮发电机组技术供水各部分的出口水压应在总水压调整为 0.3MPa 稳定后，方可进行推力轴承、上导轴承、水导轴承、空气冷却器的出口水压调整。

 **思考与练习**

（1）请简述水系统水压怎么调整。

（2）请简述水导轴承的备用润滑水水压怎么调整。

（3）请简述总滤水器手动清污。

（4）水导轴承润滑水减压阀的出口压力怎么调整？

（5）请简述手动投入、退出 21DDF、23DDF 的操作。

（6）请说出各部分水压是多少？

（7）请说出各部分流量是多少？

第五节　排水系统的设备操作

本节主要讲述排水系统1号深井水泵的自动运行、手动运行及检修措施操作要点及注意事项。

一、启动前的检查

（1）水位符合启动要求，井水不混浊，无杂物。

（2）轴承油位合格、油质正常；止水盘根螺钉不松动。

（3）电源开关在正常位置，运行方式选择开关位置正确。

（4）软启动器显示窗显示停机备用状态，水位显示正确，PLC工作正常。

（5）出口阀全开及润滑水小阀门在打开位置。

二、1号深井水泵的自动运行

（1）动力电源及各操作电源开关合上，保护投入。

（2）润滑水投入。

（3）水泵运行方式选择开关在"自动"位置。

（4）由可编程控制器（PLC）依据深井水位来完成自动启停。

三、1号深井水泵的手动运行

（1）投入润滑水。

（2）动力电源及各操作电源开关合上，并投入保护。

（3）检查集水井水位满足启动要求。

（4）水泵运行方式选择开关切"手动"，按水泵手动启动/停止按钮，启动水泵。

（5）监视水泵运行正常（如10~15s尚未出水，应停止水泵，查明原因）。

（6）复位水泵手动启动/停止按钮，停止水泵。

四、1号深井水泵的检修措施

（1）水泵运行方式选择开关放"切除"位置。

（2）拉开动力电源开关，摇出抽屉，并至"隔离"位置。

（3）关闭水泵出口阀门及润滑水阀门。

注：水泵出水管工作，通知检修隔离水泵出口流量开关电源。

五、操作注意事项

（1）启动前应按照要求做全面的检查，检修后第一次启动，要特别注意水泵的旋转方向，不得反转；遇 PLC 故障手动启动水泵时，水泵出口流量低保护起不作用，机组检修时尾水管有工作，应将其运行方式选择开关放"检修"位置；润滑水停水时，水泵手动、自动均不能启动。停泵后的再次启动水泵，须等泵管中积水全部流回井内（约 3min 方能再次启动水泵）；水泵出口流量低保护动作后，运行方式选择开关放"切除"位置，可复归故障自保回路和信号；同一集水井的两台水泵不许同时启动。

（2）遇下列情况之一者，不得启动水泵：

1）集水井水位过低时。

2）轴承无润滑油或油面过低、油质不良时。

3）软启动器出现过电流等严重影响电机安全运行的故障。

4）水泵有剧烈振动、异声或不出水时。

5）水泵停止过程中，若发现水泵反转时。

思考与练习

（1）1号深井水泵的手动运行怎么操作？

（2）1号深井水泵的检修措施有哪些？

（3）1号深井水泵启动前的检查什么？

（4）机组检修时尾水管有工作，注意什么？

（5）无润滑水可用启动水泵吗？

（6）水泵出口流量低保护动作后，怎么复归操作？

（7）请简述哪些情况不得启动水泵。

第四章　设　备　试　验

本章主要介绍水轮发电机组主要辅助设备的设备试验。包括压缩空气系统启动试验和排水系统启动试验、进水口工作闸门及油压启闭机定期试验、进水口工作闸门及油压启闭机模拟试验 3 个培训小节。

第一节　压缩空气系统和排水系统启动试验

本节主要介绍压缩空气系统空气压缩机和排水系统水泵启动试验。

一、厂内低压机启动试验（以 1 号低压机为例）（运行人员需熟悉）

低压机检修后需进行启动试验，以检查检修后电动机转向是否正确，启动是否正常，运转声音，振动是否正常以及漏油、漏气情况。

（一）试验条件

（1）1 号低压机工作结束，具备启动试验条件。

（2）1 号低压机油位、油质正常，各部正常。

（二）试验步骤

（1）合上 1 号低压机电源开关 Q01。

（2）1 号低压机控制方式选择开关 SA11 切至"PLC"位置。

（3）按 1 号低压机"启动"按钮，在弹出的操作框中按"Yes"，低压机启动（气压小于 0.66MPa，方能启动）。

（4）1 号低压机启动发生异常，按"紧急停止"按钮。

（5）检查 1 号低压机面板显示压力、温度正常，运行声音正常。

（6）可根据工作负责人要求，进行试运行，进一步对各部进行观察。

（7）按 1 号低压机"停机"按钮，在弹出的操作框中按"Yes"，低压机停机（气压上升至 0.74MPa 自动停机）。

（三）措施恢复

（1）1 号低压机投入正常运行。

（2）1 号低压机改检修。

1）1 号低压机控制方式选择开关 SA11 切至"切除"位置。

2）检查 1 号低压机已停机。

3）拉开 1 号低压机控制电源开关 F11。

4）拉开 1 号低压机电源开关 Q01，拉出抽屉，并至"隔离"位置。

5）关 1 号低压机出口阀 314。

二、厂内高压机启动试验（以 1 号高压机为例）（运行人员需熟悉）

高压机检修后需进行启动试验，以检查检修后电动机转向是否正确，启动是否正常，运转声音，振动是否正常以及漏油、漏气情况。

（一）试验条件

（1）1 号高压机工作结束，具备启动试验条件。

（2）1 号高压机油位、油质正常，各部正常。

（二）试验步骤

（1）开 1 号高压机出口阀 301 阀。

（2）合上 1 号高压机电源开关 1ZK。

（3）1 号高压机控制方式选择开关 S51 切至"PLC"位置。

（4）按 1 号高压机"启动"按钮，在弹出的操作框中按"Yes"，高压机启动。

（5）检查 1 号高压机启动正常、运行声音正常。

（6）可根据工作负责人要求，进行试运行，进一步对各部进行观察。

（7）按 1 号高压机"停机"按钮，在弹出的操作框中按"Yes"，高压机停机（气压上升至 2.8MPa 自动停机）。

（三）措施恢复

（1）1 号高压机投入正常运行。

（2）1 号高压机改检修：

1）1 号高压机控制方式选择开关 S51 切至"切除"位置。

2）检查 1 号高压机停机。

3）拉开 1 号高压机控制电源开关 F21。

4）拉开 1 号高压机电源开关 1ZK，拉出抽屉，并至"隔离"位置。

5）关 1 号高压机出口阀 301 阀。

三、深井水泵启动试验（以 1 号深井 1 号水泵为例）（运行人员需熟悉）

水泵检修后需进行启动试验，以检查检修后电动机转向是否正确，启动是否正常，运转声音，振动是否正常等。

（一）试验条件

（1）1 号深井 1 号水泵工作结束，具备启动试验条件。

（2）1 号深井水位符合启动要求。

（3）1 号深井 1 号水泵轴承油位合格、油质正常。

（二）试验步骤

（1）开 1 号深井 1 号水泵的润滑水进水阀 0228-2 阀。

（2）开 1 号深井 1 号水泵的出口阀 2801 阀。

（3）合上 1 号深井 1 号水泵的电源开关 DK01。

（4）检查 1 号深井 1 号水泵的软启动器显示正常。

（5）1 号深井 1 号水泵的运行方式选择开关 S01 放"手动"位置，短时启动水泵，检查转向正确，转动轴无反转现象。

（6）再次启动水泵，检查 1 号深井 1 号水泵的运转声音、盘根甩水正常，运行电流正常。

（7）1 号深井 1 号水泵的运行方式选择开关 S01 切至"切除"位置，停止水泵。

（8）1 号深井 1 号水泵的运行方式选择开关 S01 切至"自动"位置。

（9）可根据工作负责人要求，进行试运行，进一步对各部分进行观察。

（三）措施恢复

（1）1 号深井 1 号水泵投入运行。

（2）1 号深井 1 号水泵改检修：

1）1 号深井 1 号水泵运行方式选择开关 S01 切至"切除"位置。

2）拉开 1 号深井 1 号水泵电源开关 DK01，拉出抽屉，并至"隔离"位置。

3）关 1 号深井 1 号水泵的出口阀 2801 阀。

4）关 1 号深井 1 号水泵的润滑水进水阀 0228-2 阀。

 **思考与练习**

（1）低压机检修后启动试验应具备什么条件？

（2）低压机检修后启动试验如何进行？

（3）深井水泵检修后启动试验应具备什么条件？

（4）深井水泵检修后启动试验如何进行？

第二节　进水口工作闸门及油压启闭机定期试验

本节主要介绍进水口工作闸门（以下简称"工作门"）及油压启闭机定期试验。

一、工作门定期启闭试验（运行人员需掌握）

工作门定期启闭试验是检验工作门启、落门相关回路及元件动作的正确性，检查工作门落门时间符合规定。

1. 试验条件

（1）油压启闭机1、2、3号泵站油泵正常运行，油箱油位正常。

（2）机组停机备用，工作门全开自动状态。

2. 注意事项

（1）工作门下落时，不能按"复归"按钮，防止工作门下落过程中停止。

（2）工作门全关后应立即提工作门，防止钢管水压降低过多延长提门时间。

（3）遇设备动作异常工作门不能自动提至全开，须查明原因，并恢复工作门全开状态。

3. 试验步骤

（1）检查"工作门全开"灯亮。

（2）按LCU盘上"落门"按钮。

（3）监视工作门下落，"工作门全关"灯亮。

（4）按LCU盘"提门"按钮。

（5）监视工作门提至全开，"工作门全开"灯亮。

（6）检查管路、阀门无渗漏油。

（7）检查工作门自动控制盘无故障信号。

二、中控室紧急落工作门动作试验（运行人员需掌握）

中控室紧急落工作门动作试验是检查远方落工作门相关回路动作的正确性，保证机组异常发生时能够快速下落工作门。

1. 试验条件

（1）油压启闭机1、2、3号泵站油泵正常运行，油箱油位正常。

（2）机组停机备用，工作门全开自动状态。

2. 注意事项

（1）工作门下落时，应及时按"复归"按钮，防止工作门落到底；

（2）遇设备动作异常工作门不能自动提至全开，须查明原因，并恢复工作门全开状态。

3. 试验步骤

（1）中控室模拟盘按"落门"按钮。

（2）监视工作门下落，"工作门全开"灯灭。

（3）按 LCU 盘"复归"按钮。

（4）按 LCU 盘"提门"按钮。

（5）监视工作门提至全开，"工作门全开"灯亮。

（6）检查管路、阀门无渗漏油。

（7）检查工作门自动控制盘无故障信号。

 **思考与练习**

（1）工作门定期启闭试验目的是什么？

（2）工作门定期试验有哪些项目？

（3）工作门定期启闭试验如何进行操作？

第三节　进水口工作闸门及油压启闭机模拟试验

本节主要介绍进水口工作闸门（以下简称"工作门"）及油压启闭机模拟试验。

一、工作门模拟试验（运行人员需了解）

机组 C 级及以上检修，应进行工作门模拟试验，以检查现地、远方各电气回路动作的正确性。

（一）试验条件

（1）机组在检修状态，工作门在"提起 1m"或"全开"状态。

（2）油压启闭机、工作门工作已结束，具备模拟条件。

（3）钢管及水涡轮工作结束，钢管、蜗壳和尾水管进人孔封闭。

（4）检修门下落。

（5）油压启闭机 1/2/3 号泵站油泵运行正常。

（6）油压启闭机 1/2/3 号泵站油箱油位正常。

（7）机组 LCU 工作正常。

（二）试验步骤

（1）根据检修人员要求，进行 1 号机工作门现地自动下落、提升试验；

1）按机组工作门控制箱"落门"按钮，监视工作门全关。

2）1/2/3 号泵站工作门控制方式切换开关 SA1 切至"自动"位置。

3）投平水信号压板 LV1。

4）打开 148 阀，合上工作门操作电源开关 11QF6，检查 11QF1-11QF4 在合上。

5）工作门自动控制切换开关 11SA2 切至"自动启门"位置，或按工作门触摸屏"启门"按钮，监视工作门自动提至全开。

6）工作门自动控制切换开关 11SA2 切至"切除"位置。

7）1/2/3 号泵站工作门控制方式切换开关 SA1 切至"远方"位置。

（2）根据检修人员要求，进行工作门远方 LCU 盘自动下落、提升试验：

1）按 LCU"落门"按钮，监视工作门下落。

2）按 LCU"复归"按钮，监视工作门停止下落。

3）按 LCU"提门"按钮，监视工作门自动提至全开。

4）按中控室模拟盘"落门"按钮，监视工作门全关。

5）退出平水信号压板 LV1。

（3）根据检修人员要求，进行工作门监控操作员工作站自动提升、下落试验：

1）由检修人员短接 LCU 平水信号和具备上位机提门条件。

2）监控操作员工作站按"提门"按钮，监视工作门自动提至全开。

3）监控操作员工作站按"落门"按钮，监视工作门全关。

（三）措施恢复

（1）根据检修工作，可将工作门提升至 1m 处改"手动"或全关后改"手动"（148 阀关，拉开工作门操作电源开关 11QF6）。

（2）检查 1/2/3 号泵站油泵各部正常，油箱油位正常。

（3）复归 1/2/3 号泵站故障信号。

 **思考与练习**

（1）工作门模拟试验应具备什么条件？

（2）工作门模拟试验有哪些项目？

（3）工作门远方 LCU 盘如何进行模拟试验？

（4）工作门现地如何进行模拟试验？

第五章　应　急　处　置

本章主要介绍水轮发电机组主要辅助设备的故障处理预案、事故处理预案、典型案例解析。包括进水口工作闸门及油压启闭机应急处置、油系统应急处置、压缩空气系统应急处置、技术供水系统应急处置和排水系统应急处置5个培训小节。

第一节　进水口工作闸门及油压启闭机应急处置

本节主要介绍进水口工作闸门（以下简称"工作门"）及油压启闭机故障、事故应急处置和典型案例解析。

一、启闭机泵站液压系统压力异常应急处置

（一）异常现象

（1）监控系统总光字牌"油压启闭机故障"亮，分光字牌"泵站液压系统压力高"或"泵站液压系统欠压""泵站液压系统欠压停泵"亮。

（2）工作门自动控制柜"液压故障""故障报警"灯亮。

（3）泵站控制箱"压力故障""故障停机"灯亮，蜂鸣器响。

（二）异常原因

（1）压力传感器故障。

（2）PLC关空载电磁阀YV1继电器未动作或电磁阀YV1故障等导致。

（3）油泵不出油、管路跑油等。

（三）异常处理

（1）如压力传感器显示"E--"，说明压力传感器故障，需通知检修处理。

（2）如压力过高油泵未停，按"紧急停止"按钮立即停止油泵，检查油系统阀门是否打开，工作门开门电磁阀YV2是否开启。

（3）如压力过低，检查油泵空载电磁阀关闭情况，油箱油位是否正常，管路有无跑油。

（4）如管路跑油，立即停止油泵，做好安全隔离措施，通知检修处理。

二、工作门下滑不能自动全开故障应急处置

(一) 故障现象

(1) 监控系统总光字牌"X号机水机故障"，分光字牌"工作门下滑30cm"亮或总光字牌"油压启闭机故障"、分光字牌"工作门下滑25cm"亮。

(2) 工作门开度棒图显示数据约9400mm。

(二) 故障原因

(1) 电气控制系统电源故障、交换器故障、工作门网络故障等。

(2) 工作门、泵站运行方式不正确。

(3) 油泵动力电源失去、油泵不出油、管路跑油等。

(三) 故障处置

(1) 根据监控系统的信号，初步判断故障的性质、原因。

(2) 电气控制系统电源故障，检查各工作门、泵站控制箱电源开关位置，如在跳闸位置，合上该跳闸电源开关，如再次跳闸，则通知检修检查处理。

(3) 检查各工作门泵站运行方式选择开关在"远方"位置，工作门控制箱运行方式选择开关在"自动"位置，如运行方式不正确，调整至正常，监视工作门自动提升至全开。

(4) 如泵站油泵动力电源跳闸，拉开该油泵电源开关试合一次，试合不成功，则该油油运行方式选择开关切至"切除"位置，通知检修检查处理。

(5) 发现泵站油系统管路跑油，按"紧急停止"按钮立即停止油泵。如工作门继续下滑，该机组改调相或停机，同时监视本单元其他两台机工作门位置。

(6) 交换器故障或工作门网络故障等，泵站工作门控制方式选择开关切至"现地"位置，工作门手动控制选择开关切至"手动启门"位置，工作门提升至全开。

(7) 无法找到故障原因，则监视工作门位置，一旦工作门下滑机组改调相或停机。

三、工作门不能自动关闭故障（事故）应急处置

(一) 现象

(1) 监控操作员工作站发落门命令，工作门全开灯未灭。

(2) 机组事故时落门动作，工作门未下落。

(3) 工作门开度显示不变化。

(二) 原因

(1) 机组LCU开出继电器未动作。

(2) 工作门关门电磁阀YV3故障。

（3）工作门关闭电气回路故障等。

（三）处置

（1）检查泵站工作门控制方式选择开关在"远方"位置。

（2）检查145、146、147、148、149阀在全开位置，如不正确，进行调整后，再发落门指令。

（3）监控操作员工作站不能下落工作门，按LCU盘"落门"按钮，下落工作门。

（4）如监控操作员工作站和LCU盘均不能下落工作门，开紧急落门手动阀，下落该机组工作门。

（5）机组事故落门动作，工作门未下落，应立即按中控室模拟盘后落工作门按钮，下落工作门，或立即按LCU盘"落门"按钮，下落工作门。

（6）机组发生飞逸事故，工作门拒绝动作，应立即奔赴坝顶油压启闭机操作室，开紧急落门手动阀，下落该机组工作门。

（7）查明工作门不能下落的原因，做好隔离措施，联系检修检查处理。

四、典型案例解析

【案例】 直流系统接地导致8号机工作门自动下落。

（一）故障概述

（1）运行方式：220kV副母运行，220kV正母线、220kV母联开关、01号主变压器检修，02、03号主变压器中性点接地；1号机检修，2号机零升状态，3~9号机运行，总有功功率460MW；02、03号厂用变压器分段运行，01号厂用变压器检修；直流Ⅰ段带合闸电源，Ⅱ段带操作信号。

（2）故障现象：电铃响，出现"8号机工作门下滑""二号直流接地""5号机自动励磁通道故障""8号机保护元件误动""8号机水力机械故障"光字牌。8号机有功功率由75MW下降到"0"，5号机励磁由"自动"切至"手动"方式运行，二号直流盘绝缘电阻表指示为0.05MΩ。

（二）处理过程

（1）现场检查8号机工作门全关绿灯亮，水导轴承大量跑水，备用水已自动投入，立即停机。检查机组自动化ZNK盘信号指示，无事故信号，仅有水导轴承备用润滑水投入灯亮。

（2）拉开8号机自动化的直流电源开关21DK，二号直流盘的绝缘电阻表有晃动，但指示仍为0.05Ω。

（3）通知自动化班对8号机工作门的电磁阀21CK回路进行检查。

（4）进行直流接地选择，经选择为新杭2231隔离开关操作回路接地，拉开新杭

2231 闸刀的操作电源隔离开关。

（5）开 8 号机旁通阀充水，8 号机工作门提至全开位置。

（6）8 号机开机并入系统运行。

（三）原因分析

新杭 2231 隔离开关的直流操作回路和 8 号机工作门电磁阀的直流回路由于潮湿发生两点接地，导致 8 号机工作门自动下落。

（四）经验教训

故障发生在 1998 年 6 月 27 日 10：30，属南方梅雨季节，因此，户外端子箱、操作箱、油压启闭机室等电气设备做好防潮措施十分重要。

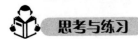 **思考与练习**

（1）油压启闭机液压系统欠压动作有哪些原因？

（2）工作门下滑不能自动全开有哪些原因？

（3）机组事故情况下工作门不能自动关闭如何处理？

第二节　油系统应急处置

本节主要介绍油系统应急处置预案，油系统在机组主要作用为冷却、润滑、传递压力，主要作用部分为推力轴承、上导轴承、油压装置。因此，故障和事故处理主要从以上三个部分展开。

一、故障处理预案

机组油系统常见故障包括：推力轴承、上导轴承油位异常和压油槽油位或油压异常。

（一）推力轴承、上导轴承油位异常

1. 现象

（1）监控系统总光字牌"X 号机水机故障"亮，分光字牌"推力轴承油面异常"或"上导轴承油面异常"亮，有可能伴随"推力油槽油混水动作"或"上导油槽油混水动作"亮。

（2）报警一览表：推力轴承油面异常或上导轴承油面异常动作信号，推力轴承油面或上导轴承油面模拟量报警信号。

（3）机组推力轴承油槽或上导轴承油槽的油面超过或低于正常运行油位（推力轴承、上导轴承油槽油位限额见表 7-5-1）。

表 7-5-1　　　　　　　　　　　推力轴承、上导轴承油槽油位限额

名称	静止油位（mm）			备　　注
	正常	上限	下限	
推力轴承油槽	0	+10	−10	以镜板工作面以上 100mm 处为"0"位（8 号机 110mm 处）
上导轴承油槽	0	+10	−10	以轴瓦高度的 1/2 为"0"位

2. 处理

（1）检查进油阀、排油阀是否关严，是否因外部充油引起。

（2）监视油位变化情况，如油位明显变化且继续上升，联系调度，立即停机，并关进水阀、排水阀。

（3）如油位变化比较小，取油样判明冷却器有无漏水，如有漏水，应停机处理，并关进水阀、排水阀。

（4）油槽油位下降时，应检查管路阀门位置是否正常，有无漏油、跑油，油位低于正常油位时应立即停机。

（5）向总工、运行维护副总和其他相关副总、运行维护部、机电部、生产技术部及安质部主任（副主任）汇报，并通知相关检修班组。

（6）向调度控制中心详细汇报，做好值班记录和异常情况记录。

（二）压油槽油压/位异常

1. 现象

（1）监控系统总光字牌"X 号机水机故障"亮，分光字牌"压油槽油位高/低"或"压油槽油压过高/过低"亮。

（2）报警一览表：压油槽油面/油压异常动作信号，压油槽油面/油压模拟量报警信号。

（3）机组压油槽油面/油压高于/低于正常范围，见表 7-5-2。

表 7-5-2　　　　　　　　　　　压油槽运行油位及油压

压油槽	静止油位	上限油位	+150mm	以底部为起点 1/3 油槽高度为"0"位
		下限油位	−150mm	
		正常油位	0mm	
	油压	上限油压	2.2MPa	
		下限油压	2.0MPa	

2. 处理

（1）若油压/油位较低，立即到现场检查压油槽或管路是否有跑油现象，若有参照

《压油槽跑油处理预案》处理，若无则继续检查压油泵是否正常启动，未启动时应设法恢复，若无法恢复压油泵时可充气保压，并停止机组调频，立即联系检修处理，密切监视油压/位，必要时联系调度，停机处理。

（2）若油压/油位较高，检查机组压油泵是否一直在启动状态，将启动的压油泵停止运行，若油压升至2.35MPa，检查卸载阀是否动作，必要时打开排油阀排油。

（3）若油压/油位降至事故低油压或事故低油位保护动作时，可参考《机组事故低油压/低油位事故处理预案》。

（4）向总工、运行维护副总和其他相关副总、运行维护部、机电部、生产技术部及安质部主任（副主任）汇报，并通知相关检修班组。

（5）向调度控制中心详细汇报，做好值班记录和异常情况记录。

二、事故处理预案

机组油系统常见事故包括：压油槽事故低油位或低油压、压油槽大量跑油（见第六篇第五章第二节）和压力油罐着火（含透平油库、40油库储油罐，机组压油槽、集油槽等充油容器）。

1. 事故原因

（1）油罐充排油过程中起火。

（2）油罐发生泄露遇明火而导致油罐起火。

2. 事故现象

（1）油罐冒烟起火。

（2）周边区域出现很大烟雾。

（3）地面流油可能导致其他设备起火。

（4）中控室火灾自动报警及控制系统火灾报警。

3. 事故处理

（1）参照主变压器防火处理原则执行。

（2）任何人发现火警后都应立即向运行人员报告事故情况，通知后勤中心、建德市消防队、生产技术部、安质部、办公室等，并向全厂发出事故警报。

（3）由运行值长全权负责事故处理。在消防人员赶到现场之前，由现场运行值班人员担当现场灭火指挥人员，其他人员包括检修等必须服从指挥，全力协助。

（4）现场职工均有职责和义务马上正确指挥旅游、施工等外来人员进行疏散，要特别保护好老、幼、妇女等及时离开现场。

（5）立即安排故障机组和相邻机组停机，马上对同台机组、临近机组的未着火的压力油罐进行泄压排油。

（6）注意做好自身安全防护措施，严禁单人冒险进入着火区域，必须确保事故处理人员及现场人员生命安全。现场人员正确佩戴正压式空气呼吸器后方可进入着火现场，并注意进入及返回路线，经常检查气瓶压力等。

（7）及时成立由消防指挥人员、厂领导、运行人员、救护人员等组成的灭火领导小组指挥灭火，指挥中心设在中央控制室，如有变动及时通知所有人员。认真做好疏散人员的接应及统计工作，协调各项工作高效展开。

（8）现场指挥人员根据现场实际情况，必须积极利用现场防护用品和消防设施组织人员控制火势发展。

（9）如利用现场消防栓对着火油罐进行冷却时应注意油流和排水情况。可采用沙包、防火包等防止着火区域油流外逸。

（10）关闭高压气机室内的压力油罐压力供气阀。

（11）如厂房内则要停1、2、7、8号空调机，切断空调机电源。

（12）如厂房内灭火结束后，确认火已完全熄灭，启动排风机排烟。

思考与练习

（1）若机组漏油槽油位过高，应如何检查与处理？

（2）透平油系统着火应选用的灭火器类型？

第三节　压缩空气系统应急处置

本节主要介绍压缩空气系统的应急处置方案，压缩空气系统由低压压缩空气系统和高压压缩空气系统两部分组成。低压压缩空气系统供机组制动、调相、封闭母线及工业用风；高压压缩空气系统供机组压油槽充压用风，故压缩空气系统故障和事故应急处置主要从高低压机、储气罐、供风管路方面展开。

一、故障处理预案

压缩空气系统故障主要包括高压机故障、低压机故障、储气罐压力过低/高。

（一）高压机故障

1. 故障现象

高压机无法自动停止或启动、高压机运行时有异音。

2. 故障处理

（1）检查各电源开关位置；软启动器面板显示窗显示是否正确，有无故障信号；检查各端子接线有无松动；检查引线接头是否松动、发热。

（2）检查高压机控制方式是否在"PLC"方式运行，软启动器是否失电，若失电应设法恢复电源。

（3）检查高压机油位是否合格，若油位较低，通知检修加油。

（4）若无其他异常时，在测量电动机对地绝缘正常后可试送电一次，若无法恢复，在确认另一台高压机正常时，将此台高压机切除，通知检修处理。

（二）低压机故障

1. 故障现象

低压机无法自动停止或启动，低压机运行时有异音。

2. 故障处理

（1）根据显示窗显示代号，判断故障性质。

（2）检查各电源开关位置；软启动器面板显示窗显示是否正确，有无故障信号；检查各端子接线有无松动；检查引线接头是否松动、发热。

（3）若动力电源或控制电源失去时应设法恢复电源，如 PLC 故障、失电、储气罐压力变送器停用等原因，可切换至"现地"自动运行方式。

（4）若无其他异常时，在测量电动机对地绝缘正常后可试送电一次，若无法恢复，通知检修处理。

（三）储气罐压力过低/高

（1）若空气压缩机未启动/停止时，应立即恢复/停止空气压缩机运行，并查明原因，通知检修处理。

（2）低压机检查安全阀、泄放阀是否失控，机组调相充气是否复归；高压机检查安全阀、排污电磁阀是否失控等。

（3）检查管路有无大量漏气，若有漏气，将相关设备切至备用回路供气后将该管路隔离。

二、事故处理预案

压缩空气系统主要事故为供气管路大量漏气，导致机组制动、调相、压油槽无法正常供气。

1. 现象

监控系统显示机组制动用风回路风压小于 0.5MPa；调相用风回路风压小于 0.6MPa；压油槽自动补气回路频繁启动，且压油槽油位较高。

2. 处理

（1）机组停机过程中遇制动风压小于 0.5MPa 时，在检查另一路供气气压正常时，将制动用风切至另一路供气；当制动风压及调相用风压均低于 0.5MPa 时，应及时复归停机及加闸回路，如遇制动电磁阀已动作，则应立即复归制动电磁阀，机组保持空载状态运行，待制动风压恢复正常后再进行停机操作。

（2）遇机组调相风压降低导致机组调相工控转换失败或机组调相频繁充气，应迅速将机组改为发电运行，检查管路漏气情况。

（3）遇压油槽补气阀频繁动作或油位较高时，检查压油槽排气阀是否关闭，进气管路有无漏气声；若为压油槽自动补气回路漏气，在隔离相关回路后可手动充气，并加强油位监视。

三、典型案例解析

（一）背景描述

2018 年 3 月 5 日 14：19：10 巡回检查人员发现新安江电厂 40 掩体储气筒室内高压储气筒安全阀动作（正常动作压力为 2.95MPa），高压储气筒排压至 2.47MPa 时安全阀关闭，此时高压机启动，高压机打压至 2.78MPa 时安全阀再次动作，故高压机持续到启动，无法停止。高压机运行规范见表 7-5-3。

表 7-5-3　　　　　　　　　　高压机运行规范

名称	高压机
PLC 主用启动/停止压力	2.5～2.8MPa
PLC 备用启动/停止压力	2.4～2.8MPa
压力过低报警	2.3MPa
压力过高报警	2.9MPa

（二）存在问题

储气筒安全阀故障，安全阀动作压力低于高压机停止压力，安全阀关闭压力低于高压机启动压力，故导致高压机持续运行，若无法及时发现，可能会导致高压机温度升高，降低寿命。

（三）问题分析

通过巡查，高压气回路未发现其他泄漏点，且高压机出口压力表也显示高压机启动/停止正常，故判断为储气筒安全阀故障。

（四）改进措施和方法

经更换高压储气筒安全阀，并测试动作和关闭压力均正常。

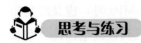 **思考与练习**

（1）若高压储气罐检修，机组能否运行？为什么？

（2）机组运行时若制动风压小于规定值，停机指令能否下发至 LCU？

第四节　技术供水系统应急处置

本节主要介绍机组技术供水系统设备（包括机组推力轴承和上导轴承冷却水、发电机空气冷却器冷却水、水导轴承的轴承润滑水等）的故障处理预案、事故处理预案、典型案例解析，作为运行人员开展设备的运、维、修、试工作时的参考资料。

一、故障处理预案

（一）水导轴承的备用润滑水未投入

（1）水检查润滑水水压及流量是否正常。

（2）检查备用水是否投入，如未投入且主用水水压较低时应手动投入。

（3）检查水系统各阀门位置是否正常，是否掉阀体，滤过器是否堵塞。

（4）检查水导轴承的止水盘根与水管漏水情况或机组摆度是否过大，如漏水或摆度过大时，应设法消除。

注：复归备用润滑水的操作方法：应缓慢关闭 225 阀，同时监视水导轴承的润滑水水压及流量正常。

（二）总水压降低

（1）开 202 阀，保持总水压正常。

（2）查明水压降低原因：如为进水口堵塞时，关 201 阀自冲，自冲后逐渐开 201 阀，关 202 阀至水压正常；如为自动滤水器两侧压差大，进行手动清扫。

（3）上述处理无效时，通知检修处理。

（三）水导轴承润滑水中止

1. 事故现象

（1）水导轴承的润滑水中止及备用水投入光字牌亮。

（2）水导轴承水压表指示 0.05MPa 以下。

（3）水导轴承可能散发出塑料焦味。

2. 事故处理

（1）检查水导轴承备用润滑水是否投入，如未投入，应立即手动投入。

（2）如果由于水导轴承主用水滤过器堵塞造成水压不足，通知检修清扫。

（3）如果由于蜗壳引水滤过网堵塞造成水压不足，应立即开坝前引水阀门，恢复水压。

（4）水导轴承的主用水恢复正常，且水导轴承处无塑料焦味，机组可重新开机运行。

二、事故处理预案

水导轴承的润滑水中断事故处理预案：

1. 事故现象

（1）监控系统总光字牌"X 号机水机事故"亮，分光字牌"水导轴承的润滑水中断"。

（2）报警一览表出现："X 号机水导轴承的润滑水中断""X 号机发电机开关跳闸""X 号机调速器紧急停机电磁阀投入"动作信号。

（3）信号返回屏"X 号机事故"光字牌亮。

（4）水导轴承的轴承水压表指示 0.05MPa 以下。

（5）水导轴承可能散发出塑料焦味。

2. 事故处理

（1）根据监控系统的信号，初步判断事故的性质、原因；

（2）立即汇报调度：机组水导轴承润滑水中断事故跳闸。

（3）启动备用机组或加出备用出力，保频率、电压在正常范围。

（4）立即到现场确认保护动作正常；检查导水叶已全关，紧急停机电磁阀投入。

（5）检查水导轴承备用润滑水是否投入，如未投入，应立即手动投入。

（6）机组停稳后，检查水导轴承的润滑水中断原因。

（7）如果由于水导轴承的主用水滤过器或自动滤水器堵塞造成水压不足，则立即进行清扫，若仍不能恢复则倒坝前引水。

（8）如果由于涡壳引水滤过网堵塞造成水压不足，开坝前引水阀门，恢复水压。

（9）水导轴承主用水恢复正常，且水导轴承处无塑料焦味，按 LCU"复归"按钮复归事故回路，并复归紧急停机电磁阀后，机组可重新开机，开机后应测量水导轴承的摆度，摆度正常方可继续运行。

（10）向生产副厂长、总工、运行副总和其他副总、运行维护部、机电部、生产技术部及安质部主任（副主任）汇报，并通知相关检修班组。

（11）向调度控制中心详细汇报，做好值班记录和异常情况记录。

三、典型案例解析

【案例】 8 号机水导轴承主用水无水故障案例分析

（一）背景

系统运行方式：220kV 母线双母并列运行，01、03 号主变压器中性点接地，9 台机组均在热备用。

（二）发现过程

2020 年 7 月 18 日 2：50 在对 8 号机调整主用水压力时发现：投入 8 号机总冷却水进水阀门 21DDF 后，8 号机水导轴承的进水压力为 0，流量 5m³/h，水导轴承的润滑水示流器指示在"close"位置，水导轴承的润滑水接点抖动。

（三）处理过程

（1）由于根据调度控制中心的计划曲线 8 号机 08：00 需开机带负荷，故经总工程师同意，投入 8 号机水导轴承的备用润滑水，拉开 8 号机水导轴承的备用润滑水电控阀门 23DDF 的电源隔离开关 7DK，检查 8 号机水导轴承润滑水水压及流量保持正常（水压 0.13MPa，流量 44.03m³/h），保证 8 号机正常开机运行。

（2）在低谷负荷 8 号机停机后，向调度申请退备处理。

（3）8 号机改检修后，检修人员经过检查发现为水导轴承的主用水滤过器滤网堵塞，经清扫完成后装回，通水试验总水压 0.30MPa，水导轴承的润滑水水压 0.14MPa，流量 68m³/h，均符合要求，8 号机恢复系统备用。

 **思考与练习**

1. 机组运行中水导轴承润滑水中止如何处理？

2. 机组运行中总水压过高或过低如何处理？

3. 水导轴承备用润滑水未投入如何处理？

第五节　排水系统应急处置

本节主要介绍机组排水系统设备（1、2 号深井）的故障处理预案、事故处理预案、典型案例解析，作为运行人员开展设备的运、维、修、试工作时的参考资料。

一、故障处理预案

（一）水泵出口流量低保护动作

1. 故障原因

集水井水位过低、传动轴断裂或脱节、引水管大量漏水、滤过网堵塞及叶轮脱落、自动回路不正常，流量开关错误动作。

2. 故障处理

检查集水井水位是否过低，查明保护动作原因，做好隔离措施，联系检修处理。如正确判断为流量开关错误动作，投入水泵出口流量低保护旁路压板，手动启动水泵，保持集水井水位正常。

（二）水位过低保护动作

1. 故障原因

液位变送器故障、PLC 故障。

2. 故障处理

如水泵仍在运行，则运行方式选择开关放"切除"位置，停止水泵，做好隔离措施，联系检修人员处理。

（三）水位过高发信号

1. 故障原因

（1）来水量增大（尾水管排水阀门没有关严；1 号深井低水位运行时，检修机组尾水门漏水量大等），水泵出水不正常、水泵动力电源失去。

（2）液位变送器故障，水位过高浮子错误动作。

2. 故障处理

水泵未启动时，应手动启动；若水泵有故障，则应设法保持水位不再上升，并迅速联系检修处理。

（四）水泵不会自动启动

1. 故障原因

（1）运行方式选择开关位置不对应、电源失去、保护错误动作。

（2）PLC 失电或故障、液位变送器故障等。

2. 故障处理

（1）恢复动力电源或操作电源；检查保护动作情况。

（2）PLC 上电重新启动恢复正常。无法处理时，联系检修检查处理。

（五）软启动器故障

（1）根据显示窗显示代号，判断故障性质。深井软启动器（SFT）故障时显示说明见表 7-5-4。

表 7-5-4　　　　　　　**深井软启动器（SFT）故障时显示说明**

保护功能	显　示	功能说明
相序错误	Phr	进线电源相序接错

续表

保护功能	显　示	功能说明
电源缺相	Pho	进线电源缺相
启动过电流	Pr　01	启动电流超过 4 倍额定电流
Ｉt 保护	Pr　02	电动机长时间不能完成启动过程
过电流保护	Pr　03	输出电流超过设定的过电流保护值
过载保护	Pr　04	输出电流超过设定的过载保护值 1min
干扰保护	Pr　05	CPU 内部误动作
参数保护	Pr　08	设定参数丢失
过热保护	OH	柔性启动器的散热器过热

（2）内部故障（InF）、内部存储故障（EEF）、控制线路故障（CLF），拉、合软动器操作电源开关，如果故障仍然存在，通知检修检查处理。

（3）有运行命令时动力电源故障（USF），则检查动力电源消失原因。

（4）出现过电流（OCF）、电源缺相（PHF）、启动时间过长（OLC）、电流过载（OLC）、电机热故障（OLF0）、启动器热故障（OHF）、电机欠载（ULF）、稳定状态下转子锁定（ＬF），则水泵停运，通知检修检查人员处理。

二、事故处理预案

（一）事件特征

现场作业人员在大坝内部进行工作时，发现深井或宽缝水泵启动/停止异常、集水井水位过高报警、顶盖排水异常等现象，可能造成水淹厂房事故。

（二）现场人员应急职责

（1）向电厂中控室值班员汇报事件情况。

（2）恢复排水设备的运行。

（3）通知危险区域人员疏散，维持现场安全秩序。

（三）现场应急处置

1. 信息报告程序

（1）发生排水系统异常时，现场人员应立即电话汇报中控室值班人员。

（2）值班人员记录相关信息。

（3）涉及排水系统抢修工作应立即通知相关部门负责人。

2. 现场应急处置措施

（1）值班人员在接到报警或发现深井、宽缝水位过高报警时，应立即检查深井、宽缝水泵启动是否正常、供电电源是否正常。

（2）值班人员判断水泵失电时应立即恢复水泵供电，并启动水泵运行；如无法恢复水泵供电则立即通知机电部一次运行维护班组织检修。

（3）值班人员判断为水泵故障，应立即通知机电部发电机运行维护班组织检修。

（4）水泵检修期间应设置临时排水设施。

（5）值班人员应密切监视，水车室、交通廊道等处加强巡视频次，必要时停止水车室、蜗壳、交通廊道、基础廊道等处的工作，撤离人员，切断上述区域电气设备电源。

（四）注意事项

（1）做好现场停电或隔离跑水措施，防止事故扩大。

（2）切断电源或隔离跑水措施必须在保证人身安全的前提下进行。

（3）现场人员疏散时要做到井然有序，防止出现拥堵、踩踏事故。

（4）密切监视现场水位上升情况，做好水淹厂房的事故预想，随时准备启动应急响应。

三、典型案例解析

【案例】 交通廊道满水事故案例分析

（一）背景

机组及辅助设备运行方式：3、9 号机检修，长柄阀门开，其余机组热备用；1 号机集水井低水位运行。

（二）发现过程

1999 年 8 月 23 日 4：00 电铃响，"1 号集水井保护动作"光字牌亮。

（三）处理过程

（1）立即派人去深井检查，4：08 现场汇报集水井水泵运行，深井水位过高发信号；即令再去交通廊道检查，现场汇报 3 号机尾水门漏水较大。

（2）4：10 通知水工部 3 号机尾水门漏水较大，深井水位过高发信号，速前往处理。

（3）4：15 现场汇报交通廊道满水约 35cm，中控室再派两人持加力杆前往交通廊道协助关 3 号机长柄阀门。

（4）4：25 现场汇报交通廊道满水约 60cm，3 号机长柄阀门已关闭，值长再令两人去深井开 1、2 号集水井联络阀门，手动启动 2 号集水井的 1、2 号泵。

（5）4：35 "1 号集水井保护动作"光字牌灭。

（6）5：10 2 号集水井水泵停，关 1、2 号集水井联络阀门。

（四）原因分析

发现 3 号机尾水门门缝比以往机组堵漏时大，可能堵漏时橡皮套当时堵上，后来橡皮套松脱，造成尾水门漏水量较大。

 思考与练习

（1）水泵出口流量低保护动作的可能原因有哪些？

（2）深井水位过高发信号如火该如何处理？

（3）水泵不会自动启动该如何处理？

参 考 文 献

[1] 刘大凯. 水轮机 [M]. 3 版. 北京：中国水利水电出版社，1997.

[2] 阎治安，崔新艺，苏少平. 电机学 [M]. 2 版. 西安：西安交通大学出版社，2006.

[3] 沈祖诒. 水轮机调节 [M]. 3 版. 北京：中国水利水电出版社，2008.